国家科学技术学术著作出版基金资助出版

非连续变形分析
——研究与应用
（下册）

Discontinuous Deformation Analysis
Research & Application
(II)

张国新　著

科 学 出 版 社
北 京

内 容 简 介

非连续变形分析（Discontinuous Deformation Analysis，DDA）全书分上下册。上册为基础知识部分，以及对 DDA 方法的改进。其中第 1～3 章，主要介绍 DDA 方法的基本理论、基本程序和基本功能；第 4～6 章，主要介绍作者对 DDA 的方法改进。下册为功能扩展部分和应用部分。其中第 7～11 章，主要阐述了作者对 DDA 实用功能的扩展和计算参数取值的讨论；其余第 12～16 章，主要介绍了 DDA 方法在工程中的应用。本书为下册。

本书既可供高等院校和科研院所的力学、土木工程等相关专业的研究生和教师用作教材和参考书，也可供水利水电、煤炭、采矿、机械、地质、岩土等行业的工程技术人员阅读和使用。

图书在版编目(CIP)数据

非连续变形分析:研究与应用. 下册/张国新著. —北京:科学出版社,2021.9
ISBN 978-7-03-069789-9

I. ①非⋯　II. ①张⋯　III. ①数值方法　IV. ①O241

中国版本图书馆 CIP 数据核字 (2021) 第 183807 号

责任编辑: 刘信力　孔晓慧 / 责任校对: 彭珍珍
责任印制: 吴兆东 / 封面设计: 无极书装

科 学 出 版 社 出版
北京东黄城根北街 16 号
邮政编码: 100717
http://www.sciencep.com

北京虎彩文化传播有限公司 印刷
科学出版社发行　各地新华书店经销
*

2021 年 9 月第 一 版　开本: 720 × 1000　1/16
2021 年 9 月第一次印刷　印张: 21 1/4
字数: 428 000
定价: 168.00 元
(如有印装质量问题, 我社负责调换)

前　言

岩体在形成与演变的过程中，不仅经受各种复杂的、不均衡地质地震作用和大地构造作用，而且遭受风化、侵蚀等作用，近代以来又受着人类活动带来的大规模岩体扰动。这些作用和扰动打破了岩体原有的平衡状态，一旦失稳往往给人类带来巨大影响，有时也会造成巨大灾难。因此不连续岩体的受力状态和稳定分析一直是岩石力学领域的一个难题，无论是变形模式、破坏机制和稳定性评价等方面的基础理论还是方法研究，不仅具有十分重要的学科进步意义，而且对保护岩体失稳影响区的生命财产安全、减少潜在失稳区的社会经济损失具有重要意义。在此方面，美籍华裔科学家石根华先生做出了杰出贡献。

石根华先生于 1963 年从北京大学数学系毕业后开始研究代数拓扑学和不动点理论，在《数学学报》上发表了《最少不动点和尼尔生数》与《恒同映射类的最少不动点数》论文，被国际同行称为“石氏类型空间”和“石根华条件”。1968 年硕士毕业后分配到水利部西北设计院在碧口水电站从事生产实践，期间提出块体理论，并于 1977 年 5 月在《中国科学》中英文版上分别发表了《岩体稳定性分析的赤平投影方法》。1978 年调入中国水利水电科学研究院，先后在国际会议和《中国科学》发表了 *A Geometric Method of Stability Analysis of Rock Mass*、《岩体稳定性分析的几何方法》。1980 年赴美国从事数学和岩石力学研究。

石根华先生先后提出了两个理论、五个方法，构建了以岩石的不连续受力和稳定为主要分析对象的完整的理论和方法体系。两个理论是块体理论 (Block Theory) 和接触理论 (Contact Theory)，五个方法是赤平投影法 (Stereographic Projection Method)、关键块体法 (Key Block Method)、非连续变形分析 (Discontinuous Deformation Analysis，DDA)、数值流形法 (Numerical Manifold Method)、单纯形积分 (Simplex Integration)。上述理论和方法的提出，突破性地解决被断层、节理、裂隙等切割的不连续岩体的受力和稳定分析难题，得到了国际同行的广泛认可，有的理论已经写入了教科书，有的方法已经写入规范。此外，为使得这套理论和方法得以广泛传播和应用，石根华理论和方法的研究者们专门以 DDA 命名了一个国际会议 (International Conference on Discontinuous Deformation Analysis)，该会议每两年召开一次，目前已连续举办了 14 届，在知识分享和实践运用方面产生了广泛和深远的影响，其影响范围已经远远超越了岩石力学领域。可以说，石根华先生是近一个世纪以来，在国际岩石力学领域成就最卓越、贡献最突出的一位华人科学家。

DDA 是石根华先生的代表性方法之一。该方法以块体理论、接触理论、单纯形积分为基础，具有如下基本特点：

　　1) 将被不连续面切割而成的天然块体作为基本单元，单元可以是任意多边形 (对二维问题) 或任意多面体 (对三维问题)，任意形状块体的积分采用单纯形积分法；

　　2) 以块体的形心作为代表点，以形心的刚体位移和单元的应变作为基本未知量；

　　3) 基于形心的局部坐标构建单元的位移函数，根据求解问题的精度要求，位移函数可以是常数、一阶函数或高阶函数；

　　4) 根据最小势能原理，构建单元的刚度方程，该方程包含了单元的应变能、块体之间的接触能、各种荷载所做的功 (如体积力、集中荷载等)、运动过程中的动能等；

　　5) 有一套高效的接触搜索方法，可以快速的得到块体之间的各种接触关系；

　　6) 块体与块体之间的接触采用 Penalty (可以称作接触弹簧) 方法处理，通过 Penalty 将离散的块体连接成具有相互联系的块体系统，基于 Penalty 的变形能形成整体方程；

　　7) 计入块体的动能项后，整体方程为动力方程，采用时程法求解；

　　8) 每一时步块体的位移和变形满足小变形假定，小变形和位移的积累即可模拟大变形问题，如块体的运动、翻滚等。

　　作者从事水工结构和大坝工程数值模拟工作 30 余年，在数值模拟工作中遇到的最大的困难，就是含有断层、节理、裂隙等工程基础的模拟。1996 年在日本工作时，作者初次接触到数值流形和 DDA，认识到这是解决所遇到困难的重要方法，从那年开始，便参加了由大西有三教授领导的 "日本非连续变形法实用化研究会" 的活动，开始学习这两种方法，并尝试用以解决工程问题。20 多年来，在深入学习石根华先生的基本理论和方法，以及其他研究人员的研究成果的基础上，结合自己的研究工作，根据实际问题的需要，对石根华先生的原始 DDA 程序进行了功能扩充和改造，先后增加了圆盘型单元、开裂与破碎、裂隙渗流与变形的耦合作用、开挖与支护、边坡稳定分析的超载与降强、结构面与块体的蠕变等模拟功能，并利用 DDA 解决了一些实际工程问题。期间，还指导 3 位博士研究生和 1 位硕士研究生以 DDA 作为研究方向完成了学位论文。

　　在 DDA 的学习、研究、再开发、应用及指导学生的过程中，遇到诸多挑战，这其中主要的困难有以下三方面。一是缺少系统介绍 DDA 的教材，目前国内 DDA 相关的著作只有一本，即清华大学裴觉民老师翻译的石根华先生的博士论文，《数值流形方法与非连续变形分析》中的 DDA 部分，属于 DDA 的基本理论；二是石根华先生的原始 DDA 程序编写得十分简练，难以读懂。对于编程中涉及的算法，石根华先生都是基于他深厚的数学功底加以推导，得到最简练表达式之后再行编程,而这些推导过程和简练表达式在他的著作及论文中又难以找到,因此读懂石根华先生的原始程序并进行扩展开发很具挑战性。另外,DDA 程序使用时,除了具有明确物理意义的力学参数之外,还有一些参数物理意义不十分明确,需要读者判断确定,而这些参数的合理取值需要程序的使用者有一定的经验积累。还有几个以常数形式在程序中给定的参数,对于大多数计算问题是合适的,但对于有些特殊的计算问题,有时会使计算失真,因而需要根据实际问题对参数进行相应调整。

　　本书结合作者的研究开发经验,从基本理论、程序和应用三个层面进行论述,试图为读者提供一个较为系统的介绍 DDA 原理和不同应用的参考书籍。同时对原始程序进行解读,并介绍作者在使用参数取值的一些体会,为初学者、DDA 扩展开发者及使用 DDA 解决工程问题的学者和工程师提供一些参考。

　　本书的内容安排上分为三个部分,首先介绍 DDA 的基本理论和方法,然后是分析功能的扩展开发,最后介绍几个专题应用。各章节安排如下:

　　第 1 章,DDA 的基本知识。介绍了 DDA 的基本原理、基本公式、基本方程、方程的求解、接触搜索与开闭迭代等,主要内容来自于石根华先生的著作。

　　第 2 章,程序使用说明与源码解读。石根华先生公开了四个程序,即 DL、DC、DF、DG,分别用于生成计算模型的线条、计算块体数据、进行 DDA 分析和显示计算结果。本章首先对前三个程序的使用方法进行了详细地说明,包括输入数据的名称、格式、取值要求等,介绍各个程序的结果文件内容和格式,每一个程序都给出了若干个算例。在程序解读部分,对程序使用的变量、数组、构成模块、各函数的功能、主要代码等进行了解读。

　　第 3 章,检验与验证。采用有解析解的标准算例、实验结果等对程序的基本功能和计算精度进行了验证。

　　第 4 章,圆形与椭圆形块体 (单元)。推导了圆盘形单元基本方程,圆圆、圆多边形单元的接触搜索、接触处理等的基本公式,给出了圆盘形单元的几个应用实例。

　　第 5 章,高阶 DDA。介绍了二阶、三阶及任意高阶 DDA 的基本公式及推导过程。

　　第 6 章,线性方程组的迭代法求解。介绍了几种常用的迭代法,雅可比迭代法 (Jacobi)、高斯–塞得尔迭代法 (Gauss-Seidel)、逐次超松弛迭代法 (SOR)、对称超松弛迭代法 (SSOR),共轭梯度法 (CG)、带预处理的共轭梯度法等 (PCG),其中逐次超松弛迭代法是原程序自带的解法。介绍了适用于迭代法的一维数据存储方法,比较了五种解法求解效率,给出了雅克比共轭梯度法的源代码。

　　第 7 章,开裂与破碎。介绍了基于虚拟节理法的块体开裂与破碎的模拟方法。

　　第 8 章,接触的改进。接触的搜索与模拟是 DDA 计算成败的关键,本章针对原程序的不足,进行了几项改进,包括接触搜索的改进、接触刚度与接触长度相关性、非线性接触刚度、拉格朗日法、增广拉格朗日法等。

第 9 章，功能扩充与改进。包括填筑、开挖与支护，单向约束，抗滑稳定安全系数，超载与降强等功能。

第 10 章，裂隙渗流与变形的耦合分析。介绍裂隙网络内渗流及与块体变形耦合作用的模拟方法。

第 11 章，蠕变的模拟。岩体、边坡变形的主要形式是蠕变，本章介绍了块体和沿节理的蠕动变形的数学模型、模拟方法及程序实现方法，用几个算例验证了 DDA 蠕变模拟的有效性。

第 12 章，参数研究，介绍了接触刚度、最大位移比、计算时间步长、法向切向刚度比、开闭容差等参数的取值对计算结果的影响，提出了取值建议。

第 13~16 章，介绍几个应用专题。包括倾倒变形及破坏的模拟，散粒材料力学行为的 DDA 模拟，边坡稳定分析及失稳模拟，水对库岸边坡变形触发作用的模拟，每个应用专题都尽量给出理论解、实验结果或其他方法的分析结果，以便于 DDA 结果比较。

本书的基本原理、基本方法来自于石根华先生的著作，原始程序由石根华先生提供，作者根据自己的理解，结合工作实践对 DDA 的理论和方法进行了较为系统的介绍。本书的撰写得到了石根华先生真挚的鼓励、支持和帮助，在此表示最衷心感谢！基于原有 DDA 的功能扩充和专题应用内容，部分为作者团队的研究成果，部分来自于其他学者的研究成果，在此一并表示谢意。

雷峥琦博士完成了全书大部分算例的计算、分析和绘图工作，书稿的文字录入、编辑及部分绘图由张春雨女士完成，山东大学的刘洪亮教授、中国水利水电科学研究院的彭校初研究员、姜付仁博士等进行了细心审阅并提出许多宝贵意见，特此致谢！

作　者
2021 年 9 月

主要符号表

E：弹性模量

ν：泊松比

r_0：旋转角度

Π：总势能

U：应变能

V：外力势

S：面积；符号函数；饱和度

F：作用力

q_n：法向分布力

q_s：切向分布力

l：长度

f_0：预应力；开闭判断容差系数

p：弹簧刚度

p_n、K_n：法向接触刚度

p_t、K_t：切向接触刚度

Π_m：弹簧应变能

f_{ri}：单元荷载向量

T：切向接触力

N：法向接触力

d、d_n：法向嵌入距离

d_t：法向接触距离

Δt：时间步长

$[K_i^e]$：弹性刚度矩阵

$[K_n^d]$：惯性刚度矩阵

n、n_1：块体数

α、β：角度

$\forall$：全部集合

J：水力梯度

C、c：凝聚力

g：重力加速度

g_1：最大时间步长

g_0：输入接触弹簧刚度

H：水头

Re：雷诺数

u：水流速度

γ_0：刚体角位移

F_s：剪力

M：弯矩

ρ：密度

v_0：初速度

γ：比重

φ：摩擦角

W：块体重量

μ：摩擦系数

f_l：抗拉强度

g_2：最大位移比

K_n：法向弹簧刚度

K_s：剪切弹簧刚度

gg：动力系数

h：水位

ω：超松弛因子

T_0：抗拉强度

d_0：接触判断的容差

λ：拉格朗日算子

λ^*：增广拉格朗日乘子

p_s：剪切弹簧刚度

K：抗滑稳定安全系数

λ_i：超载系数

Q：流量

R_f、K_f：渗透系数

q：单宽流量

μ：水的运动粘滞系数

n：粗率

b：初始隙宽

h_c：孔隙压力水头

H：蠕变速率系数

C_u：均匀性系数

G_s：砂粒的比重

$e_{\min}$：最小孔隙比

$e_{\max}$：最大孔隙比

n：孔隙率

目　　录

第 7 章　开裂与破碎

7.1　虚拟节理法

7.1.1　基于虚拟节理的模拟方法

所谓虚拟节理 (Artificial Joint) (人工节理) 法，是指将计算对象中的完整块体，按照一定的规则分成子块体 (单元)，子块体与子块体之间的界面上设定连接弹簧，给定抗拉及抗剪强度，当界面上的拉应力达到抗拉强度，或剪应力达到抗剪强度时，界面开裂或剪断，虚拟节理成为真实节理，这样即可以模拟完整块体的开裂。当开裂界面把子块体分割成独立块体时，即可模拟完整块体的破碎。虚拟节理法 [1] 最早由 T. C. Ke 在 1995 年提出，石根华发布的 DDA96 版已具备这项功能。具体计算步骤如下：

(1) 按一定规则设置虚拟节理，通过虚拟节理和真实结构面将计算对象切割成块体；

(2) 在虚拟节理处设置抗拉、抗剪强度 T_0、C_0、φ，将虚拟节理粘接进行计算；

(3) 根据虚拟节理两端的接触力计算接触线半长的平均应力；

(4) 根据带抗拉强度的 Mohr-Coulomb 准则判断虚拟节理是否破坏，如破坏则虚拟节理变为实节理，即

$$\sigma_n \geqslant T_0, \quad 拉裂$$

$$\tau \geqslant C_0 + \sigma_n \tan\varphi, \quad 剪裂$$

(5) 修改已开裂节理的状态，继续计算。

图 7-1 所示一完整块体 $ABCD, \overline{ef}$ 为一虚拟节理，将块体切割成两个子块，如取每个子块为一个 DDA 单元，则计算对象由两个块体单元组成，给定子块体的顶点编码为 $(1, 2, \cdots, 10)$，则围成每个子块体的顶点编码为

单元 1:　　　　　　　　　$1, 2, 3, 4$

单元 2:　　　　　　　　　$6, 7, 8, 9$

块体①中的 $\overline{34}$ 边与块体②中的 $\overline{67}$ 边形成边–边接触，给定该接触边的强度参数为：摩擦角 φ，粘聚力 C，抗拉强度 T_0。

则该接触边处于粘接状态，存在抗拉抗压强度和抗剪强度。$\overline{34}$ 边与 $\overline{67}$ 边的接触在具体计算时分成两段，由如下两个接触构成：

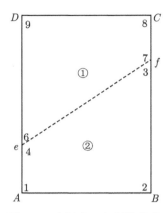

图 7-1　虚拟节理切割的块体

接触编号	接触点	接触边	接触长度
1	3	$\overline{67}$	$l/2$
2	4	$\overline{76}$	$l/2$

接触长度中的 l 为 $\overline{34}$ 和 $\overline{67}$ 两条边的共线部分的长度, 对于处于粘接状态的接触, l 即为边 $\overline{34}$ 或 $\overline{67}$ 的长度。

在某一计算时刻, 某接触的法向应力或剪应力满足带抗拉强度的 Mohr-Coulomb 准则, 即满足如下条件时接触开裂或剪断, 从而由粘接状态变为张开状态或滑动接触状态:

$$\sigma_n = \frac{N}{l/2} \geqslant T_0$$
$$\tau = \left| \frac{T}{l/2} \right| \geqslant C + \sigma_n \tan\varphi \tag{7-1}$$

式中, N 为法向接触力, $N = P_n d_n$, P_n 为法向接触刚度, d_n 为法向接触距离; $T = P_t d_t$, P_t 为切向接触刚度, d_t 为切向接触距离。

7.1.2　虚拟节理的设置

1. 按规则网格设置虚拟节理

将计算对象的完整块体, 采用规则网格进行剖分, 形成的每一个子块为 DDA 计算的单元。规则网格可采用三角形、四边形、六边形等, 如图 7-2 所示。规则网格的剖分密度视计算对象的物理力学特性和计算能力而定, 一般来讲, 虚拟网格剖分得越密, 计算精度越高, 但会增大计算量, 且会因为在虚拟节理上设置接触弹簧而带来附加变形。

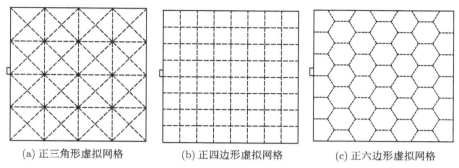

(a) 正三角形虚拟网格　　　(b) 正四边形虚拟网格　　　(c) 正六边形虚拟网格

图 7-2　由规则网格剖分而成的虚拟节理

2. 与统计节理相结合的虚拟节理

岩石的节理裂隙一般满足某种统计规律，基本参数为隙长、隙间距、裂隙的走向倾角等，裂隙和裂隙之间为岩桥连接 (见图 7-3)。岩体在破坏时常需要首先剪断岩桥使裂面贯通，直至岩体破坏。

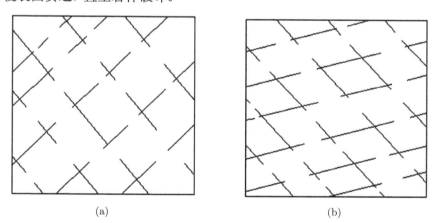

(a)　　　　　　　　　　　　　(b)

图 7-3　岩体内裂隙的分布

将岩体里裂隙分布的统计参数生成裂隙，进一步剖分 DDA 单元往往难以形成理想的计算单元或单个块体中含有节理裂隙，而这些节理裂隙在形成 DDA 块体时被舍掉；图 7-3 所示的节理裂隙分布直接切割后生成的 DDA 块体如图 7-4 所示。可以看出，当岩体内裂隙连通率较弱时，切不出理想的计算块体。

在图 7-3 所示的统计节理基础上，在节理与节理之间用人工虚拟节理相连，则可形成实–虚节理相结合的节理分布，如图 7-5 所示，图中的虚拟节理用虚线表示。将存在实–虚节理的岩体进行 DDA 块体切割，可以进一步剖分 DDA 单元，见图 7-6，由虚实节理围成的区域即构成 DDA 单元，用 DDA 求解时，实节理给定实际强度，而虚拟节理则给定岩块的强度，这样即可模拟岩体的开裂及破碎。

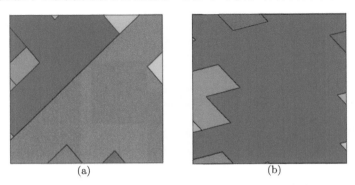

(a)   (b)

图 7-4   图 7-3 所示的裂隙分布生成的 DDA 块体

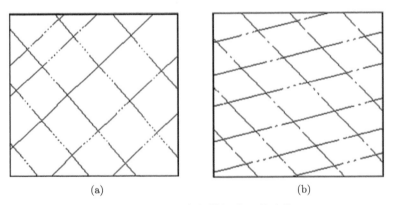

(a)   (b)

图 7-5   设置了虚拟模拟节理的岩体

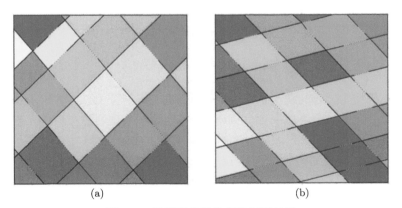

(a)   (b)

图 7-6   设置了虚拟节理的切割结果

7.1.3 算例及讨论

例 7-1 纯剪裂缝的扩展。

设有一 2m×2m 的正方形平板,平板上预设一条长 1m 的裂缝,如图 7-7 所示。在板的左侧裂缝上侧施加水平向右的荷载 F,研究平板的裂纹扩展问题。

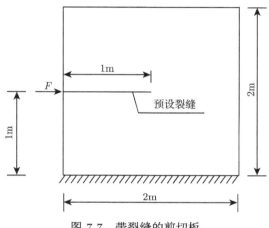

图 7-7 带裂缝的剪切板

分别采用正三角形单元、正四边形单元、正六边形单元对图 7-7 中的平板进行剖分,建立 DDA 计算模型。为了避免加载部位应力集中带来的不利影响,在模型左侧加载部位设置了垫片,计算时,通过垫片在 0~2s 内逐渐施加水平向右的荷载。

基于以上模型,用 DDA 方法模拟裂纹在剪切荷载作用下的扩展过程,计算采用参数见表 7-1。

表 7-1 计算参数

计算参数		材料参数	
动力计算系数	0.0	弹性模量/Pa	$19.6×10^9$
总的计算步数	300	泊松比	0.24
最大位移比	0.01	密度/(t/m³)	0.235
最大时间步长/s	0.01	X 向体积力	0
接触刚度/Pa	$49×10^9$	Y 向体积力	0
水平荷载/N	98	虚拟节理摩擦角	30°
		虚拟节理粘聚力/Pa	10000
		虚拟节理抗拉强度/Pa	300

在单元尺寸相近的前提下,采用不同类型的单元,模拟裂纹的扩展过程,如图 7-8 所示。

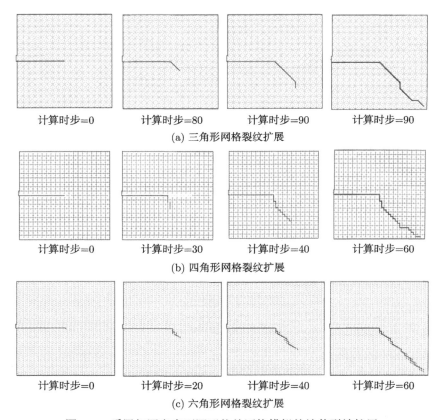

(a) 三角形网格裂纹扩展

(b) 四角形网格裂纹扩展

(c) 六角形网格裂纹扩展

图 7-8   采用相同密度不同形状的网格模拟的纯剪裂缝扩展

　　由于裂缝的扩展只能沿着虚拟节理,即网格的边发展,因此裂缝扩展的轨迹受网格形状影响较大,三角形、六边形网格的裂缝扩展角小于实验结果,四边形网格的裂缝扩展轨迹与实验结果接近。

　　采用三角形单元,基于不同的单元尺寸,建立具有不同网格密度的 DDA 模型,模拟裂纹的扩展过程,以比较网格密度对计算的影响,如图 7-9 所示。

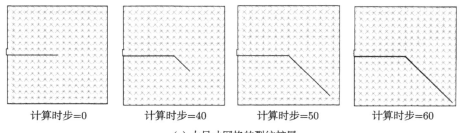

(a) 大尺寸网格的裂纹扩展

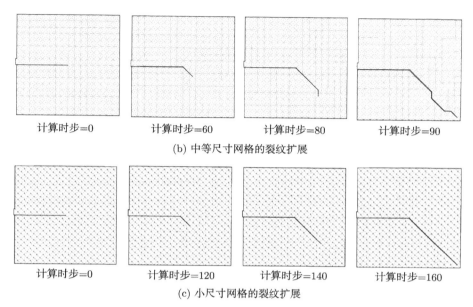

计算时步=0   计算时步=60   计算时步=80   计算时步=90

(b) 中等尺寸网格的裂纹扩展

计算时步=0   计算时步=120   计算时步=140   计算时步=160

(c) 小尺寸网格的裂纹扩展

图 7-9   网格尺寸对裂缝扩展计算结果的影响

结果表明,同为三角形网格,当网格尺寸不同时,裂缝扩展的轨迹接近。

7.2   块体的开裂

7.2.1   开裂准则

Chihsen T. Lin 1995 年在他的博士论文 *Extension to the Discontinuous Deformation Analysis for Jointed Rock Masses and other Blocky Systems* 中首次提出了 DDA 完整块体的开裂方法,并对石根华发布的原始程序进行了扩展。

Lin 在他的论文中采用 Mohr-Coulomb 准则作为块体开裂的准则。设 T_0 为块体材料的单轴抗拉强度,C_0 为抗剪强度中的粘聚力,φ 为内摩擦角,σ_n 为剪切面上的法向应力,τ 为剪应力,σ_1、σ_3 为第一、第三主应力,则在 $\sigma_n \sim \tau$ 平面上 Mohr-Coulomb 准则见图 7-10,可得

$$\sigma_{3c} = -S_0 + T_0 \tan^2\left(\frac{\pi}{4} + \frac{\varphi}{2}\right) \tag{7-2}$$

式中,$S_0 = 2C_0 \tan\left(\frac{\pi}{4} + \frac{\pi}{2}\right)$,为块体材料的无围压抗剪强度,根据 Mohr-Coulomb 准则,块体的破坏符合如下判据:

$$\text{拉裂} \begin{cases} |\sigma_3| \geqslant \sigma_{3c} \\ \sigma_1 \geqslant T_0 \end{cases} \tag{7-3}$$

$$剪裂\begin{cases} |\sigma_3| < \sigma_{3c} \\ \sigma_1 \leqslant -S_0 + \sigma_1 \tan^2\left(\dfrac{\pi}{4} + \dfrac{\varphi}{2}\right) \end{cases} \tag{7-4}$$

由式 (7-3)、式 (7-4) 可以看出，块体的开裂模式，不管是剪裂还是拉裂，由一个统一的过渡应力 σ_{3c} 定义，这个过渡应力只与材料的强度参数有关。

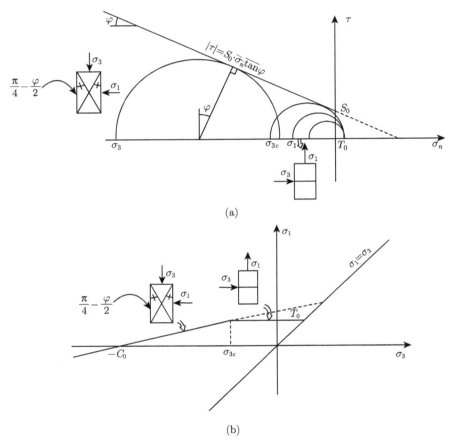

(a)

(b)

图 7-10　三参数 Mohr-Coulomb 准则

对于二维 DDA，式 (7-3)、式 (7-4) 中的 σ_1, σ_3 可按平面应力计算公式计算：

$$\begin{cases} \sigma_1 = \dfrac{\sigma_x + \sigma_y}{2} + \sqrt{\tau_{xy}^2 + \dfrac{1}{4}\left(\sigma_x - \sigma_y\right)^2} \\ \sigma_3 = \dfrac{\sigma_x + \sigma_y}{2} - \sqrt{\tau_{xy}^2 + \dfrac{1}{4}\left(\sigma_x - \sigma_y\right)^2} \end{cases} \tag{7-5}$$

7.2.2 开裂方向及位置

1. 开裂方向

1) 拉裂

当应力状态满足式 (7-3) 时开裂方向垂直于第一主应力方向 (见图 7-11(a) 虚线方向)。

2) 剪裂

当应力状态满足式 (7-4) 时，块体呈剪切破坏，开裂面与第一主应力的夹角为 $\pi/4 + \varphi/2$，即当第一主应力与 x 轴的夹角为 β 时，存在两个可能破裂面 $\beta + (\pi/4 + \varphi/2)$、$\beta - (\pi/4 + \varphi/2)$。按下式求解：

$$\beta = \operatorname{arccot}\left(\frac{\tau_{xy}}{\sigma_1 - \sigma_x}\right) \tag{7-6}$$

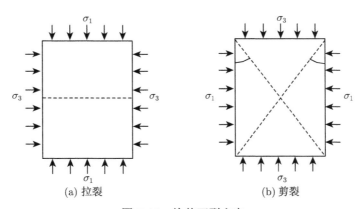

(a) 拉裂　　　　　　　(b) 剪裂

图 7-11　块体开裂方向

2. 开裂位置

1) 块体的破裂

开裂的位置与块体单元的剖分方式有关。当将节理裂隙自然切割的块体作为 DDA 单元时，块体与块体之间的接触面一般为自然节理面，具有较小的强度，块体内的裂缝难以跨过接触面而向另一个块体扩展，这种情况下只考虑单个块体破裂。开裂面沿着上一节计算的开裂方向，穿过块体单元的形心，如图 7-12 所示。

2) 裂缝扩展

当采用虚拟节理法模拟时，将完整块体进一步剖分成子块体，子块体之间用块体强度粘结时，一个子块体开裂后产生裂缝能够穿过子块体的结合面向另一子块体扩展，从而是一个裂缝扩展问题。裂缝扩展一般发生在拉裂或拉剪开裂情况下，压剪状态下一般不会引起裂缝的扩展，这种情况下一般为压剪破裂。

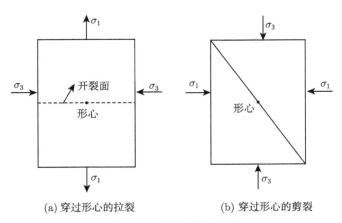

(a) 穿过形心的拉裂   (b) 穿过形心的剪裂

图 7-12　完整块体破裂

　　裂缝扩展时扩展段裂缝的起点为当前裂缝端部，拉裂时裂缝扩展方向沿第一主应力的法向，拉剪时扩展方向需根据当前裂缝方向和可能扩展方向之间的关系分析求得。

　　对于剪裂，设原裂缝方向是 α_0，根据应力状态求得缝端前部块体开裂方向，有两个可能开裂方向，见图 7-13。

$$\alpha_1 = \alpha_0 + \left(\frac{\pi}{4} + \frac{\varphi}{2}\right)$$
$$\alpha_2 = \alpha_0 - \left(\frac{\pi}{4} + \frac{\varphi}{2}\right)$$

(7-7)

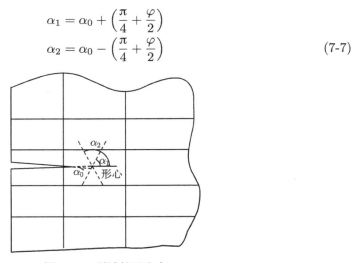

图 7-13　裂缝扩展方向

　　对应每一个可能裂缝扩展方向，自形心出发又有两个方向，即 α_1、$\alpha_1-180°$、α_2、$\alpha_2 - 180°$。取如上四个扩展角中与 α_0 夹角最小的为裂缝的扩展方向，即

$$\alpha = \min\left(\alpha_0 - \alpha_i\right), \quad i = 1, 2, 3, 4$$

(7-8)

7.3　算　例

例 7-2　边坡失稳的 DDA 模拟。

C. T. Lin[2] 在文献中给出了用可模拟开裂的 DDA 模拟的一个边坡失稳的例子。一边坡如图 7-14(a) 所示。采用模拟节理将边坡划分成 DDA 计算模型，见图 7-14(b)，图中细实线即为虚拟节理，用与边坡实体相同的强度粘接。在边坡顶部设置一条初始裂缝，并设置一个垫块，在垫块顶部加载。计算时步为 5, 11, 150, 250, 300, 500 时的裂缝扩展直至边坡失稳过程见图 7-15(a)~(f)。

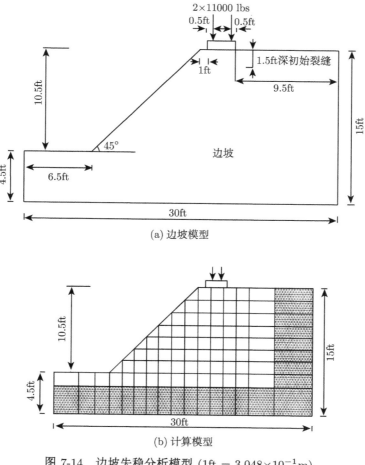

(a) 边坡模型

(b) 计算模型

图 7-14　边坡失稳分析模型 (1ft = 3.048×10⁻¹m)

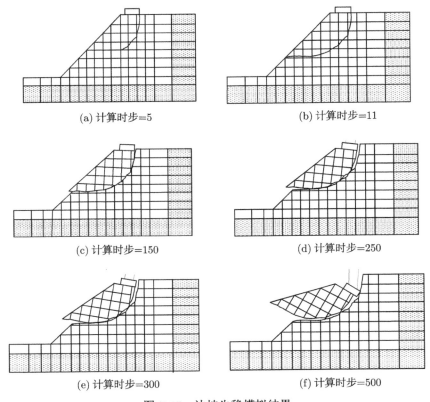

(a) 计算时步=5   (b) 计算时步=11

(c) 计算时步=150   (d) 计算时步=250

(e) 计算时步=300   (f) 计算时步=500

图 7-15　边坡失稳模拟结果

例 7-3　斜坡上梁的移动与破裂。

C. T. Lin[2] 在文献中给出的另一个算例，斜坡上一移动梁如图 7-16(a) 所示，在梁上表面有三条初始裂缝，将移动梁设置虚拟节理剖分成 DDA 计算模型，如图 7-16(b) 所示。梁向下滑移过程中上部裂缝不断向下扩展，直至将梁分成四段，见 7-16(c)~(i)。

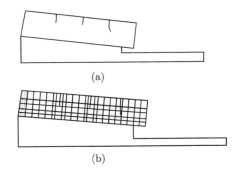

(a)

(b)

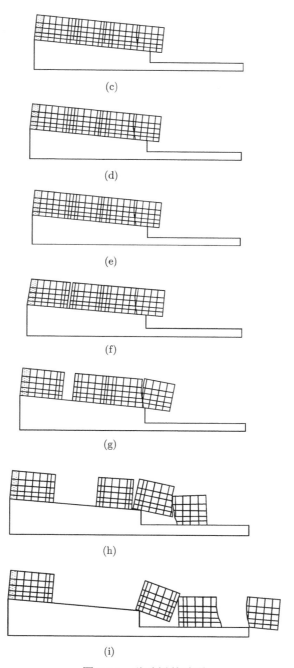

(c)

(d)

(e)

(f)

(g)

(h)

(i)

图 7-16　移动梁的破裂

7.4　本　章　小　结

　　DDA 增加裂缝扩展和破坏功能后，会使其应用大大扩宽，可以解决卡阻等影响实际应用的方法性不足。虚拟节理法和块体破碎法是模拟破坏的两种主要方法。但是采用 Penalty 的虚拟节理会带来附加变形，虚拟节理设置越多，附加变形越大，会进一步影响受力的模拟精度。解决这一问题的方法有两种：

　　(1) 虚拟节理的接触弹簧设置足够大的刚度，以后尽量减少附加变形；

　　(2) 采用第 8 章介绍的拉格朗日法或增广拉格朗日法，用迭代解法消除虚拟节理的附加变形。

参 考 文 献

[1] Ke T C. DDA combined with the Artificial Joint Concept. Proceedings of 1st International Conference on Analysis of Discontinuous Deformation, Taiwan, 1995: 124-139.

[2] Lin C T. Extensions to the discontinuous deformation analysis for jointed rock masses and other block systems. Ph. D Thesis, University of Colorado, 1995.

第 8 章　接触的改进

8.1　引　　言

在原始的 DDA 中，石根华博士提出了一套高效的接触搜索方法，可分为三个步骤：

(1) 粗判，先求出每个块体所占的最大矩形域，当两个块体的最大矩形域不存在重叠时，两块体不可能接触；

(2) 根据角–边、角–角距离判断，当两个块体由粗判存在接触可能时对两个块体的角和边循环搜索，当角–边距离小于给定容差值时为角–边接触，当角–角距离小于给定容差值时为角–角接触；

(3) 根据角的判断，分析角和边之间的各个夹角的关系，确定角和边接触的类型，确定接触角和进入边。

通过如上三个步骤可搜索出所有满足容差条件的可能接触，最终所有的接触都化简为接触角和进入边的角–边接触关系。

DDA 采用罚函数 (Penalty) 将一对处于接触状态的角–边连接起来，即当一角和某边处于接触状态时，需在法向施加接触弹簧，当切向处于锁定状态时，在角–边的切向施加切向弹簧，当切向处于滑动状态时，在切向施加摩擦力。角–边接触存在三种状态：张开、接触锁定、接触滑动，接触状态通过开闭迭代计算确定。

石根华提出的这一整套接触搜索、开闭迭代、加减接触罚函数 (弹簧) 的方法具有效率高、收敛快的优点。可以处理大数量块体接触问题，一般情况下通过试验性计算和调整参数，能够得到合理结果。但是原始的方法和程序仍存在某些不足：① 对于实际问题中构形复杂、块体大小差别太大的问题易出现 "漏掉" 接触问题；② 采用罚函数处理接触问题，求解结果受罚函数 (即弹簧刚度) 的取值影响大，某些情况下得不到合理的结果；③ 弹簧刚度的取值直接影响变形计算的精度。

理论上两个块体的接触面处于接触状态时不应出现相对位移，但罚函数法的基本定义是接触处的相对位移与接触刚度的乘积为接触力，这样一来，两块体间如果存在接触力就必须存在相对位移，如当存在接触压力时就必须出现接触处相互进入，进入量的大小为接触力与接触刚度之比。由此，接触刚度越大，进入量越小，接触刚度越小，进入量越大，该进入量为实际并不存在的附加计算误差，当弹簧刚度越小时，这种附加进入误差会直接影响变形甚至是应力的计算精度，因此实际计算时一般需要采用较大的接触刚度，但接触刚度的增大会影响整体方程的形态和计算收敛的速度。

为了减小接触处额外进入变形带来的误差，L. B. Hilbert [1] 等提出了接触模拟的拉格朗日法，即以接触面的接触力为未知量，接触面位移协调为条件建立联立方程求解，这样做可直接解出接触力，避免了接触部位的进入变形，但因需要增加额外的未知量，增大了求解方程的规模，有些情况下整体方程的对角线会出现 "0" 元素，给方程求解带来困难。Lin [2] 等 1995 年将 Landers 等 [3] 提出的增广拉格朗日法 (Augmented Lagrangian Method，ALM) 用于 DDA 接触的模拟。ALM 可以兼有罚函数法和传统拉格朗日法的优点，既不增加未知量的个数，又可最大限度地减小进入变形。

本章介绍针对石根华原始方法的几个改进，包括接触搜索的改进、非线性接触、接触处理的拉格朗日法和增广拉格朗日法。

8.2 接触搜索的改进 ——"角平分线" 法

8.2.1 方法介绍

现实中的岩体，被断层、节理裂隙等构造面切割，形成的块体形状千奇百怪，几何尺寸往往差别巨大，会出现极小块和极短边长的情况，这种情况下当接触刚度取值偏小时，用原有的接触搜索方法往往出现 "漏块" 或错误的接触关系而影响计算结果，极端情况下会导致计算失败。

原有接触搜索的第二步即是根据距离搜索接触，即根据角–角和角–边之间的距离确定块体 i 的一个角和块体 j 的一个角或一条边是否接触，具体判断方法如下：

设定一个极小量 d_0 作为接触判断的容差。

(1) 当块体 i 的一个角和块体 j 的一个角之间距离小于 d_0 时为角–角接触，见图 8-1(a)、(b)；

(2) 当块体 i 的一个角位于块体 j 之外且与块体 j 的一条边之间的距离小于 d_0 时，该角与块体 j 的边接触，见图 8-1(c)；

(3) 当块体 i 的一个角位于块体 j 之内且该角距某边的距离小于 $h_5d_0(h_5 = 0.3 \sim 1.0)$ 时，该角与块体 j 的边接触，见图 8-1(d)。

其中 d_0 与计算窗口大小 w_0、所有块体最小边长 w_1 和最大位移比 g_2 按下式计算：

$$d_0 = \max\{2.5\omega_0 g_2, \quad 3.0 f_2 \omega_0\} \tag{8-1}$$

注意在求 d_0 时用到四个人为参数：2.5，g_2，3.0，f_2，程序中 $f_2 = 0.0004$。这些人为参数是根据经验给定的，适用于块体相对均匀、块数不是很多的情况，对有些特殊情况则需要通过试算调整这些参数。

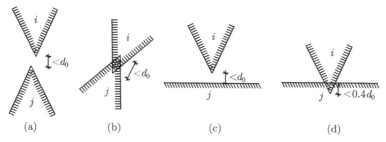

图 8-1 原程序中根据距离的接触判断

应用中发现, 用原有的按距离接触搜索方式容易出现下列问题:

(1) 当进入量过大时, 会出现 "漏判", 如图 8-2(a) 所示。

(2) 薄片单元的尖角附近, 见图 8-2(b), 会出现 P_1 点到 $\overline{P_2P_3}$、$\overline{P_3P_4}$ 两条线的距离都满足接触条件的情况, 因此 P_1 点对同一块体的接触出现两个, 同时与同一块体的两条边接触, 且接触力都指向边的外法向。

(3) 当进入较深与对边距离满足接触条件时, 出现 "错判", 见图 8-2(c)。P_1 点到 $\overline{P_2P_3}$ 的距离大于 $0.4d_0$, 且与 $\overline{P_4P_5}$ 的距离小于 $0.4d_0$, 则错判为 P_1 与 $\overline{P_4P_5}$ 接触, 接触力指向 $\overline{P_4P_5}$ 的外法向, 这个力显然是不正确的, 从而打破了应力的力的平衡。

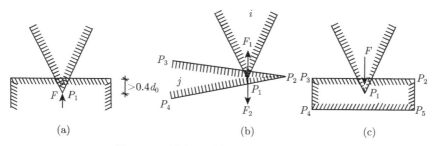

图 8-2 原有按距离接触判断的 "错判"

本书作者提出了角-边接触按距离判断 (搜索) 的 "角平分线" 法, 步骤如下:

(1) 从判断点 P_1 向块体内作角的平分线, 取位于角平分线上且位于块体内部的一点 P_1' 构成有向线段 $\overline{P_1P_1'}$, 如图 8-3 所示;

(2) 求 P_1 点在 $\overline{P_2P_3}$ 的内法向 N 上的投影 d, 则当 $d<0$ 时为 P_1 脱离边点 $\overline{P_2P_3}$, 当 $d\geqslant 0$ 时则为 P_1 点和 $\overline{P_2P_3}$ 接触或进入, 见图 8-3;

(3) P_1 点和 $\overline{P_2P_3}$ 接触的条件是

$$
\begin{cases}
-d_0 \leqslant d < 0, & \text{且 } \overline{P_1P_1'} \text{ 和 } \overline{P_2P_3} \text{ 不相交, 未接触但可能接触范围内, 接触}\\
d > 0, & \text{且 } \overline{P_1P_1'} \text{ 和 } \overline{P_2P_3} \text{ 相交, 接触}
\end{cases}
$$

(8-2)

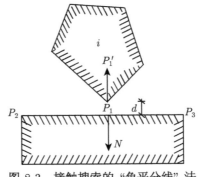

图 8-3　接触搜索的"角平分线"法

根据如上判断方法和准则，可以对图 8-4 所示的几种情况进行判断：

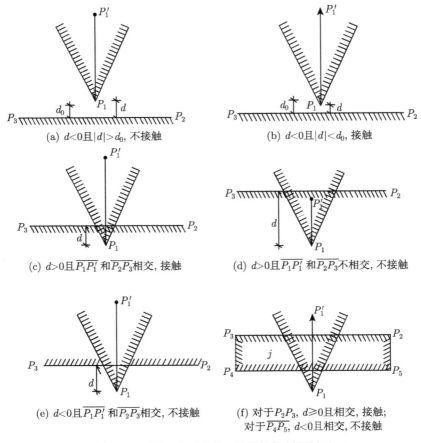

(a) $d<0$ 且 $|d|>d_0$, 不接触

(b) $d<0$ 且 $|d|<d_0$, 接触

(c) $d>0$ 且 $\overline{P_1 P_1'}$ 和 $\overline{P_2 P_3}$ 相交, 接触

(d) $d>0$ 且 $\overline{P_1 P_1'}$ 和 $\overline{P_2 P_3}$ 不相交, 不接触

(e) $d<0$ 且 $\overline{P_1 P_1'}$ 和 $\overline{P_2 P_3}$ 相交, 不接触

(f) 对于 $P_2 P_3$, $d\geqslant0$ 且相交, 接触;
对于 $\overline{P_4 P_5}$, $d<0$ 且相交, 不接触

图 8-4　采用"角平分线"法的接触判断例子

(a) P_1 点位于 $\overline{P_2 P_3}$ 的外法向，在内法线 N 的投影 $d<0$，角平分线与 $\overline{P_2 P_3}$

不相交，$|d| > d_0$，不接触。

(b) $d < 0$，且 $|d| < d_0$，位于 $\overline{P_2P_3}$ 法向可接触范围内，接触。

(c) P_1 点位于 $\overline{P_2P_3}$ 的内法线的正向一方，在内法线上投影 $d > 0$，且角平分线与 $\overline{P_2P_3}$ 相交，按式判断为接触。

(d) P_1 点进入 P_2P_3 太深，致 P_1' 点也位于 P_2P_3 内法向一侧，P_1 在内法向的投影 $d > 0$ 但 P_1P_1' 与 P_2P_3 不相交，因此，P_1 与 P_2P_3 不接触。

(e) 此处的 P_2P_3 的内侧位于上方，方向与 (a)~(d) 相反。这时 P_1 点从块体内部穿出 P_2P_3，P_1 点在 P_2P_3 内法向的投影 $d < 0$，且 P_1P_1' 与 P_2P_3 相交，由式 (8-2) 的第一条判断，P_1 和 P_2P_3 不接触。

(f) P_1 点进入 P_2P_3，穿透块体从 P_4P_5 穿出，由于块体 j 的厚度较小，P_1 的角平分线 P_1P_1' 同时与 P_2P_3、P_4P_5 相交。对于 P_2P_3，$d > 0$，且相交，因此接触；对于 P_4P_5，$d < 0$，且相交，因此不接触。

通过各种情况的测试，可以证明"角平分线"均能得到正确的接触判断结果。

8.2.2 程序实现 (基于 2002 版 dfb.c)

1. 角平线数组的声明与定义

(1) 定义全面数组：double**dbs;

(2) 开设 dbs[ ][ ] 数组，在第 553 行 d 数组配置之后，配置 dbs 数值：

n7=oo+1;

n8=4;

dbs=(double**)malloc(sizeof(double*)*n7);

for(i=0;i<n7;++i) dbs[i]=(dacble*)malloc(sizeof(double)*n8);

其中，dbs[i][0] 为凸凹指示数，=1 凸，=0 凹角；dbs[i][1]~[2] 为角平分线块内点的坐标；dbs[i][3] 为角平分线长度。

如图 8-5 所示，第 i 顶点的角平分线为一有向线段，由 (d[i][1], d[i][2]), (dbs[i][1], dbs[i][2]) 组成，指向块体内部，第一点为第 i 号顶点，第二点为第 i 号顶点角平分线上且位于块体内部的点。

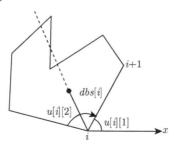

图 8-5 顶点的角平分线

2. dbs[i]

(1) 新开发一个函数，求定义角平分线数据。

```
void bisector_of_vertex_angle()
```

原程序已给出了以顶点 i 为起点的边与 x 轴的夹角为 u[i][1]，顶点 i 所在的角的内角角度为 u[i][2]。从顶点 i 出发，以角度 u[i][1]+1/2u[i][2] 作射线即为角 i 的平分线，可求出顶点 i 到块体各边的交点及顶点 i 到各交点的距离 l，取最小距离乘以一个小于 1 的系数为允许最大接触进入距离，则可求出角平分线段的终点坐标。dbs[ ] 数组各元素的求法：

$$\begin{cases} 0, & \text{u[i][2]} > 180°, 凹解 \\ 1, & \text{u[i][2]} \leqslant 180°, 凸角 \end{cases}$$

dbs[i][0]=

```
dbs[i][1]=d[i][1]+l*cos (u[i][1]+1/2u[i][2]);
dbs[i][2]=d[i][2]+l*sin (u[i][1]+1/2u[i][2]);
dbs[i][3]=l;
```

求 dbs[i] 的程序为

```
void  bisector_of_vertex_angle()
  {
  void intersection_point(double x01,double y01,double x2,
double y2,double x3,double y3, double x4,double y4,double *x00,
double *y00,int *k4);
    void sort(double a[],int rl[],int nd);
    double fac[10],x00,y00,xyc[10][2];
    int in_area,rl[10];
    long i00;
    for(i=0; i<oo+1; ++i)
    {
    dbs[i][0]=0.0;
    dbs[i][1]=0.0;
    dbs[i][2]=0.0;
    }
  for (i=1;  i<=n1; i++)
    {
```

```
i1=k0[i][1];
i2=k0[i][2];
if(k0[i][0]<0) i2=i1;
for (j=i1; j<=i2; j++)
{
 i00=0;
 if(u[j][2]>180+3.) // 凹角不主动接触
 {
 dbs[j][0]=-1.0;
 goto c1002;
 }
 d1=u[j][1]+0.5*u[j][2];  //内角平分线的角度
 x1=d[j][1];
 yi=d[j][2];
 x2=x1+3.0*w0*cos(d1*dd);
 y2=yi+3.0*w0*sin(d1*dd);
 ii=0;
     for (jj=i1; jj<=i2; jj++)
     {
      if(j==i1 && jj==i2)  goto  c1001;
      if(jj==j || jj==j-1)  goto  c1001;
 x3=d[jj][1];
 y3=d[jj][2];
 x4=d[jj+1][1];
 y4=d[jj+1][2];
 intersection_point(x1,yi,x2,y2,x3,y3,x4,y4,&x00,&y00,&in_area);
 if(in_area>0)
 {
 xyc[i00][1]=x00;
 xyc[i00][2]=y00;
 i00+=1;
 }
c1001:;
 } /* jj */
 if(i00==0)  goto c1002;
```

```
if(i00==1)  // 单点直接赋值
{
dbs[j][0]=1.;
dbs[j][1]=x1+(xyc[0][1]-x1)*0.6;
dbs[j][2]=yi+(xyc[0][2]-yi)*0.6;
}
else if(i00==2) // 双点, 取小者
{
      a1=sqrt((x1-xyc[0][1])*(x1-xyc[0][1])+(yi-xyc[0][2])
                        *(yi-xyc[0][2]));
      a2=sqrt((x1-xyc[1][1])*(x1-xyc[1][1])+(yi-xyc[1][2])
                        *(yi-xyc[1][2]));
  if(a1>a2)
  {
   dbs[j][0]=1.;
   dbs[j][1]=x1+(xyc[1][1]-x1)*0.6;
   dbs[j][2]=yi+(xyc[1][2]-yi)*0.6;
  }
  else
  {
   dbs[j][0]=1.;
   dbs[j][1]=x1+(xyc[0][1]-x1)*0.6;
   dbs[j][2]=yi+(xyc[0][2]-yi)*0.6;
  }
  }
  else
  {
for(ji=0;ji<i00;ji++)
{
a1=sqrt((x1-xyc[ji][1])*(x1-xyc[ji][1])+(yi-xyc[ji][2])
                        *(yi-xyc[ji][2]));
fac[ji]=a1;
rl[ji]=ji;
}
      sort(fac,rl,i00);
```

```
      j2=rl[0];
dbs[j][0]=1.;
   dbs[j][1]=x1+(xyc[j2][1]-x1)*0.6;
   dbs[j][2]=yi+(xyc[j2][2]-yi)*0.6;
   }
c1002:;
   } /* j */
   } /* i */
}


      void bisector-of-vertex-angle-by-block (intib)
      {
      }
```

(2) 求角平分线子程序的调用。

在 df01() 子程序的最后调用 bisector_of_vertex_angle 即可。

3. df04 修改

(1) 在最前边定义

$$
\left\{
\begin{array}{ll}
\text{void} & \text{if\_intersection ( )} \\
\text{int} & \text{in\_area}
\end{array}
\right.
$$

(2) 将 1508 行：if(d1< −d0 || d1>h5*d0)goto a405; 改成如下两行：

```
if(d1<-d0 ||  d1>h5*dbs[i][3])goto a405;
if_intersection(x1, yi, dbs[i][1], dbs[i][2], x3, y3, x4, y4,
    &in_area);//角平分线是否与边相交;
if(d1≤0.0 || in_area>0.5)
```

(3) 将 1517 行：if(d3< −d0 || d3>h5*d0)goto 406; 改为如下 3 行：

```
if(d3<-d0 || d3>h5*dbs[j][3] goto 406;   //未接触或进入太深
if(dbs[j][0]<0.5)goto  a406; //凹角不接触
if_intersection(x3, y3, dbs[j][1], dbs[j][2], x1, yi, x2, y2,
    &in_area); //判断角平分线是否与边相交。
if(d3=0.0 || in_area>0.5)
```

4. 增加一外部函数，判断两条线段是否相交

```
void if_intersection(double x01, double y01, double x2, double y2,
```

```
            double x3, double y3, double x4, double y4, int*k4)
```

其中，$P_1(x_{01}, y_{01})$，$P_2(x_2, y_2)$ 构成第一条线段，$P_3(x_3, y_3)$，$P_4(x_4, y_4)$ 构成第二条线段。当两条线段相交时 $*k_4 = 1$，不相交时 $*k_4 = 0$。

程序：

```
void if_intersection(double x01,double y01,double x2,double y2,
     double x3,double y3, double x4,double y4,int *k4)
     {
     double   x21,y21,x34,y34,x31,y31,d1,d2,d3,t1,t2,a1;
     /*---------------------*/
     *k4=0;
     /*---------------------*/
     x21=x2 - x01;                        /* coefficients */
     y21=y2 - y01;
     x34=x3 - x4 ;
     y34=y3 - y4 ;
     x31=x3 - x01;                        /* free terms    */
     y31=y3 - y01;
     /*---------------------*/
     d3=x21*y34-x34*y21;
     d1=x31*y34-x34*y31;
     d2=x21*y31-x31*y21;
     /*---------------------*/
     /* two parallel lines */
     if ( fabs(d3)<.0000001 ) goto c002;
     /*---------------------*/
     /* normal intersection  */
     t1=d1/d3;
     if ( (t1<-.000001) || (t1>1.000001) ) goto c002;
     t2=d2/d3;
     if ( (t2<-.000001) || (t2>1.000001) ) goto c002;
     *k4=1;
  c002:;
     }
```

8.3 接触刚度与接触长度相关性

8.3.1 接触长度相关刚度法

DDA 的接触类型可归为角–边接触和边–边接触两类。对于角–边接触，实际上为一接触点，不存在接触长度，而边–边接触则存在一段共同的接触线段，其接触长度为 l（图 8-6）。该线段的接触由两个接触点–线对组成，即每个接触点–线对控制接触长度为 $l/2$。

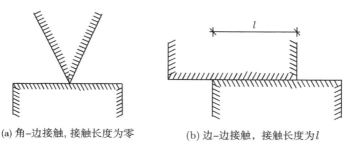

(a) 角–边接触，接触长度为零   (b) 边–边接触，接触长度为 l

图 8-6 两种概化接触类型

DDA 的原有程序中将所有的接触都给定一个相同的接触刚度，即法向接触刚度为 hh，切向接触刚度为 $h_5 \cdot hh$，h_5 一般为 0.4。这与实际的情况有一定出入，会给计算的变形或应力带来误差。张国新[7] 提出了将边–边接触长度与 Penalty 乘积作为接触刚度的方法，可解决这个问题。

例 8-1 大小块接触应力。

用一个算例来说明，图 8-7 为四个块体组成的模型，编号为 ①、② 的块体置于块体 ③ 之上，块体 ①、② 上为块体 ④，在块体 ④ 顶部施加均匀压力或均匀位移，计算 ①、② 块和 ③ 块之间的接触应力和接触变形，计算参数见表 8-1。

表 8-2 给出了原等接触刚度算法用两种加载方式计算得到的 1~4 点的接触力和接触应力，各点的位置示意图见图 8-7(a)，其中 1、2 点位于块体 ①，3、4 点位于块体 ②。程序计算得到的是接触力，除以各接触的接触长度可得接触应力。由表 8-2 可见，两种加载方式得到的接触力均是 ② 块大，① 块小，② 块与 ③ 块的接触力均为 ① 块的 4 倍左右，但接触应力则相反，① 块下的接触应力大于 ② 块。根据模型可知，四个点的接触应力应该相等，集中力加载时的接触应力 $\sigma_z = 1.33\text{MPa}$，程序计算结果在加载平均后可与理论解接近，但各接触点的应力明显误差过大。

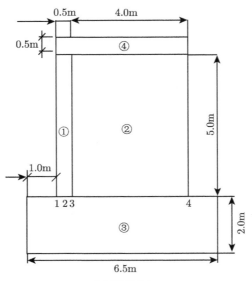

(a) 模型尺寸

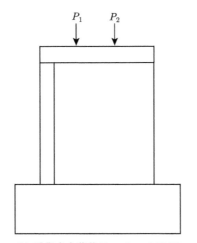

(b) 受集中力荷载 $P_1 = P_2 = 3.0\text{MN}$

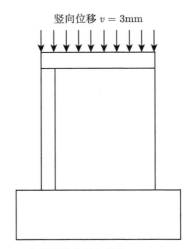

(c) 顶部给定竖向位移 $v = 3\text{mm}$

图 8-7   例 8-1 计算模型

表 8-1   例 8-1 计算参数

参数	数值
弹性模量/MPa	10000
泊松比	0.2
罚函数/(MPa/m)	10000
时间步长/s	0.01
计算模式	静力

表 8-2 接触长度影响算例计算结果

接触点	位移加载		集中力加载		
	接触力/MN	接触应力/MPa	接触力/MN	接触应力/MPa	接触应力理论解/MPa
1	1.19	4.76	0.47	1.88	1.33
2	1.16	4.64	0.51	2.04	1.33
3	5.82	2.91	2.35	1.175	1.33
4	5.74	2.87	2.66	1.33	1.33

解决办法是使接触刚度与接触长度相关，即对于边–边接触，有

$$\begin{cases} p_n = \dfrac{l}{2} p_0 \\ p_t = \dfrac{l}{2} \cdot h_5 p_0 \end{cases} \tag{8-3}$$

式中，p_0 为基准接触刚度，可以从数据文件中输入 (g_0)，也可以由程序自动计算；h_5 为切向弹簧与法向弹簧的刚度比，一般可为 0.4 (取 $\mu = 0.25$，$h_5 = \dfrac{1}{2(1+\mu)}$)；$l$ 为边–边接触长度。

对于角–边接触，理论接触长度为零，但实际计算中又不能取为过小的值，否则会出现"漏掉"的情况，可按如下方式计算：

$$\begin{cases} p_n = \alpha \dfrac{l_{\min}}{2} p_0 \\ p_t = \alpha \dfrac{l_{\min}}{2} \cdot h_5 p_0 \end{cases} \tag{8-4}$$

式中，$l_{\min}$ 为最小接触长度；α 为 $0 \sim 1.0$ 的系数，可以人为给定。

图 8-7 所示同一算例，采用接触长度相关的刚度法的计算结果见表 8-3。考虑接触长度后，各接触点的计算应力相同，集中力加载时的接触应力与理论解一致。说明这种处理方式是有效的。

表 8-3 考虑接触长度影响后的计算结果

接触点	位移加载		集中力加载		
	接触力/MN	接触应力/MPa	接触力/MN	接触应力/MPa	接触应力理论解/MPa
1	0.905	3.62	0.3325	1.33	1.33
2	0.9025	3.61	0.3325	1.33	1.33
3	7.26	3.63	2.66	1.33	1.33
4	7.28	3.64	2.66	1.33	1.33

表 8-4 为不同接触刚度取值时块体 ①、② 的应力，可以看出，考虑接触长度后的刚度设置方式计算结果是正确的，而等刚度法得不到正确的应力结果。

表 8-4　　不同接触刚度取值的块体应力　　　　　　　　（单位：MPa）

块体	位移加载		集中力加载		
	等刚度	变刚度	等刚度	变刚度	理论解
①	4.71	3.59	1.97	1.32	1.33
②	2.89	3.64	1.25	1.34	1.33

8.3.2　程序实现

DDA 程序中已经求出了边–边接触的接触长度，在储于 o[ ][5] 中，o[ ][5] 是在子程序 DF07 中调用 proj( ) 函数计算的。角–边接触、角–角接触的接触长度为零，为了实现接触长度相关的刚度设置，可按如下步骤进行：

(1) 在 df07 尾部 1995 行之后加一段计算最小接触长度，并对角–角、角–边接触设置等效接触长度的代码：

```
double lmin=100000.0,alf=0.2;//假定α=0.2
for(i=1;i≤n2;i++)
{if(o[i][5]>0.0001)
   {lmin=min(lmin,o[i][5]);}
}
for(i=1;i≤n2;i++)
 {if(o[i][5]≤0.0001)
   {
      o[i][5]=max(0.0001,alf*lmin);}
  }
```

(2) 将程序中用到 hh 的地方修改为 hh*o[i][5]/2，包括：

① df08( ) 中的 3069,3070 行；

② df22 中的第 3679,3685,3686,3749 行；

③ df25 中的第 4224,4225,4232,4233 行。

(3) 需要输出接触应力时，按下式计算：

σ_{ni}=o[i][3]*hh/o[i][5];

τ_{ni}=o[i][4]*hh*h5/o[i][5];

8.4　非线性接触刚度模型

8.4.1　分段线性接触刚度模型

陈光齐、大西有三等 [4] 提出了非线性接触刚度的分段线性模型。虽然在数值计算中常常把岩石的构造面简化成光滑的刚性接触面，但断层、节理等岩体构造常常为一个带状构造，该构造带的强度和刚度都较岩石软弱，如图 8-8(a) 所示[1]。当岩体受力时，构造带处的法向和剪切应变要比完整岩石处大，如图 8-8(b)、(c) 所示。针对这种概化，陈等提出了一个非线性 (分段线性) 模型，模拟构造带的变形受力特性，见图 8-9，其中 (a) 为法向受力模型，(b) 为切向受力模型。当法向受拉时，变形受力关系用 OA 表示，当拉应力超出抗拉强度时，接触面分离，取消连接弹簧。当法向受压时，将受力路径分为三部分：① 当应变小于 ε_m 时呈线弹性，用 OB 表示；② 当应变大于 ε_m 时，法向弹簧进入塑性，用 BC 段表示；③ 硬化阶段，当 BC 段与 DCE 段相交后进入硬化阶段，变形 ε_m 则成为永久变形。硬化段的起点为横轴 $\varepsilon = \varepsilon_m$ 的点，斜率为硬化前的弹簧刚度。其后的应力应变关系遵循 DCE 段。

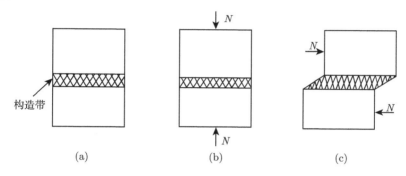

图 8-8 含有软弱构造带的岩体

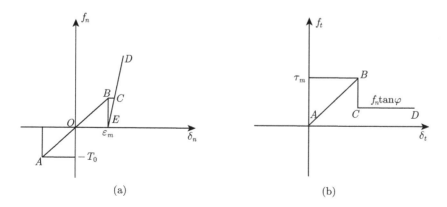

图 8-9 不连续面的分段线性模型

在构造面的剪切方向，当接触面处于粘接状态且剪应力小于抗剪强度，或虽已剪断但处于锁定状态时，剪应力与剪切变形的关系满足图 8-9(b) 的 AB。处于滑动

状态时, 切向弹簧取消, 代之以摩擦力。该分段线性模型可用下式表示:

$$f_n = \begin{cases} k_n\delta_n, & -\dfrac{T_0}{k_n} \leqslant \delta_n \leqslant \varepsilon_m \\[2mm] p_n\left(\delta_n - \varepsilon_m\right), & \delta_n > \varepsilon_m \\[2mm] 0, & \delta_n < -\dfrac{T_0}{k_n} \end{cases} \tag{8-5}$$

$$f_t = \begin{cases} k_t\delta_t, & |\delta_t| \leqslant -\dfrac{\tau_m}{k_t}, \text{ 且} -\dfrac{T_0}{k_n} \leqslant \delta_n \leqslant \varepsilon_m \\[2mm] f_n\tan\varphi, & |\delta_t| > \dfrac{\tau_m}{k_t}, \text{ 且 } f_n > 0 \\[2mm] 0, & |\delta_t| > \dfrac{\tau_m}{k_t}, \text{ 且 } f_n \leqslant 0 \end{cases} \tag{8-6}$$

式中, f_n, f_t 分别为接触面法向和切向力, f_n 压缩为正; δ_n, δ_t 分别为接触面法向和切向变形; k_n, k_t 分别为接触面法向和切向刚度系数; p_n 为法向罚函数 (弹簧刚度); ε_m 为接触面允许最大压缩应变; T_0 为接触面法向抗拉强度; φ 为接触面的摩擦角; τ_m 为接触面抗剪强度。

　　本模型与石根华原始 DDA 中使用的模型的区别在于, 本模型考虑了接触面软弱构造带的压缩变形, 在受拉和受剪方面两者相同, 当构造带受压时采用实际压缩刚度 k_n 求出压缩变形, 达到允许最大压缩应变时产生不可恢复的压缩变形 ε_m, 表现在计算结果上为接触面的不可恢复进入量, 具体编程计算时采用如下步骤:

　　(1) 初始处于粘接状态的边–边接触, 取接触刚度为 k_n, k_t; 初始处于锁定或接触状态的角–角、角–边及边–边接触, 接触刚度为 p_n, p_t。

　　(2) 计算过程中处于粘接状态, 受压且压变形 $\delta_n \geqslant \varepsilon_m$ 时, 将接触刚度由 k_n, k_t 改为 p_n, p_t, 且修正块体接触点坐标。

　　设块体 i 的 P_1 点与块体 j 的 P_2、P_3 点接触如图 8-10 所示, 则压缩后只需沿 P_2P_3 的外法向将 P_1 点的坐标修正 ε_m 即可。

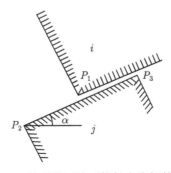

图 8-10　软弱带压缩后接触点坐标的修正

设 P_1 点的原有坐标为 $P_1(x_1^0, y_1^0)$，则修正后的坐标 (x_1, y_1) 为

$$\begin{cases} x_1 = x_1^0 + \varepsilon_m \sin\left(\alpha + \dfrac{\pi}{2}\right) \\ y_1 = y_1^0 + \varepsilon_m \cos\left(\alpha + \dfrac{\pi}{2}\right) \end{cases} \tag{8-7}$$

(3) 根据接触面剪应力的状态，将接触状态改为锁定或滑移，记录接触历史状态的 m0[ ][0] 改为 0。

(4) 接触刚度参数 k_n, k_t, p_n, p_t 的取值。k_n, k_t 分别为不连续构造带的法向和切向刚度，可以由构造带的弹性模量求出：

$$k_n = \frac{l}{2} E_j$$

$$k_t = \frac{l}{2} G_j \tag{8-8}$$

$$G_j = \frac{E_j}{2(1 + \nu_j)}$$

式中，E_j、G_j、ν_j 分别为构造带的弹性模量、剪切刚度和泊松比，l 为接触段的长度，P_n、P_t 按原程序取值即可。

8.4.2 指数接触刚度模型

原始 DDA 将接触面概化为光滑平面，这是一种理想的假定，实际的岩体结构面，不管是天然形成还是人工劈裂，其表面总是凹凸不平的 (图 8-11)。图 8-12 为不同岩石表面的扫描图 [5]，从切面上看两块岩体接触时一般不是光滑接触而是凹凸不平的两个面在细观层面上尖角对尖角的接触，接触面积会随法向压力而变化，法向压力越大，接触面积越大，反之越小。如果将凹凸不平的接触域看做一个构造带，则构造带的法向变形与法向应力的关系满足指数关系 [5]：

$$\delta_n(\sigma_n) = \varepsilon_m \left(1 - e^{-\frac{\sigma_n}{A_n}}\right) \tag{8-9}$$

式中，δ_n 为接触带的法向变形，ε_m 为接触带最大允许位移压缩变形，σ_n 为法向压应力，A_n 为一与刚度有关的系数。图 8-13 为接触带变形与法向压应力之间的关系 (式 (8-9))，图中应力–变形曲线的切线即为对应于不同压应力时的法向压缩刚度，可以看出，压缩刚度随法向压应力及压缩变形的增大而增大，当压缩量接近允许最大压缩量时，法向刚度趋于无穷大。

由式 (8-9) 可得对应于不同的接触带压缩量，图 8-13 的切线刚度为

$$k_n = \frac{\partial \sigma_n}{\partial \delta_n} = A_n \frac{1}{\varepsilon_m - \delta_n} \tag{8-10}$$

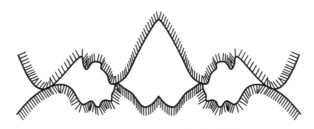

图 8-11 两个不平的面的接触

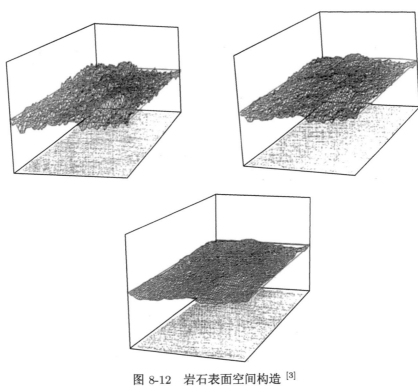

图 8-12 岩石表面空间构造 [3]

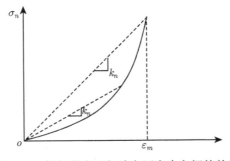

图 8-13 接触带变形与法向压应力之间的关系

由于 DDA 每一步加载计算采用的是全量法, 而式 (8-10) 所示的刚度 k_n 只适合于增量法, 因此 DDA 只能用割线模量, 对于第 n 步计算, 假设某接触的法向应力为 σ_n, 接触变形为 δ_n, 则割线模量为

$$k_n = \frac{\sigma_n}{\delta_n} = \frac{\sigma_n}{\varepsilon_m \left(1 - \mathrm{e}^{-\frac{\sigma_n}{A_n}}\right)} \qquad (8\text{-}11)$$

在第 $(n+1)$ 步计算时法向接触刚度按式 (8-11) 的 k_n 取值即可。这样即可将原有的人为取值的罚函数给定物理意义, 可以通过实验参数取值。

8.4.3 程序实现

(1) 输入刚度变化参数, 对每种节理材料, 输入 ε_m、p_n、A_n、τ_m。

(2) 开设数组 pk[ ][2], 用于存储每个接触的法向和切向刚度, 数组最大长度与 o[ ][ ] 数组相同, 即 pk[11*n1+1][4], 其中, pk[i][0] 为法向接触刚度, pk[i][1] 为切向接触刚度。

(3) 为 pk[ ][ ] 赋值。① 在采用本节的非线性接触模型后, 要关闭原来自动计算接触刚度的功能。只需在参数输入文件中输入 g0 作为初始接触刚度即可。② 在 Df02 子程序的前边为 pk[ ][ ] 赋值: pk[i][0]=g0; pk[i][1]= h2*g0; i=0,1,2, $\cdots$, 11*n1。

(4) 在 Df07 子程序最后已完成了旧接触的传递和新接触的搜索, 可利用接触的法向变形, 切向变形根据式 (8-5)、式 (8-6)、式 (8-11) 求接触的法向和切向刚度对于旧接触, $\delta_{ni} = $ o[i][3], $\delta_{ti} = $ o[i][4]。可按如上各式计算 k_n、k_t。对于新接触 $\delta_{ni} = 0$, $\delta_{ti} = 0$, 可用输入的弹簧刚度, 即 pk[i][0]=g0, pk[i][1]= h2*g0。

(5) 修改 df18( )、df22( )、df25( )。

将各函数中的 hh/h2 用 pk[i][1], hh 用 pk[i][0] 代替。

(6) 计算收敛后的接触应力为

$$\sigma_{ni} = 0[i][3] * pk[i][0]$$

$$\tau_i = 0[i][4] * pk[i][1]$$

8.5 拉格朗日乘子法

拉格朗日法 (Lagrange Multiplier Method) 是最早用于接触问题的求解方法 [1], 1995 年 Chihsen T Lin 在他的博士论文中详细介绍了基于拉个朗日法求解接触问题的 DDA。与罚函数法不同, 拉格朗日法在一对接触之间不设置弹簧 (Penalty), 而是设置一个未知的力 λ (称为拉格朗日算子)(见图 8-14), 当第 i 块体的顶点 P_1

与第 j 块体的边 $\overline{P_2P_3}$ 接触，且发生了进入变形 d_1 时，设在 P_1 和 $\overline{P_2P_3}$ 之间的接触力为 λ，则由接触力 λ 引起的变形能为

$$\Pi_K = \lambda d \tag{8-12}$$

由式 (1-83) 可知，当块体 i 的变形参数矩阵为 $[D_i]$，块体 j 的变形参数矩阵为 $[D_j]$ 时，进入变形 d 为

$$d = \frac{s_0}{l} + (e_1\ e_2\ e_3\ e_4\ e_5\ e_6)\begin{bmatrix} d_{1i} \\ d_{2i} \\ d_{3i} \\ d_{4i} \\ d_{5i} \\ d_{6i} \end{bmatrix} + (g_1\ g_2\ g_3\ g_4\ g_5\ g_6)\begin{bmatrix} d_{1j} \\ d_{2j} \\ d_{3j} \\ d_{4j} \\ d_{5j} \\ d_{6j} \end{bmatrix}$$

$$= \frac{s_0}{l} + [E]^{\mathrm{T}}[D_i] + [G]^{\mathrm{T}}[D_j] \tag{8-13}$$

则式 (8-12) 可以写成

$$\Pi_K = \lambda\left(\frac{s_0}{l} + [E]^{\mathrm{T}}[D_i] + [G]^{\mathrm{T}}[D_j]\right) = \lambda\left(\frac{s_0}{l} + \sum_{s=1}^{6} e_s d_{si} + \sum_{s=1}^{6} g_s d_{sj}\right) \tag{8-14}$$

由式 (1-17)、式 (1-18) 可知，由于式 (8-14) 对于变形参数 d_{si}，d_{sj} 为一阶函数，因此其二阶微分为零，即式 (1-17) 所示的变形能对总体刚度矩阵 K 无贡献，只对荷载项有贡献，即

$$-\frac{\partial \Pi(0)}{\partial d_{ri}} = -\lambda e_r \to [F_i], \quad r = 1, 2, 3, \cdots, 6 \tag{8-15}$$

$$-\frac{\partial \Pi(0)}{\partial d_{rj}} = -\lambda g_r \to [F_j], \quad r = 1, 2, 3, \cdots, 6 \tag{8-16}$$

式 (8-15)、式 (8-16) 中含有未知量 λ，因此应将计入 $[F_i]$、$[F_j]$ 的 $-\lambda[E]$、$-\lambda[G]$ 移至方程左侧，将 λ 作为未知量加入未知量矩阵 $[D]$，此时按原有方程求解未知量个数大于方程个数，需要增加额外方程。考虑到拉格朗日法的基本假定，将进入位移 $d = 0$ 作为条件方程，即

$$\frac{s_0}{l} + [E]^{\mathrm{T}}[D_i] + [G]^{\mathrm{T}}[D_j] = 0 \tag{8-17}$$

则集成的方程为

$$\begin{bmatrix} [K] & [K_\lambda]^{\mathrm{T}} \\ [K_\lambda] & 0 \end{bmatrix}\begin{bmatrix} [D] \\ \lambda \end{bmatrix} = \begin{bmatrix} [F] \\ -s_0/l \end{bmatrix} \tag{8-18}$$

式中，$[K_\lambda] = [0\ \ 0\ \ 0\ \ \cdots\ \ E\ \ \cdots\ \ G\ \ \cdots\ \ 0\ \ 0\ \ 0]$，$E$ 和 G 都为 1×6 子矩阵，计算方法见式 (1-84)。

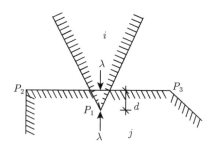

图 8-14 两块体接触时的作用力

方程 (8-18) 为只有在第 i 块体和第 j 块体之间有一个接触时的方程, 此时总方程增加了一个额外未知量 λ, 若在求解的块体系统存在 n_λ 个接触, 则需要增加 n_λ 个未知量 λ_k, $k = 1, 2, 3, \cdots, n_\lambda$, 每一个 λ_k 代表一对接触。

拉格朗日法可以使接触处的接触力满足平衡方程, 且不出现接触进入, 直接求出接触力 λ 且保证了无进入条件, 不会像罚函数那样在接触处带来附加变形, 这是该方法的优点。但是, 由于未知量个数增加, 增加了整体方程的个数。同时方程 (8-18) 左侧的矩阵 $[E]$、$[G]$ 的对角线上的元素有时会为 "0", 即使不为 "0" 有时不能保证一定为正, 因此方程 (8-18) 需要特殊解法求解。

8.6 增广拉格朗日法

8.6.1 基本公式

增广拉格朗日法 (Augmented Lagrange Method, ALM) 最早由 J. A. Landers 等提出 [3], 用于有限元的接触问题模拟。1995 年 Chihsen T. Lin 在他的博士论文中首次将 ALM 引入 DDA, 并开发了相应的代码。

如前所述, 接触问题模拟的罚函数法不增加新的未知量, 一次整体方程求解即可得到接触处的进入变形, 进而求出接触应力, 这种方法求解简单, 但在接触处会有额外的附加变形, 接触刚度的选择上, 选小了会给计算带来较大的误差, 选大了会影响计算效率。拉格朗日法在接触面处设置了额外的未知量, 以接触力为未知量形成方程求解, 一次求解整体方程即可求得接触应力, 且保证不出现进入变形, 但需要增加求解方程的规模, 有些情况下方程会出现病态, 不易求解。

ALM 是将两者结合, 在接触处既设置罚函数, 同时设置作用力, 即

$$\lambda^* = \lambda + p_n d \tag{8-19}$$

式中, λ^* 为增广拉格朗日乘子, λ 为拉格朗日乘子, p_n 为接触弹簧刚度, d 为接触处的法向变形。

由式 (8-19)，当计算收敛时 λ^* 即为总接触力。式 (8-19) 有两个未知量：λ 和 d，其中 d 可由相互接触的两个块体变形参数 $[D_i]$、$[D_j]$ 和位移函数按式 (8-13) 求出，λ 则通过迭代计算求出。假定当前迭代步为 $(k+1)$ 步，取迭代格式为

$$\lambda^* = \lambda_{k+1} = \lambda_k + p_n d \tag{8-20}$$

由式 (8-20) 可见，每一步迭代的增广拉格朗日乘子 λ^* 即为当前迭代步的接触力。可得接触力 λ^* 引起的变形能：

$$\Pi_K = \lambda^* d = \lambda_k d + \frac{1}{2} p_n d^2 \tag{8-21}$$

式 (8-21) 由两部分组成，第一部分为由拉格朗日乘子 λ_k 引起的变形能，第二部分为由罚函数即弹簧变形引起的应变能。将式 (8-13) 代入式 (8-21)，并根据式 (1-17) 得

$$\begin{cases}
\dfrac{\partial^2 \Pi_k}{\partial d_{ri} \partial d_{si}} = \dfrac{p_n}{2} \dfrac{\partial^2}{\partial d_{ri} \partial d_{si}} \left(\sum_{r=1}^{6} e_r d_{ri} \right)^2 = p_n e_r e_s \to k_{rs}^{ii} \\[3mm]
\dfrac{\partial^2 \Pi_k}{\partial d_{ri} \partial d_{sj}} = \dfrac{p_n}{2} \dfrac{\partial^2}{\partial d_{ri} \partial d_{sj}} \left(\sum_{r=1}^{6} e_r d_{ri} \right) \left(\sum_{s=1}^{6} g_s d_{sj} \right) = p_n e_r g_s \to k_{rs}^{ij} \\[3mm]
\dfrac{\partial^2 \Pi_k}{\partial d_{rj} \partial d_{si}} = \dfrac{p_n}{2} \dfrac{\partial^2}{\partial d_{rj} \partial d_{si}} \left(\sum_{r=1}^{6} g_r d_{rj} \right) \left(\sum_{s=1}^{6} e_s d_{si} \right) = p_n g_r e_s \to k_{rs}^{ji} \\[3mm]
\dfrac{\partial^2 \Pi_k}{\partial d_{rj} \partial d_{sj}} = \dfrac{p_n}{2} \dfrac{\partial^2}{\partial d_{rj} \partial d_{sj}} \left(\sum_{r=1}^{6} g_r d_{rj} \right)^2 = p_n g_r g_s \to k_{rs}^{jj} \\[3mm]
r, s = 1, 2, 3, \cdots, 6
\end{cases} \tag{8-22}$$

由 $\dfrac{\partial \Pi_k(0)}{\partial(D)}$ 可以求出接触应变能 (8-21) 引起的荷载项，该荷载项由两部分构成，一部分为拉格朗日乘子带来的，另一部分为弹簧变形能带来的，即

第一部分为

$$\begin{aligned}
-\frac{\partial \Pi_k^1(0)}{\partial d_{ri}} &= -\lambda_k e_r \to f_{ir}, \quad r = 1, 2, 3, \cdots, 6 \\
-\frac{\partial \Pi_k^1(0)}{\partial d_{rj}} &= -\lambda_k g_r \to f_{jr}, \quad r = 1, 2, 3, \cdots, 6
\end{aligned} \tag{8-23}$$

第二部分为

$$\begin{aligned}
-\frac{\partial \Pi_k^2(0)}{\partial d_{ri}} &= -p_n \frac{s_0}{l} \frac{\partial}{\partial d_{ri}} \left(\sum_{r=1}^{6} e_r d_{ri} \right) = -p_n \frac{s_0}{l} e_r \to f_{ri} \\
-\frac{\partial \Pi_k^2(0)}{\partial d_{rj}} &= -p_n \frac{s_0}{l} \frac{\partial}{\partial d_{rj}} \left(\sum_{r=1}^{6} g_r d_{rj} \right) = -p_n \frac{s_0}{l} g_r \to f_{jr}
\end{aligned} \tag{8-24}$$

只要将式 (8-22)～ 式 (8-24) 求出的各个值加入整体方程相应的元素，形成 DDA 求解整体方程，求解后得到位移参数，进一步可求位移和应力场。

ALM 的优点是不增加新的未知量，弹簧刚度可采用较小值，因此总体方程性态好，不会出现病态影响求解效率，但是需要通过迭代求解 λ^*。分析式 (8-20) 可以看出：① 当取 $\lambda_0 = 0$ 不进行迭代时，ALM 转化为罚函数法，即为原始 DDA 采用的方法；② 当多次迭代时，λ_{k+1} 收敛后全部接触力由拉格朗日乘子 λ_{k+1} 承担，罚函数弹簧承担的接触力为 "0"，则 ALM 转化为拉格朗日法；③ 一般情况下，总接触力为拉格朗日乘子力和弹簧力之和，既包含一定的接触面压缩变形，又不致进入接触过大，两者分担的比例取决于迭代的收敛准则。这种状态更能反映一般接触面的物理性态。

ALM 放松了对弹簧刚度 p_n 的要求，石根华在他的早期著作中提出 $p_n = (10 \sim 100)E_{\max}$，即 10～100 倍的块体最大弹性模量，采用 ALM 可以突破这个限制，采用软弹簧进行计算，其结果会提高开闭迭代的效率，但会降低拉格朗日迭代的收敛速度。适当的弹簧刚度可以提高综合计算效率，这需要通过大量的试算确定。

8.6.2 迭代收敛准则

利用 ALM，按式 (8-20) 求解时，需要给定接触刚度 p，相当于罚函数法，ALM 的弹簧刚度可以设定一个较低的值。

设弹簧刚度为 p，初始拉格朗日乘子 $\lambda_0 = 0$，则迭代格式为

初始值：$\lambda_0 = 0$；

第一步：解方程求 d_1，则 $\lambda_1 = \lambda_0 + pd_1$；

第二步：将 λ_1 代入方程求解，得 d_2，则 $\lambda_2 = \lambda_1 + pd_2$；

第三步：将 λ_2 代入方程求解，得 d_3，则 $\lambda_3 = \lambda_2 + pd_3$；

......

通过如上迭代接触变形，d_i 越来越小，逼近 "0"，拉格朗日乘子即接触力越来越大，逼近真实接触力。

当只有一个接触时，由于第一步求解的接触变形 d_1 满足平衡条件，因此接触力 λ_1 满足平衡条件，将 λ 代入方程求解时满足总体平衡方程，由此求出的 $d_2 = 0$，即只需迭代两次即可得到零进入的接触力。但对于多个接触构成的块体系统，进行第二步迭代计算时需要通过在接触 i 处施加接触力 λ_1 将接触位移恢复到 "0"，此运算会影响到其他接触的受力，即迭代过程中力的分布会发生变化，因此第二步迭代结果 d_{i2} 不会为零，对于可收敛的迭代计算，d_{ik} 只会越来越小，何时结束计算，需要给定一个收敛准则。

分析迭代过程 $\lambda_{k+1} = \lambda_k + pd_k$ 可知，当完成第 k 步迭代时，第 i 接触的总接触力可分为两部分：由拉格朗日乘子承担的部分 λ_k 和由接触弹簧承担的部分，即由接触弹簧承担的接触力应尽量小，因此收敛准则可按下式：

$$\frac{\sum p|d_{ik}|}{\sum|\lambda_{ik}| + \sum p|d_{ik}|} \leqslant \varepsilon \tag{8-25}$$

式中，λ_{ik}、d_{ik} 分别为第 i 接触第 k 次迭代计算时拉格朗日乘子和接触位移，ε 为控制误差。

ε 的取值应该视具体问题而不同，实际计算中可取 $0 \sim 0.1$。对于有一定宽度且有夹物的断层、节理等，ε 应取较大的值。对于宽度很小、无夹杂物、相对光滑的接触面，ε 应取较小的值；对在完整块体中人为设置的虚拟裂缝，ε 应接近零。

8.6.3 程序实现

按如下步骤将 ALM 加入石根华的 DDA 源程序 2002 版 dfb.c 中。

(1) 变量定义 (声明)。

在变量定义位置，程序的开头定义三个变量：

```
double   ceps, calm, cpenalty;
```

其中，ceps 为接触弹簧分担总接触力的控制比例，即式 (8-25) 中的 ε；calm 为由拉格朗日乘子分担接触力之和，即 calm=$\sum \lambda_{ik}$；cpenalty 为由接触弹簧承担的接触力总和，即 cpenalty=$\sum p|d_{ik}|$。

(2) 在 o[ ][ ] 数组中增加两列，用以存放 λ_{ik}。修改原程序的 518 行；将 n8=6 改为 n8=8，即

```
n8=8;
o=(double**)malloc(sizeof(double*)*n7);
for(i=0; i<n; ++i)o[i]= (double*)malloc(sizeof(double)*n8);
```

o[ ][ ] 数组扩展后，o[i][6]=λ_{ik}，o[i][7] 用于存放上一次的 o[i][6]，以便接触传递。

(3) 在 1510 行后增加一行：o[i][6]=0；为接触力赋初值。

(4) 在 1380 行后加一行：o[i][7]=o[i][6]；将上一次计算接触力 o[i][6] 保存到 o[i][7]。

(5) 在原 1797 行后加一行：o[i][6]=o[ii][7]；将上一次计算接触力传递到新的接触。

(6) 在 1801 行后加一行：

```
if(j==1& &m[i][0]==1)o[i][6]=0
```

(7) DF18 修改。

① 在 3096 行后加一行：s1+=o[i][6]/hh;

② 在 3246 行后加一行：s4+=o[i][6]/hh;

(8)DF22 修改：

① 3677 行：将 c1=s[1] 改为 c1=s[1]+o[i][6]/hh;

② 3686 行：将 if(o[i][3]>e1+f0*w0)m0[i][2]=0; 改为 if(o[i][3]+ o[i][6]/hh > e1+f0*w0)m0[i][2]=0;

③ 3691 行：将 if(o[i][3]> −f1*w0) m0[i][2]=0; 改为 if(o[i][3]+ o[i][6]/hh > −f0*w0)m0[i][2]=0;

④ 3743 行：将 if(fabs(o[i][4])> fabs(a2*o[i][3])m0[i][2]=0; 改为 if(fabs(o[i][4])> fabs(a2*o[i][3] +o[i][6]/hh)mo[i][2]=0;

⑤ 3747~3753 行：将 o[i][3] 均改为 o[i][3]+ o[i][6]/hh。

(9) main() 函数修改。

在第 5691 行完成开闭迭代之后，增加拉格朗日迭代控制：

if(alm_interation()>0){m9=0; goto a002;}

(10) 新增函数：

```
int alm_interation()
{
  Double ceps,calm,cpenalty;
 ceps=0.1;
  calm=0;
  cpenalty=0;
for(i=0;i=n2;i++)
{
  if(m0[i][2]=1)
    {0[i][6]+= 0[i][3]*hh; //r_{n+1} = r_k+Pd
      calm+fabs0[i][6];
      cpenalty+= fabs0[i][3] *hh ;
      }
      else if(m0[i][2]=0)
      {
      0[i][6]=0.0;
      }
  }
  if(cpenalty/(calm+ cpenalty)>ceps)
      return 1;
```

```
else
    return 0;
}
```

本函数将开闭迭代收敛后计算的接触力赋值到 o[i][6]，即 $\lambda_{k+1} = \lambda_k + p_n d$，计算接触力总和和由弹簧承担的接触力总和，按式 (8-25) 计算弹簧占接触力的比例，当不满足控制误差时返回 1 继续迭代计算，当满足误差时返回 0 结束迭代计算。

8.7　增广拉格朗日与指数接触刚度模型相结合的混合法

目前为止介绍的接触刚度赋值方法有如下几种：① 固定接触刚度法，即所有角–角接触、角–边接触的刚度都给定一个相同的值，$p_n = g_0$，$p_t = h_2 \cdot g_0$；② 与接触长度相关的变刚度法，即对于角–角接触和角–边接触，$p_n = g_0$，$p_t = h_2 \cdot g_0$，对于边–边接触，$p_n = \frac{l}{2} g_0$，$p_t = \frac{l}{2} h_2 g_0$，即接触刚度与接触长度成正比；③ 与接触力成正比的变刚度法，即法向接触力越大，接触刚度越大，接触变形与接触力成指数关系 (见式 (8-9)~ 式 (8-11))；④ 拉格朗日法，接触处用接触力取代接触位移，实际上是接触刚度无穷大；⑤ 增广拉格朗日法，在接触处同时设置了接触力和接触弹簧，接触力由迭代法求解，弹簧变形用集成方程形成的整体平衡方程求解，见式 (8-20)。这种方法可设定拉格朗日乘子和弹簧力所分担的接触力比例，若不设比例而按式 (8-20) 一直迭代下去，最终会收敛于拉格朗日法，该方法对弹簧刚度的迭代选取要求较低，易于收敛。

天然形成的节理、裂隙或裂缝，其隙 (缝) 面都不是平面，甚至内部有充填物，实验证明，当这种接触面受力后会在接触处产生附加变形，变形大小与法向压力成正比，变形和接触力的关系符合指数关系。这种接触变形和接触力之间的关系即可用 8.2 节介绍的方法模拟，即每一步计算时接触刚度根据当前的接触应力按式 (8-11) 求。也可以通过调整拉格朗日乘子和接触弹簧的接触力分担比例使接触力和变形的关系满足给定的函数关系，这种方法将增广拉格朗日法与指数接触刚度模型结合，我们称之为 "混合法"。

假定第 k 次迭代时总接触力为

$$\sigma_{nk} = \lambda_k + p d_k \tag{8-26}$$

式中，σ_{nk} 为第 k 次迭代计算时的接触力，λ_k 为拉格朗日乘子，d_k 为第 k 次计算得到的弹簧变形。则由第 k 次迭代求得的 σ_{nk} 可以按式 (8-9) 求出按给定的应力–应变关系应有的接触变形：

$$\delta_{nk+1} = \varepsilon_m \left(1 - \mathrm{e}^{-\frac{\sigma_{nk}}{A_n}}\right) \qquad (8\text{-}27)$$

则第 $(k+1)$ 次计算的拉格朗日乘子按下式计算:

$$\lambda_{k+1} = \sigma_{nk} - pd_k = \sigma_{nk} - p_n\varepsilon_m \left(1 - \mathrm{e}^{-\frac{\sigma_{nk}}{A_n}}\right) \qquad (8\text{-}28)$$

程序实现, 只要在 8.6.3 节中的函数 alm_interation( ) 中按式 (8-28) 计算 o[i][6] 即可。

8.8 算 例

例 8-2 新旧接触算法适应性测试。

取一三个块体构成的计算模型如图 8-15 所示, 下部为两个平行叠放的薄片块体, 上部为一倒等腰三角形, 模拟三角形块体自由下落与下部块体接触后的自由弹跳, 取不同的接触刚度 p 进行计算, 当 p 过小时三角块会直接穿过下部两个块体, 计算失败。表 8-5 是不同 p 取值时两种算法的结果比较, 旧的接触搜索算法只有在 $p \geqslant 200\mathrm{MN/m}$ 时才能计算成功, 改进后的搜索算法可以适应小刚度, 在 $p \geqslant 3\mathrm{MN/m}$ 时都可以得到成功的计算结果。当取 $p = 200\mathrm{MN/m}$, $p = 2000\mathrm{MN/m}$ 两种弹簧刚度时, 新旧算法得到的弹跳轨迹见图 8-16。可见与旧算法相比, 新算法弹跳轨迹更为合理, 在未曾人为给定阻尼的条件下, 有更多的弹跳次数。在 $p = 200\mathrm{MN/m}$ 时, 旧算法收敛于 $h = -1.1\mathrm{m}$ 处, 即下层块体的上表面, 这显然是不合理的, 而新算法都能收敛于上部块体的上表面, 新方法的结果显然是合理的。

例 8-3 拉格朗日法与原方法的比较。

采用与例 3-1 相同的模型, 见图 8-17, 立方块体置于两个加载板之间, 下部加载板约束, 上部以节点荷载的方式作用均布力 $P = 1\mathrm{MPa}$。以接触改进前后两种方法计算。

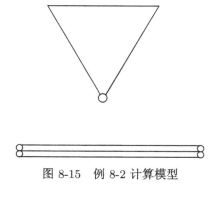

图 8-15 例 8-2 计算模型

表 8-5　不同接触搜索方法对接触刚度的要求

弹簧刚度/(MN/m)	旧算法	新算法
2.00	N	N
3.00	N	Y
4.00	N	Y
2.00×10^1	N	Y
1.00×10^2	N	Y
2.00×10^2	Y	Y

注：Y 表示计算成功，N 表示计算失败

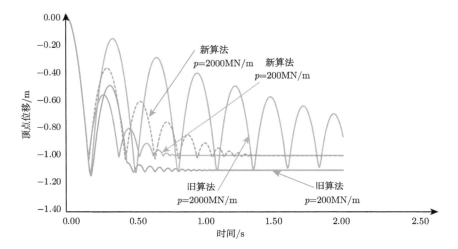

图 8-16　三角形块下落回弹两种算法比较

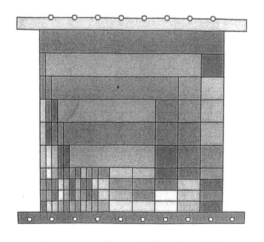

图 8-17　不均匀切割的正方形块体

本算例不管是接触应力还是块体应力，其理论解都应是 -1.0MPa。

图 8-18、图 8-19 分别为两种算法的块体应力和接触应力结果比较，改进后的接触算法不管是块体应力还是接触应力，都与理论解一致，而改进前的算法两种应力都有较大的离散性，局部的计算应力甚至为理论应力的数倍。表明改进的接触算法应力计算精度可以保证。

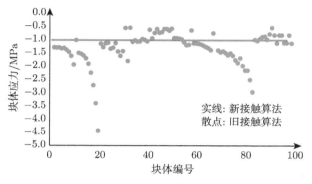

图 8-18   不同算法的块体应力

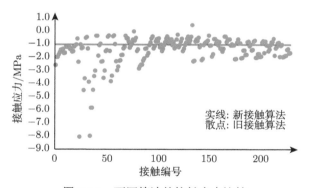

图 8-19   不同算法的接触应力比较

8.9   本 章 小 结

本章介绍了对 DDA 做的几个改进，包括接触搜索、刚度取值和减小甚至消除接触进入的拉格朗日法。在接触搜索算法方面提出了角平分线延长线搜索法，即通过角平分线的延长线在位移后与可能的进入线关系判断是否接触，可以有效地避免漏判和误差。在接触刚度取值方面，通过接触刚度与控制接触线长度关联，改善线–线接触的接触力分配，这样可以正确地计算出接触应力。拉格朗日乘子法可以将接触面的弹簧传力 (Penalty) 直接用接触力代替，避免弹簧伸缩带来的接触进入，当将拉格朗日法和罚函数法相结合，即为增广拉格朗日法，可以控制接触面处的集中变形并保证接触力传递。

给出的三个算例证明了三个改进的有效性。对于实际的岩石断层、节理等构造面，接触面处是存在局部变形的，增广拉格朗日法更能反映实际情况。

参 考 文 献

[1] Hilbert L B, Yi W, Cook N G, et al. A new discontinuous finit elements method for interaction of many deformable bodies in geomechanics. Comp. Meth. Adu. Geomech. Balkema, Roftesdam, 1994: 831-836.

[2] Lin C T. Extensions to the discontinuous deformation analysis for jointed rock mass and other blocky systems. Berkeley: University of California, Berkeley, 1995.

[3] Landers J A, Taylor R L. An augmented Lagrangian formulation for the finite element solution of content problems. Naval Civil Engineering Laboratary Port Humeneme, CA, Fechnical Report CR 86.008, 1986.

[4] Chen G Q, Ohnishi Y. A non-linear model for discontinuous in DDA. Proceedings of the Third International Conference on Analysis of Discontinuous Deformation from Theory to Practice, Vail, Colorado, 1994: 57-64.

[5] 日本土木学会. 岩盤斜面の調査と対策. 丸善 (株) 出版, 平成 11 年 10 月.

[6] 张国新, 武晓峰. 裂隙渗流对岩石边坡稳定的影响 —— 渗流, 变形耦合作用的 DDA 法. 岩石力学与工程学报, 2003, 22(8): 1269.

第9章　功能扩充与改进

9.1　填筑、开挖与支护

世界上的构筑物从其形成途径可分为自然形成和人类建设，自然形成的如山川河谷，人类建设的如大坝桥梁。这两类构筑物在承受荷载方面都有一个共同的特点，即受到地球引力的自重作用，在自重作用下会产生应力变形，甚至垮塌。其中自然形成的构筑物中的自重应力、变形在这些构筑物形成的时候就已完成，我们所能看到的或能测量到的是它们的应力状态，自重变形是我们看不到也测量不到的。有的人在计算边坡或山体的受力变形时计入自重变形，并将计算变形与观测变形比较，显然是"牛唇对马嘴"。而人工构筑物在构筑过程中或边坡基础的开挖过程中，形状在不断变化，例如，在混凝土坝浇筑过程中，新浇筑的混凝土的重量不断作为新增荷载被施加到已建建筑物上，开挖过程中开挖部分的自重不断从构筑物中减除，同时构筑物的形状在不断改变，这个过程中应力和变形都在不断变化。DDA 作为一种离散型结构的受力和变形的模拟方法，应该具备填筑、开挖和支护的模拟能力。

9.1.1　填筑

所谓填筑，即人工建造建筑物的过程，不同建筑物的建造过程名称不同，如对混凝土建筑物浇筑，对土石坝或土堤称为填筑，桥梁、楼房等称为建筑，总之是指建筑物从无到有的建设过程，本章统称填筑。当采用数值方法对这个过程进行模拟时，需要模拟建筑物每一部分的填筑过程，反映到计算的几何模型上即为计算单元从少到多，直至模拟最终体型的过程，同时要模拟整个建设过程中的各个物理量的变化，这需要将整个建设过程分解为若干填筑时步，每一时步增加若干单元，基本荷载为每步新建部分的自重。需要模拟温度、渗流等荷载时，还需要模拟不同填筑时步的温度场、渗流场等的变化，它们的等效荷载及由已有荷载引起的应力和变形。

DDA 采用全量计算方式使得模拟填筑过程变得非常简单，具体步骤如下：

(1) 对全计算域进行块体切割 (网格剖分)，形成块体数据定义文件 (该文件中的定义可与原程序的块体定义数据文件相同)。

(2) 定义一个块体激活时间数据文件，给出每一个块体的激活时间。当计算时间大于等于块体激活时间时块体激活，参与计算。数据格式如下：

$$
\begin{array}{cc}
1 & t_{a_1} \\
2 & t_{a_2} \\
3 & t_{a_3} \\
\vdots & \vdots \\
n_1 & t_{a_n}
\end{array}
$$

其中，$1, 2, 3, \cdots, n_1$ 为块体编号；$t_{a_1}, t_{a_2}, t_{a_3}, \cdots, t_{a_n}$ 为每一个块体的激活时间；n_1 为总块体数。本数据中的激活时间，即为 DDA 计算中的累计时间，在程序中定义为 $q_0[nn][1]$，nn 为当前计算时步。

(3) 程序实现：

在所有需要进行块体计算的地方判断每一块体是否要被激活，即是否满足 $q_0[nn][1] \geqslant t_{a_i}$，$i = 1, 2, 3, \cdots, n_1$ 为块体编号，当满足激活条件时激活块体，使其参与计算，否则跳过。

对于自然形成的构筑物，填筑时间取为 "0" 即可。

9.1.2　开挖

开挖和填筑正好相反，只要定义每个单元的开挖时间，使在计算时间 $q_0[nn][1]$ 大于等于该时间时，将单元注销，不再参与计算即可。可将开挖时间与填筑时间存放到同一个数据文件，数据格式如下：

块体号 (i)	填筑时间	开挖时间
1	t_{a_1}	t_{b_1}
2	t_{a_2}	t_{b_2}
$\vdots$	$\vdots$	$\vdots$
n_1	$t_{a_{n_1}}$	$t_{b_{n_1}}$

则块体 i 的存活期可用图 9-1 说明，即块体 i 在 $t_{a_i} \leqslant q_0[nn][1] \leqslant t_{b_i}$ 期间存活。

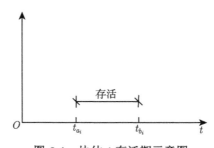

图 9-1　块体 i 存活期示意图

9.1.3 支护

为了边坡稳定及施工安全而采取的支持、加强的结构物或其他措施总称为支护，如洞室的衬砌，边坡的抗滑桩、挡墙、锚杆、锚索等，支护在岩石工程、地下工程中发挥着重要作用，数值模拟中能否正确地模拟支护也直接影响到模拟效果。

实际工程中的支护从空间位置上可分为两类：第一类为在原有结构上补充的加固构筑物，如挡墙、抗滑桩等，第二类为将原结构开挖后进行的"回填"加固，如地下洞室的衬砌等。这两类支护在 DDA 模拟上有些不同，可采用如下方式：

(1) "填筑"型支护：可直接按照填筑模拟方式，只给出填筑时间即可；

(2) "回填"型支护：在块体切割时，考虑支护后的形状进行剖分，采用先"填筑"，再"开挖"，后"回填"的方式模拟。

由于 DDA 每完成一步计算，都需要将所有块体的顶点坐标更新，因此不管是"填筑"式支护还是"回填"式支护，都会遇到一个问题，即当进行计算新的一层"填筑"或"回填"时，以前的结构已发生了变形或位移，使得"新层"和老结构之间出现了"缝隙"或相互进入。图 9-2(a) 为构筑物分 5 层进行块体切割后的分层示意图。当顺序填筑到第三层后，①~③ 层已发生沉降变形，顶部从虚线部位沉降至实线部位，当 ④ 层开始填筑时，③~④ 层出现了宽度为 Δ 的裂缝 (图 9-2(b))。对于填筑后膨胀的情形，③ 层填筑完产生了膨胀，③ 层顶部由原实线部膨胀至虚线处，④ 层填筑时 ③、④ 层之间出现了宽度为 Δ 的进入 (图 9-2(c))。DDA 对于出现缝隙的情况是可以处理的，可以通过块体位移使缝隙消失，但对于进入的情况则极有可能使计算崩溃，或出现"漏接触"而使计算失败。

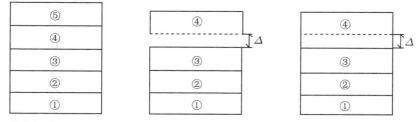

(a) 块体切割时的填筑分层　(b) ③ 层填筑完成后的沉降　(c) ③ 层填筑完成后的膨胀变形

图 9-2　分期填筑的坐标不协调现象

图 9-3 为一个洞室开挖和支护的例子，当洞室开挖结束进行支护时，开挖后的洞室已发生了较大变形，当以原始剖切的块体对洞室进行支护计算，则因变形后的洞室和原剖切网格已产生了较大相互侵入，计算难以进行。

解决思路有如下两个：

(1) 衬砌结构在施工之前与岩石保持同步变形。在网格剖分阶段已切割出衬砌结构，衬砌结构一面与开挖后的"空洞"邻接，另一面与被支护的岩面邻接，开挖时首先挖掉空洞和支护部位的岩石，然后再安装支护结构。为了保证支护结构与被支护岩石的结合面变形协调，在支护结构尚未设置之前，通过修正顶点坐标的方式，修正支护结构与岩石结合面的坐标。这种方法需要在块体切割阶段即找出支护结构与被支护岩石表面的对应顶点，当支护部位处于"死"状态时，每一步计算后将原支护结构的顶点坐标修正为与对应顶点相等，即支护单元处于"活"的状态时，直接参与计算，处于"死"的状态时，修正顶点坐标与对应岩面结点相等。

(2) 极小弹性模量法。有些有限元商业软件采用"死""活"法近似模拟开挖与回填，当单元处于"死"的状态时，单元弹性模量取一个很小的值，使该"死"单元几乎不影响计算结构的受力状态，且随整体结构的变形而变形。可参照有限元法这种处理方式，当衬砌单元挖除后，将该单元的弹性模量设置为"活"状态的 $1/1000000 \sim 1/10000$，当支护单元回填后，将该单元的弹性模量设置为支护材料的弹性模量。

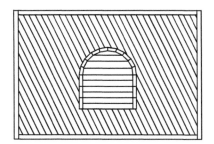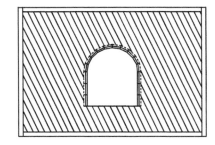

图 9-3　开挖后变形对支护单元的影响

9.1.4　锚杆与锚索

第 1 章介绍了锚杆连接的模拟方法，包括锚杆对刚度矩阵的贡献、预应力对荷载向量的贡献等。锚索也可采用相同的算法模拟。由于锚杆、锚索都为人工构件，是按一定的顺序进行安装施工，安装顺序会影响受力与变形，因此数值模拟应该模拟安装过程。

DDA 中，锚杆的模拟需连接相邻两个块体，即一根锚杆的两个端需位于两个相邻的块体中 (当然也可以位于同一块体内，但此时锚杆的作用甚微)，当一根锚杆很长，跨过多个块体时，需分割成多段杆件连接，每一段只连接两个相邻块体。

锚索可分为有粘接和无粘接两种。有粘接锚索的模拟方法与锚杆相同。无粘接锚索可跨过多个块体，两个端点所在的块体可以不再相邻。

锚杆锚索的模拟可以参照块体填筑的模拟方法，给定安装时间，在计算时间达到安装时间后激活，参与计算即可。

9.1.5 程序实现

在块体切割 (单元剖分) 阶段 (DDA 程序即采用 Dc.f 进行块体切割), 生成所有块体, 填筑、开挖和回填的单元均采用同一套网格数据, 将单元分成三种类型:

(1) 填筑单元: 在原来不存在单元的地方追加新单元, 即 "无中生有";

(2) 开挖单元: 将在结构中已有的单元挖除, 且不回填;

(3) 回填或支护单元: 原有部位存在单元, 但在开挖过程中已挖除, 然后又原地进行回填, 这种单元有一个 "生—死—再生" 的过程。

还有一类单元是在全计算期内始终存在的。

这三类单元在整个计算中的状态如图 9-4 所示。

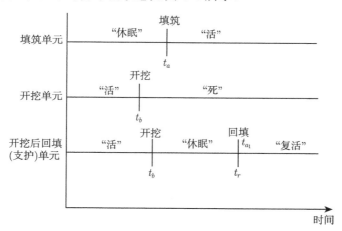

图 9-4 几类单元的活动状态示意图

具体程序实现步骤如下:

(1) 定义一个新的数组 excav[n1+1][5], 定义每一个块体的激活时间、挖除时间、回填时间, 即

excav[i][1]—— 第 i 块体的激活时间 (填筑时间);

excav[i][2]—— 第 i 块体的挖除时间;

excav[i][3]—— 第 i 块体的回填时间;

excav[i][4]—— 第 i 块体回填后的新材料编号。

(2) 开辟一个数据文件 (或在块体定义文件之后), 输入 excav[ ][ ] 数据, 每个块体输入一行, 每行三个数据, 不同类型的块体 excav[i][3] 的输入说明见表 9-1。

(3) 根据当前累计计算时间, 对照数组 excav[ ][ ] 判断当前块体所处的状态, 并进行以下处理:

① 当处于活的状态时, 参与所有计算分析, 不做特殊处理;

② 当处于"死"的状态，且不再回填时，不再参与计算；

③ 当处于"死"的状态，且未来要回填时，设置弹性模量为一小值 ($1/1000000\sim$ $1/10000\ E_b$)，参与计算。

表 9-1 不同类型的块体开挖信息

	Ta (设定活的时间)	Tb (挖除时间)	Tr (回填时间)
计算开始激活始终存在的块体	0.0	1.0E+10	−10000
挖除不再回填的单元	0.0	挖除时间	−10000
中途回填，不再挖除单元	填筑时间	1.0E+10	−10000
挖出后回填的单元	填筑时间	挖除时间	回填时间

注：1.0E+10 是指给定一个足够大计算达不到的时间，使状态不再改变。−1000 是指不再回填

(4) 修改程序：

1) DF04：接触搜索

已挖除且不再回填的单元不参与接触搜索计算，

① 在 1366 行后加

a3=q0[nn-1][1]+tt;

② 在 1399 行后加

If(a3>=excav[i][2]&&excav[i][3]<-1.0) goto e401; /
    /挖除不再回填的单元，不参与计算。

③ 在 1412 行后加

e401;

④ 在 1423 行后加

if(a3>=excav[ii][2]&&excav[ii][3]<-1.0) goto e402;

⑤ 在 1425 行后加

if(a3>=excav[jj][2]&&excav[jj][3]<-1.0) goto e407;

⑥ 在 1526 行后加

e402;

2) DF11，惯性项

① 在 2655 行后加

If(q0[nn][1] >=excav[i][2]&&excav[i][3]<-1.0) goto e111;

② 在 2657 行后加

If(q0[nn][1]<excav[i][1] || (q0[nn][1]>=excav[i][2]
    &&q0[nn][1]<excav[i][3]))o0=o0/10000;

注：当前为"死"，将来要回填的单元给一个很小的质量。

③ 在 2761 行后加

e111;

3) DF12，约束

① 在 2730 行后加

If(q0[nn][1]>=excav[i0][2]&& excav[i][3]<-1.0) goto e121;

② 在 2769 行后加

e121;

4) DF13，弹性矩阵

① 在 2730 行后加

If(q0[nn][1]≥excav[i][2]&& excav[i][3]<-1.0) goto e131;

② 在 2793 行后加

If(q0[nn][1] <excav[i][1] ||(q0[nn][1] ≥excav[i][2]&&q0[nn][1]
    <excav[i][3]))

a2=a2/100000.0; //将要回填的单元给小刚度。

③ 在 2810 行后加

e131;

5) DF14，初应力项

处于 "死" 状态的单元均不计算初应力项。

① 在 2824 行后加

If(q0[nn][1]<excav[i][1]) goto e141; //未填筑

If(q0[nn][1]>=excav[i][2]&& excav[i][3]<-1.0) goto e141;
    //挖除不再回填

If(q0[nn][1]>=excav[i][2]&& q0[nn][1]<excav[i][3]) goto e141;
    //挖除尚未回填

② 在 2830 行后加

e141;

6) DF15，集中力

只有状态为 "活" 的单元才计算集中力，对于单元是否计入集中力参见 DF14。

7) DF16，体积力

只有处于 "活" 状态的单元才计入体积力，判断方法同 DF14。

8) DF17：锚杆连接

每根锚杆连接两个块体，只有两个块体都处于 "活" 的状态时，锚杆才起作用。第 2904 行和 2914 行的中的 i0 即为锚杆连接的两个单元号，在这两行后判断这两个单元是否为 "死"，如果是则不加锚杆。

①if(q0[nn][1]<excav[i0][1]) goto b705;　　　　　　　　//尚未填筑

　If(q0[nn][1]≥excav[i0][2]&& excav[i0][3]>-1.0) goto b705;

　　　　　　　　　　　　　　　　　　　　　　　　　//挖除后不再回填

　If(q0[nn][1]≥excav[i0][2]&& q0[nn][1]<excav[i0][3]) goto b705;

　　　　　　　　　　　　　　　　　　　　　　　　　//开挖了尚未回填

② 在第 2904 和 2914 行后分别加上①的代码。

9) DF18，加减弹簧

在进行接触搜索时，已将挖除不再回填的单元排除在接触搜索之外，因此 DF18 在加减弹簧时可不再判断块体是否存在。

10) DF22，开闭判断

应该将已 "死" 的单元从开闭判断中剔除，但考虑在接触搜索时已考虑了单元 "生""死"，已 "死" 单元不再参与接触计算，因此开闭判断可以不考虑单元 "生""死"。

11) df20，di20，方程求解

由于生成总刚度矩阵的索引矩阵时，未将处于 "死" 状态的块体排除在外，总刚度矩阵 a[ ][ ] 中包含了已 "死" 单元的子矩阵，求解方程之前需对 "死" 单元方程进行处理，将主对角元素的数值改为 "1.0"，其他元素为 "0.0"。

① 代码如下：

```
for(i=1; i<=n1; i++)
{
If(excav[i][3]<-1.0 && (q0[nn][1]<excav[i][1] ||
    q0[nn][1]>excav[i][2])
// 不再回填且单元为死
{
i1=n[i][1];
ji=0;
for(j=1; j<=6; j++)
{
for(i0=1; i0<=6; i=++)
{
ji++;
if(j==i0) a[i1][ji]=1.0;
else  a[i1][ji]=0.0;
} //i0
} //j
```

} // 不再回填且单元为死

} //i，挖除单元

② 将上述代码加到 di20()，第 3287 行之后。

③ 将上述代码加到 df20()，第 3414 行之后。

12) DF24，画出变形之后的块体

在画变形后的块体时，剔除处于"死"状态和"休眠"状态的块体。

① 在 3892 行后加入

```
If(q0[nn][1]<excav[i][1]) goto e2401;
If(q0[nn][1]>excav[i][2]&& excav[i][3]<-1.0) goto e2401;
If(q0[nn][1]>=excav[i][2]&& g0[nn][1]<=excav[i][3]) goto e2401;
```

② 在 3899 行后加入

```
e2401;
```

③ 在 3903~3906 行，3914~3927 行之间用 ①~② 的方式排除处于"死"和"休眠"状态的单元。

13) DF25，位移计算、顶点坐标、固定点坐标等更新

① 在 4028 行后，排除"死"单元的顶点更新，"休眠"单元仍需要更新顶点坐标。

```
If(q0[nn][1]>=excav[i][2]&& excav[i][3]<-1.0) goto e2501;
```

② 在 4050 行后加

```
e2501;
```

③ 4053~4147 行，更新固定点、荷载点、测点及锚杆端点坐标，采用 ①~② 的方式将处于"死"状态的单元剔除。

④ 第 4148~4168 行：只计算处于"活"状态的块体应力。

⑤ 第 4170~4191 行，更新块体的速度，参考前述方法，只计算处于"活"状态的块体单元。

14) DF26，绘制 nn 时步计算后块体图。排除"死""休眠"单元，只绘制"活"单元。

15) 在 DF03 子程序增加内容

① 判断新的计算步有无需要回填的单元，在本步回填的单元需要将单元的材料号由开挖材料改为回填材料；

② 将本步回填单元的应力、速度等置"0"。

在 1700 行后加如下代码：

```
for(i=0; i<=n1; i++)
    {
    if((q0[nn-1][1]+tt>=excav[i][1]&& q0[nn-1][1]<excav[i][1])
```

```
                                                                //由死到活
{
    e0[i][5]=0.0;
    e0[i][6]=0.0;
    e0[i][7]=0.0;
    for(j=1; j<=6; j++)v0[i][j]=0.0;
}
 if(q0[nn-1][1]+tt>=excav[i][3]&& q0[nn-1][1]<excav[i][3])    //回填
    {
    i1= excav[i][4];
    e0[i][0]=a0[i1][0]
    e0[i][1]=a0[i1][1]
    e0[i][2]=a0[i1][2]
    e0[i][3]=a0[i1][3]
    e0[i][4]=a0[i1][4]
    e0[i][5]=0.0;
    e0[i][6]=0.0;
    e0[i][7]=0.0;
    e0[i][0]= a0[i1][0]*h0[i][1];
    for(j=1; j<=6; j++)v0[i][j]=0.0;
    } //if
    }   //i
```

本功能还可通过另一种方式实现，即在 Df03 之后就定义每个块体的本步状态：死、活、休眠，然后根据不同的状态修改相应的代码。

9.2　约束的改进

DDA 原程序将每个约束点 x、y 两个方向均固定，要么为 "0"，要么给定位移。但实际计算中经常需要单向约束的情况，如计算基础自重变形时一般底部可双向约束，但侧面只需要法向约束，而竖向可自由变形 (图 9-5(a))。DDA 处理这种约束时，是将计算范围外加一个约束框，约束框底部、两侧双向固定约束，计算域和约束框之间接触连接 (图 9-5(b))。

改进的方式是允许每个约束点只进行单向约束，首先在约束数据输入处增加两个方向的约束状态，=1 为有约束，=0 为无约束。修改 DF12 中约束矩阵计算代码。按如下步骤修改程序：

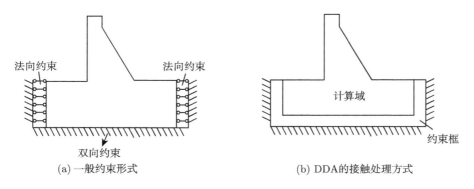

图 9-5 基础的约束形式

(1) 修改 802 行, 将 n8=6 改为 n8=8;

(2) 951 行修改为

```
fscanf(f12, "%lf  %lf  %lf  %lf  %lf",&g[i][1], &g[i][2],
    &g[i][3], &g[i][6], &g[i][7]);
```

(3) DF12 的修改。

① 将 3085 行修改为

```
e[j][1]=t[1][j]*t[1][e]* g[i][6]+ t[2][j]*t[2][e]* g[i][7];
```

② 3153 行改为

```
s[j]= t[1][j]*(g[i][4]+ c[i][1])*g[i][6]+ t[2][j]
              *(g[i][5]+ c[i][2])* g[i][7];
```

9.3 抗滑稳定安全系数

9.3.1 不允许滑动面局部屈服的安全系数

DDA 的分析对象主要是被节理、裂隙、断层、软弱夹层等构造面切割的山体、边坡、基础等, 这些构造面也正是这些构筑物安全稳定的控制面。山体与边坡稳定主要受构造面控制。对这些构筑物进行安全分析, 主要是分析沿构造面的安全性。如重力坝当存在深层缓倾角构造面时, 根据地质资料可简化为单滑动面、双滑动面和多滑动面进行抗滑稳定分析, 单滑动面只需对单块体进行静力平衡分析即可。双滑动面 (图 9-6) 须人为从两个斜面的交点处将分析对象切开, 分成两个块体, 假定两个块体之间的相互作用力为 Q, 人为假定 Q 与水平面的夹角 φ, 分别计算两个块体的安全系数 K_1, K_2 表达式, 并假设 $K_1 = K_2$ (等 K 法), 求出未知量 Q, 再进一步求出安全系数。

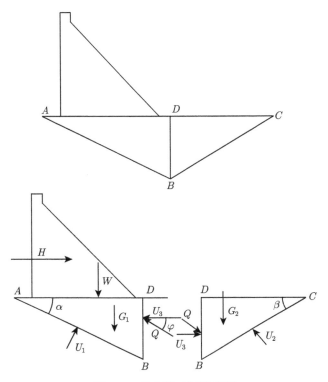

图 9-6   重力坝双斜滑动面

对于重力坝深层抗滑稳定的多滑面，或边坡稳定的多滑面问题，Sarma[3] 首先提出对滑坡体进行斜条分的极限分析方法，陈祖煜采用塑性力学的上限解得到了相同的结果，从理论上证明了 Sarma 法的正确性，这种基于斜条分的极限分析方法中条块的倾斜界面即为一组陡倾角的结构面，假定折线形底滑面全部达到极限平衡的同时，"倾斜界面也达到了极限平衡"，实际上是假定了倾斜界面上合力作用角，实际应用中保守起见，常将该合力用角 φ_{je} 定为 0 (图 9-7)。

DDA 在进行块体系统的变形与受力分析时，可以计算出任何接触面的接触应力，对于某给定的可能滑动面，可以根据 DDA 所求出的法向接触应力和剪应力，求出各分段滑动面的法向力和剪切力，沿整个滑动面求和得到总的剪力和总的法向力，进而用 Mohr-Coulomb 准则求出整体安全系数 [4]。

以图 9-8 为例，设由 1-2-3-4-5 各点构成可能滑动面，各条块底部与下部岩体接触，取第 i 块的接触边为 3-4，接触长度为 l_i，两个端点的接触刚度为 $K_n = P_n \cdot \dfrac{l_i}{2}$，$K_t = P_t \cdot \dfrac{l_i}{2}$，计算稳定后接触变形分别为 d_{i1}^n、d_{i2}^n、d_{i1}^t、d_{i2}^t，则接触边的两个端点的接触力分别为 (图 9-8)

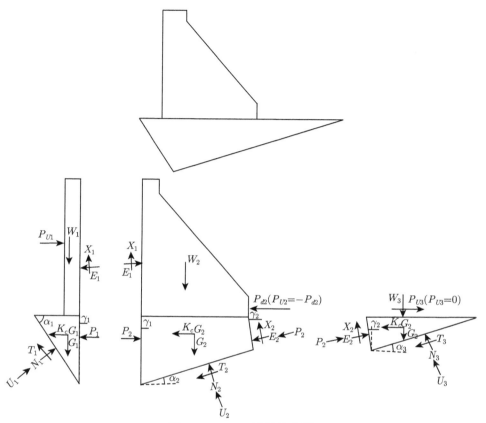

图 9-7　Sarma 法计算简图

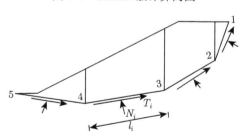

图 9-8　沿滑动面安全系数求解示意图

$$\begin{cases} N_{i1} = k_n^i d_{i1}^n, & N_{i2} = k_n^i d_{i2}^n \\ T_{i1} = k_t^i d_{i1}^t, & T_{i2} = k_t^i d_{i2}^t \end{cases} \tag{9-1}$$

块体 i 的法向合力和切向合力分别为

$$\begin{cases} N_i = N_{i1} + N_{i2} \\ T_i = T_{i1} + T_{i2} \end{cases} \tag{9-2}$$

沿滑动面的总的抗滑稳定安全系数按 Mohr-Coulomb 准则求出：

$$K = \frac{\sum_{i=1}^{M} (N_i f_i + C_i l_i)}{\sum_{i=1}^{M} T_i} \tag{9-3}$$

式中，K 为整体抗滑稳定安全系数，f_i 为第 i 段的摩擦系数，C_i 为第 i 段的粘聚力，M 为滑动面总段数。

按式 (9-3) 求解安全系数，当 $K > 1$ 时认为边坡是安全的，否则为不安全。但是实际边坡的失稳总是从最危险的部位，即抗剪力与滑动力之比最小的部位开始，进而破坏面沿滑动面扩展，最终导致边坡失稳，尤其是当存在屈服软化时。因此对岩石边坡进行稳定分析时，如能分析局部安全系数，则可以对边坡稳定给出更准确的评价。

式 (9-1)、式 (9-2) 求出了各分段滑动面的两个端部的法向力、剪切力及各段总的法向力、剪切力，由这两式可以进一步求出分段安全系数和接触点安全系数，即

$$\begin{cases} K_{i1} = \dfrac{N_{i1} f_i + \dfrac{C_i l_i}{2}}{T_{i1}} = \dfrac{k_n^i d_{i1}^n f_i + \dfrac{C_i l_i}{2}}{k_t^i d_{i1}^t} \\[4mm] K_{i2} = \dfrac{N_{i2} f_i + \dfrac{C_i l_i}{2}}{T_{i2}} = \dfrac{k_n^i d_{i2}^n f + \dfrac{C_i l_i}{2}}{k_t^i d_{i2}^t} \end{cases} \tag{9-4}$$

$$K_i = \frac{N_i f_i + \dfrac{C_i l_i}{2}}{T} = \frac{k_n^i (d_{i1}^n + d_{i2}^n) f_i + C_i l_i}{k_t^i (d_{i2}^t + d_{i1}^t)} \tag{9-5}$$

由图 9-8 及式 (9-3)～ 式 (9-5) 可以看出，局部安全系数式 (9-4)、式 (9-5) 是沿着所在滑动段的剪力和垂直于该段的法向力按 Mohr-Coulomb 准则求出的，能够反映单个块体及局部的抗滑稳定情况，但整体抗滑稳定安全系数 (式 (9-3)) 中所采用的滑动力 T_i 及法向力 N_i 不在同一方向。

这种算法不允许滑动面屈服，即进行 DDA 计算时将沿滑动面的抗剪强度指标设得足够大，使所有的接触均为锁定状态 (角–角接触除外)。该方法得到的沿滑动面法向力和剪切力分布与 Sarma 法类似。

9.3.2　允许局部屈服时的抗滑稳定安全系数

DDA 计算过程中，当按滑动面实际参数进行计算时，虽然沿整个滑动面的整体安全系数大于 1，即边坡整体是安全的，但由于块体结构的局部应力不均匀性和强度的离散性，计算过程中沿滑动面会出现局部屈服，即局部块体间的拉应力超过

抗拉强度,或剪应力超过抗剪强度。这样一来沿滑动面接触状态有 4 种:粘接、锁定、滑动、张开,各种状态的具体描述见表 9-2。

表 9-2 DDA 计算过程中的接触状态

状态	描述	法向力	切向力	C 值
粘接	历史上未出现过屈服,C 值仍然存在,存在法向及切向弹簧	$K_n d_i^n$	$K_t d_i^t$	有
锁定	历史上曾屈服过,C 值被软化消失,当前剪应力小于摩擦力,同时存在法向、切向弹簧	$K_n d_i^n$	$K_t d_i^t$	无
滑动	接触滑动状态,由于剪应力大于摩擦力,接触两边产生摩擦力滑移,只有法向弹簧,切向为摩擦力	$K_n d_i^n$	$K_n d_i^n f_i$	无
张开	法向拉应力大于抗拉强度	0	0	无

考虑这四种接触状态,沿滑动面的整体安全系数定义如下 [5,6]:

$$K = \frac{\sum_{i=1}^{M_l} N_i f_i + C_i l_i + \sum_{j=1}^{M_s} N_j f_j}{\sum_{i=1}^{M_l} T_i + \sum_{j=1}^{M_s} N_j f_j} \tag{9-6}$$

式中,M_l 为处于粘接状态和锁定状态的接触面数,M_s 为处于滑动状态的接触面数,处于张开状态的接触面数不计入安全系数计算,局部安全系数计算在处于粘接状态和锁定状态的接触面中仍用式 (9-4)、式 (9-5),张开和滑动状态的接触面安全系数均小于 1。

9.3.3 不允许强度软化时抗滑稳定计算

刚体极限平衡法是计算安全系数,假定计算对象的块体为刚体,单段滑动面的抗剪强度最大限度发挥作用,相当于采用数值方法计算时各段取为理想弹塑性,即单段屈服后保持应力不变而变形可以无限增大,将超过本块抗剪能力的力传到相邻块。

DDA 在进行块体变形与受力模拟时,会对每个接触进行强度判断,当剪应力大于抗剪强度时,接触面由粘接状态变为接触状态,抗剪强度中的 C 值消失,摩擦角不变,对于纯摩问题等同于 "理想弹塑性",但对于剪摩问题,则可以认为是考虑了粘聚力 C 软化的理想弹塑性问题。前述两种抗滑稳定安全系数计算方法 (式 (9-3)、式 (9-6)),第一种最大限度考虑了沿滑动面的抗剪能力,但这种算法的接触力分布不会因其中某块的屈服而重新分配,因此可视为 "近似理想弹塑性";第二种方法是考虑了局部屈服块的软化,因此可以认为是 "考虑了屈服软化的理想弹塑性"。但不管哪种方法,与传统的刚体极限平衡法都有所区别,结果都难以和刚体极限平衡法类比。

为此可将 DDA 程序进行改进：屈服后的接触面仍保留 C 值，不管是摩擦系数还是粘聚力 C 均不软化，这样的计算结合式 (9-3) 得到的整体安全系数可以认为与刚体极限平衡法相同。

原有 DDA 剪切破坏判断准则，视接触的历史状态而存在区别：

$$\begin{aligned} \text{粘接状态：} \quad & \tau = k_t d_t \leqslant C + k_n d_n \tan \varphi \\ \text{锁定状态：} \quad & \tau = k_t d_t \leqslant k_n d_n \tan \varphi \end{aligned} \tag{9-7}$$

式中，k_t、d_t 为接触的剪切刚度和剪切变形；k_n、d_n 为法向刚度和法向变形；C、φ 为接触面的粘聚力和摩擦角。

当前处于粘接或锁定状态的接触满足式 (9-7) 时，即进入滑移状态，比较式 (9-7) 中两个状态强度准则可见，锁定状态的强度少了 C 值，即 C 值全部软化消失。

假定由粘接状态屈服后 C 值不软化，则处于锁定状态的接触的屈服准则变为与粘接状态相同，即不计软化时的锁定状态屈服准则：

$$\tau = k_t d_t \leqslant C + k_n d_n \tan \varphi \tag{9-8}$$

考虑与不考虑 C 值软化的两种准则示意图见图 9-9。

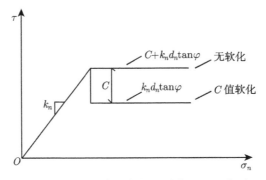

图 9-9 是否考虑软化的两种剪切屈服准则

不管采用哪种准则，接触一旦屈服后即需要移走剪切弹簧 (剪切罚函数)，代之以摩擦力。两种屈服准则的摩擦力不同：

$$\begin{aligned} \text{考虑 } C \text{ 值全软化：} \quad & F = -k_n d_n \tan \varphi \cdot \text{sign}\,(d_t) \\ \text{不考虑 } C \text{ 值软化：} \quad & F = -\left(C + k_n d_n \tan \varphi\right) \cdot \text{sign}\,(d_t) \end{aligned} \tag{9-9}$$

式中，F 为需要加到接触两侧的摩擦力；$\text{sign}\,(d_t)$ 为符号函数，返回 d_t 的 "+""–"号，即摩擦力与剪切变形的方向相反。

按如上方式对 DDA 进行改进, 计算得到的接触力即为不考虑构造面软化时的接触应力, 再按式 (9-3) 求总抗滑稳定安全系数, 该安全系数即为考虑了极限承载能力的安全系数。

9.3.4 基于接触力矢量和的抗滑稳定安全系数

前述几种方法求抗滑稳定安全系数时的滑动力是沿滑动面各条块底面滑动力的代数和, 法向力是各条块底部法向力的代数和, 物理意义不明确。葛修润[7] 提出了基于矢量和的安全系数定义方法[7], 该方法认为在按潜在滑动面的极限抗滑力总和与滑动力总和之比求安全系数时, 滑动力和抗滑力的求和不能为代数和, 而应按矢量和, 即根据潜在滑动面求出一个直线滑动面, 将所有滑动力投影到该直线滑动面的方向求出滑动力矢量, 将总抗滑力也投影到该直线滑动方向求出抗滑力矢, 再按两者之比求出安全系数, 计算步骤如下 (图 9-10)。

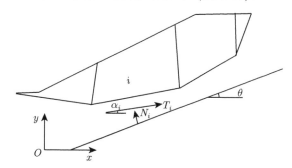

图 9-10 抗滑稳定安全系数矢量和法示意图

(1) 求整体滑动方向。

设第 i 接触边与 x 轴的夹角为 α_i, DDA 计算得到的法向力和剪切力分别为 N_i、T_i, 则 N_i、T_i 在 x、y 轴上的投影分别为

$$\begin{cases} F_{ix} = T_i \cos \alpha_i - N_i \sin \alpha_i \\ F_{iy} = T_i \sin \alpha_i + N_i \cos \alpha_i \end{cases} \tag{9-10}$$

其中, N_i 压为正, T_i 指向接触边的正向为正。F_{ix}、F_{iy} 分别为第 i 接触边的剪切力和法向力在 x、y 轴上的分量, 将所有接触的 x、y 方向分量求合力得

$$\begin{cases} F_x = \sum_{i=1}^{N} F_{ix} \\ F_y = \sum_{i=1}^{N} F_{iy} \end{cases} \tag{9-11}$$

则 DDA 求出的滑动力的整体方向 θ 可用下式：

$$\theta = \arctan \frac{F_y}{F_x} = \arctan \frac{\sum F_{iy}}{\sum F_{ix}} \tag{9-12}$$

(2) 滑动力在计算方向 θ 上的投影。

确定滑动面方向 θ 后，将所有接触力投影到该滑动方向即为总滑动力。由式 (9-1)、式 (9-2) 可以求出每段接触上的法向接触力 N_i 和切向接触力 T_i，则投影 θ 方向的总剪切力为

$$T_\theta = \sum_{i=1}^{M_l} T_i \cos(\theta - \alpha_i) + \sum_{i=1}^{M_l} N_i \sin(\theta - \alpha_i)$$
$$+ \sum_{j=1}^{M_s} N_j \tan\varphi_j \cos(\theta - \alpha_j) + \sum_{j=1}^{M_s} N_j \sin\varphi_j \sin(\theta - \alpha_j) \tag{9-13}$$

式中，M_l 为处于锁定状态和粘接状态的总接触数，M_s 为处于滑动状态的总接触数，φ_j 为第 j 接触的摩擦角。当不考虑 C 值软化时，已屈服接触边中还应考虑粘聚力的贡献。

由式 (9-13) 可以看出，θ 方向上的总切向力 (总滑动力) 即为所有接触段的剪切力和法向力在 θ 方向上的分量和。

(3) 抗滑力在 θ 方向上的投影。

将所有接触的抗滑力投影到 θ 方向，则可得到总的抗力 $R(\theta)$

$$R(\theta) = \sum_{i=1}^{M_l} (N_i \tan\varphi_i + C_i l_i) \cos(\theta - \alpha_i) + \sum_{i=1}^{M_l} N_i \sin(\theta - \alpha_i)$$
$$+ \sum_{j=1}^{M_s} N_j \tan\varphi_j \cos(\theta - \alpha_j)$$
$$+ \sum_{j=1}^{M_s} N_j \tan\varphi_j \sin(\theta - \alpha_j) \tag{9-14}$$

则整体抗滑稳定系数为

$$K = \frac{R(\theta)}{T(\theta)} \tag{9-15}$$

9.3.5　程序实现

利用 DDA 接触应力计算结果计算沿某滑动面的抗滑稳定安全系数，有两种方式：第一种是不对 DDA 程序做特殊修改，仅输出各计算步的接触状态与接触应力，进而从输出结果中提取计算滑动面的切向和法向接触应力，进一步计算安全系数；

第二种是在 DDA 程序中输入滑动面信息，在 DDA 变形和应力计算的同时，计算局部和整体安全系数。

(1) 输出各时步的接触状态和接触应力。仍以 2002 版 DDA 源程序 dfb.c 为例。

① 在每一加载步计算结果后，调用接触应力输出函数，即在第 5698 行之后调用 output_contact_data():。

② 写一个输出接触信息的函数:

```
Void output_contact_data()
{
double X, Y,
for(i=1; i≤n2; i++)
{
l1=m[i][1];          //接触点
l2=m[i][2];          //接触边的第1点
l2=m[i][2];          //接触边的第2点
i1=n0[l][1];           //接触的第1个单元
i2=n0[l][2];           //接触的第2个单元
ji=m1[i][0];           //接触边材料号
t1=tan(dd*b0[ji][0]); //摩擦系数
t2=b0[ji][1];          //粘聚力C
t3=b0[ji][2];          //抗拉强度
if(m0[i][2]==2)        //锁定状态
{
 X=0[i][4]**hh/h2;     //切向力
 Y=0[i][3]**hh;        //法向力
}
else if(m0[i][2]==1)   //接触滑移状态
{
 Y=0[i][3]*hh;         //法向力
 X=Y*t1;               //
}
else                   //张开
{
X=0;
Y=0
}                      //if
fprintf(f10, %6d %6d %6d %6d %6d %6d %3d %12.4e %12.4e %12.4e
```

```
            \n''), i, l 1, l 2, l 3, i1, i2, m0[i][2], X, Y, o[i][5];
    //接触编号，第1接触点，第2点，第3点，第1单元，第2单元，接触状态，
       切向力，//法向力，接触长度
  }                              //i
}                                //结束
```

如上接触信息输出到 DDA 的中间信息输出文件 data 中，读者可以根据情况另开文件输出该信息。由如上输出信息即可得到所有接触点的顶点、单元、接触面、状态、接触力、接触长度信息，利用这些信息可以计算任一给定滑动面的局部和整体安全系数。

(2) 向 DDA 计算程序输入滑动面信息，由程序计算安全系数。

将 DC.C 块体切割程序略加改造，可以输出一个裂隙网格单元数据，该数据将所有输入构造的交点作为节点，两个节点的连线作为单元。如将图 9-8 加上基础后再切割所形成的裂隙网格单元和 DDA 计算块体数据见图 9-11。裂隙网络数据文件如下：

```
14 18 36
        1        1.000000000000e + 002        0.000000000000e + 000
        2        1.000000000000e + 002        5.000000000000e + 001
        3        7.633260000000e + 001        5.000000000000e + 001
        4        7.185400000000e + 001        4.211170000000e + 001
        5        5.757640000000e + 001        3.114050000000e + 001
        6        3.865960000000e + 001        2.616360000000e + 001
        7        1.650043278771e + 001        2.976097844289e + 001
        8        0.000000000000e + 000        2.870920000000e + 001
        9        0.000000000000e + 000        0.000000000000e + 000
       10        6.388103088072e + 001        4.872928046722e + 001
       11        4.734331065894e + 001        4.011936978481e + 001
       12        2.897440000000e + 001        3.055610000000e + 001
       13        7.203826165498e + 001        5.000000000000e + 001
       14        60632180000000e + 001        5.000000000000e + 001
        1        1        2        1        1        2        0        0        0
        2        2        3        1        2        3        0        0        0
        3        3        4        1        3        4        5       33       31
        4        4        5        1        4        5        4       24       25
        5        5        6        1        5        6        2       18       19
```

6	6	7	1	6	7	2	15	12
7	7	8	1	7	8	0	0	0
8	8	9	1	8	9	0	0	0
9	9	1	1	9	1	0	0	0
10	5	10	3	19	20	4	28	24
11	10	11	3	20	21	0	0	0
12	11	6	2	12	13	3	21	18
13	11	12	2	13	14	0	0	0
14	12	7	2	14	15	0	0	0
15	4	13	4	25	26	5	32	33
16	13	14	4	26	27	0	0	0
17	14	10	4	27	28	0	0	0
18	3	13	5	31	32	0	0	0

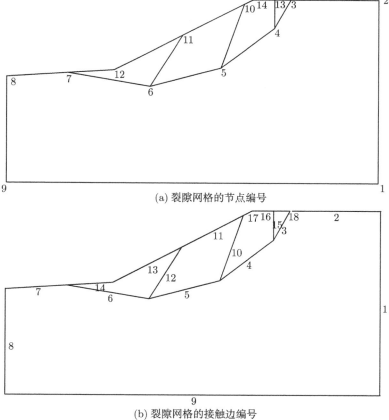

(a) 裂隙网格的节点编号

(b) 裂隙网格的接触边编号

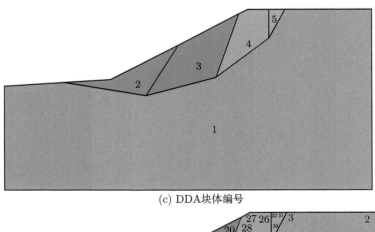

(c) DDA块体编号

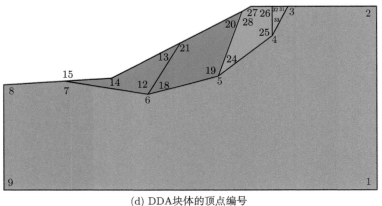

(d) DDA块体的顶点编号

图 9-11　可用于接触边定义的裂隙网格

构成滑动面的接触边信息为 (6.5.4.3)，从输出的接触应力信息中提出各滑动面单元的法向应力 σ_n、切向应力 τ、接触长度 l 等信息，即可按前述整体安全系数和局部安全系数的计算方法计算相应的安全系数。

9.4　超载与降强

超载法和强度折减法 (降强法) 是边坡稳定数值模拟的两个重要手段。超载法即是在分步计算过程中，将荷载按一定速率逐步增大，直至结构破坏，从而得到超载安全系数。降强法则是在计算中每一计算步按比例降低材料的强度，直至破坏，由此得到降强安全系数。据证明，降强法更能反映结构的真实安全系数。

1. 超载法

假定作用于整个计算系统上的荷载为

$$P = \sum_{i=1}^{N} P_i, \quad i = 1, 2, 3, \cdots, N \tag{9-16}$$

其中，N 为荷载的种类，DDA 中考虑的荷载一般为自重、集中荷载、水压、面力荷载等。

设 λ_i 为第 i 种荷载的超载系数，第 k 次计算时总荷载为

$$P_k = \sum \lambda_{ki} P_i \tag{9-17}$$

在计算模型中取某一点或多个点作为代表点，记录计算过程中代表点的总位移，画出各类荷载超载系数 λ_i 和位移的关系曲线，即 $u \sim \lambda_i$ 曲线 (图 9-12)，从图中计算出位移发生突变的拐点所对应的超载系数 λ_c，即为第 i 种荷载的超载安全系数，

$$K = \lambda_c \tag{9-18}$$

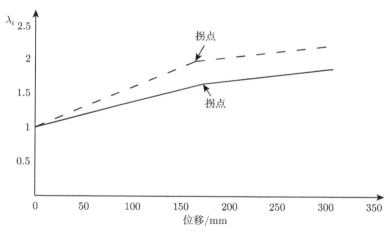

图 9-12 变形–超载纯曲线

当所有荷载按等速超载，即各种荷载取相同的超载系数 λ_k 时:

$$P_k = \sum \lambda_k P_i = \lambda \sum P_i \tag{9-19}$$

此时获得的超载安全系数即为综合超载安全系数。

DDA 源程序中将集中荷载定义为随时间变化的时间序列，即

$$
\begin{array}{ccc}
t_0, & P_{x0}, & P_{y0} \\
t_1, & P_{x1}, & P_{y1} \\
t_2, & P_{x2}, & P_{y2} \\
& \cdots & \\
t_n, & P_{xn}, & P_{yn}
\end{array}
$$

当前计算时间为 t，$t_i < t < t_i + 1$ 时，当前荷载值按下式插值计算：

$$
\begin{cases}
P_x = P_{xi} + \dfrac{t - t_i}{t_{i+1} - t_i} \left(P_{xi+1} - P_{xi} \right) \\[2mm]
P_y = P_{yi} + \dfrac{t - t_i}{t_{i+1} - t_i} \left(P_{yi+1} - P_{yi} \right)
\end{cases}
\tag{9-20}
$$

即原 DDA 程序中的集中荷载已可直接用于超载计算。其他荷载也可以参照集中荷载定义加载过程的方式，定义出不同时间的超载系数，再将超载系数与基础荷载相乘得到计算时刻的计算荷载。以体积力荷载为例定义超载系数 t_i、ol_{xi}、ol_{yi} 如下：

$$
\begin{array}{ccc}
t_0, & \mathrm{ol}_{x0}, & \mathrm{ol}_{y0} \\
t_1, & \mathrm{ol}_{x1}, & \mathrm{ol}_{y1} \\
t_2, & \mathrm{ol}_{x2}, & \mathrm{ol}_{y2} \\
& \cdots & \\
t_n, & \mathrm{ol}_{xn}, & \mathrm{ol}_{yn}
\end{array}
$$

当计算时间 $t_i \leqslant t \leqslant t_i + 1$ 时，超载系数

$$
\begin{cases}
\mathrm{ol}_x = \mathrm{ol}_{xi} + \dfrac{t - t_i}{t_{i+1} - t_i} \left(\mathrm{ol}_{xi+1} - \mathrm{ol}_{xi} \right) \\[2mm]
\mathrm{ol}_y = \mathrm{ol}_{yi} + \dfrac{t - t_i}{t_{i+1} - t_i} \left(\mathrm{ol}_{yi+1} - \mathrm{ol}_{yi} \right)
\end{cases}
\tag{9-21}
$$

程序实现有如下几个步骤：

(1) 开辟数组输入荷载系数随时间的变化数据；

(2) 在 df09 子程序中参考集中荷载系数的计算方法计算当前时间 t 时的超载系数 olx、ply；

(3) 修改 df16 子程序中的体积力计算代码为

f[i2][1]+=O1*h0[i][1]*olx;

f[i2][2]+O2*h0[i][1]*oly;

(4) 输出当前计算时刻 t 的 P_x、P_y、ol_x、ol_y 等用于后期分析。

2. 强度折减法 (降强法)

强度折减法是在荷载不变、结构受力状态不变的条件下逐步降低材料或构造面强度，直至结构破坏，以此求得安全系数的方法。与超载法相比，由于整个计算过程中保持了结构的受力状态不变，由此求出的安全系数更接近真实情况。

DDA 中描述构造面强度的参数有三个，即凝聚力 C、摩擦角 φ、抗拉强度 T_0。设第 k 次计算时强度系数为 β_k，则各强度参数值为

$$
C_k = \beta_k C, \quad \varphi_k = \arctan \left(\beta_k \tan \varphi \right), \quad T_{0k} = \beta_k T_0
\tag{9-22}
$$

第 k 次计算的强度折减系数 β_k 的计算可参照超载系数的计算方法, 即输入若干时刻的强度系数, 再用第 k 次计算时的计算时间, 插值求出强度系数 β_k。即输入

$$
\begin{aligned}
t_0, & \quad \beta_0 \\
t_1, & \quad \beta_1 \\
t_2, & \quad \beta_2 \\
& \cdots \\
t_n, & \quad \beta_n
\end{aligned}
$$

当第 k 次计算时的时间为 t, 且 $t_i \leqslant t \leqslant t_{i+1}$, 则

$$
\beta_k = \beta_i + \frac{t - t_i}{t_{i+1} - t_i} \left(\beta_{i+1} - \beta_i \right) \tag{9-23}
$$

同超载法, 在每一计算时刻输出代表点的位移和本时刻的降强系数 β_k, 画出 $u \sim \beta$ 曲线, 分析曲线求出出现拐点的强度系数 β, 则降强安全系数为 β_c 的倒数, 如图 9-13 所示。

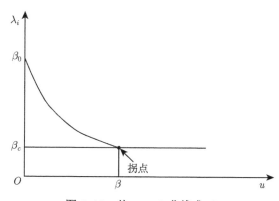

图 9-13 从 $u \sim \beta$ 曲线求 β_c

程序实现按如下步骤:
(1) 开辟数组输入荷载系数随时间的变化数据;
(2) 在 df09 子程序中计算本次计算的 β_k;
(3) 修改 df18 子程序中的第 3256、3257 行的摩擦力计算代码为
Co[ji][j]+=-s4*s[j+12]*βk;
Co[j2][j]+=+s4*s[j+24]*βk;
(4) 修改 df22 子程序, 在第 3656~3658 行求 $t_1 \sim t_3$ 之后乘上 β_k。
(5) 输出代表点的位移及计算时刻的 β_k, 用于计算降强安全系数。

9.5 算 例

例 9-1   洞室开挖与支护算例。

采用与文献 [9] 相同的计算模型,模拟硐室开挖。某城门洞形隧洞宽 8m,高 12m,位于含有两组倾角分别为 45° 和 135° 的节理的地层内,节理间距为 1.41m,隧洞埋深 300m,取宽 34m、高 32m 的范围进行 DDA 计算,见图 9-14。假定硐室从上到下分 5 次开挖,计算硐室的稳定性。计算时首先施加自重和上覆压力,待计算稳定后模拟分步开挖。不做支护时不同时刻的计算应力和变形见图 9-15,顶拱开挖后即出现掉块,随着开挖深度加大,两边侧墙出现块体垮塌,开挖到底后整个硐室呈现垮塌状态。

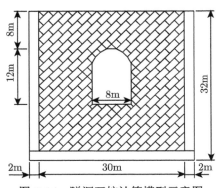

图 9-14   隧洞开挖计算模型示意图

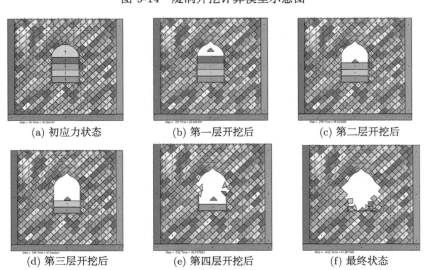

(a) 初应力状态   (b) 第一层开挖后   (c) 第二层开挖后

(d) 第三层开挖后   (e) 第四层开挖后   (f) 最终状态

图 9-15   不打锚杆时不同计算步的硐室变形

针对如上开挖失稳状况，在掉块垮塌部位布设锚杆如图 9-16 所示，根据计算结果，布设锚杆控制住关键块体后，硐室呈开挖稳定状态。

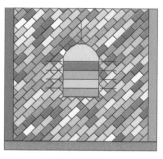

(a) 初始状态　　　　　　　　(b) 开挖完成时的受力和变形

图 9-16　布设锚杆后的计算结果

例 9-2　抗滑稳定分析。

取图 9-11 所示的边坡，采用不同方法计算边坡的稳定安全系数：① SAMAR 法；② 将构造面锁定，先用 DDA 计算接触力，再按式 (9-3) 计算安全系数；③ DDA 强度折减法，考虑 C 值软化；④ DDA 强度折减法，C 值不软化。主要计算参数为：容重 25kN/m³，密度 2.5t/m³，接触面摩擦角 22°，粘聚力 $C = 0.2\text{MPa}$。

考虑 C 值软化，即某段接触面一旦满足 Mohr-Coulomb 屈服准则，则 C 值消失。不考虑软化则是对于已经屈服、处于接触滑移状态的接触面仍保留 C 值。

经 SAMAR 法计算，计入与不计入 C 值的安全系数分别为 5.642 和 1.285。DDA 降强法滑动面的渐进破坏过程和失稳性态见图 9-17，计算位移–强度折减系数曲线见图 9-18。几种工况不同方法的结果比较见表 9-3。

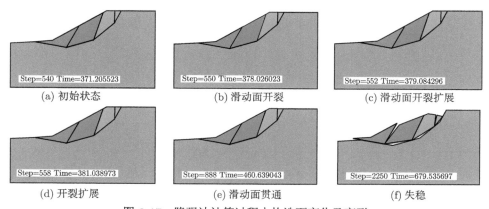

(a) 初始状态　　　　　　(b) 滑动面开裂　　　　　　(c) 滑动面开裂扩展

(d) 开裂扩展　　　　　　(e) 滑动面贯通　　　　　　(f) 失稳

图 9-17　降强法计算过程中构造面变化及变形

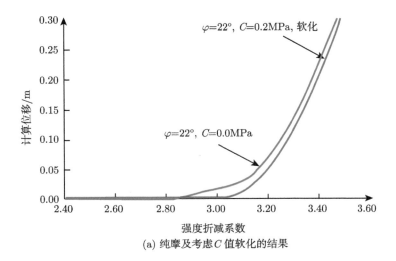

(a) 纯摩及考虑 C 值软化的结果

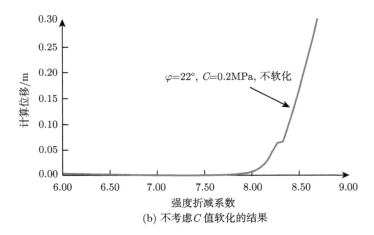

(b) 不考虑 C 值软化的结果

图 9-18 降强法计算位移–强度折减系数曲线

表 9-3 不同工况和方法的安全系数计算结果比较

方法	$C=0$	C 软化	C 不软化
Samar 法	1.285		5.641
基于 DDA 结果的刚体极限平衡 (式 (9-3))	1.287		5.093
DDA 降强	2.89	3.02	7.72

由表 9-3 可以看出，Samar 法和刚体极限平衡法的结果接近，DDA 降强法的结果与如上两方法的相距甚远，以 Samar 法为基准的相对误差可达 50% 以上。对计算的中间结果发现，3、4、5 三块的下夹角与滑动面弯折处的卡阻可能是造成

强度折减安全系数偏大的主要原因，为此将如上三块的下尖角进行切角处理，重新降强计算，不同 C 值考虑的三种工况降强曲线见图 9-19，降强安全系数分别为 1.25、1.82、5.02，与 Samar 法和基于 DDA 结果的刚体极限平衡法相近。

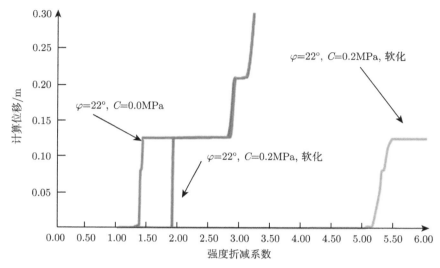

图 9-19　切角后强度折减法安全系数计算曲线

9.6　本章小结

本章介绍了几种对 DDA 的功能扩充，包括开挖与支护，约束点的单向约束，利用 DDA 的接触力结果求沿某给定滑动面的稳定安全系数，超载和降强法计算边坡的安全系数。这几种功能在 DDA 的实际应用中都是很实用的。

在用 DDA 模拟开挖或支护时，首先都应该求出开挖或支护顺序，模拟开挖或支护前的初始状态，即初始状态下的应力场，然后按块体"死活"的方式顺序模拟开挖或支护。目前来看，用块体"死"的方式模拟开挖能够较好反映实际情况，但是用使块体"复活"的方式模拟支护仍存在困难。原因是在使某个块体"复活"时，原结构已发生了变形，从而使"复活"块体与原结构不能吻合，可能出现不切实际的接触力，这个问题可以在初始状态时"休眠"块体参与计算，但弹性模量给一个很小的值的方法部分解决，但毕竟是一种近似考虑，更好的方法有待于进一步研究。

计算边坡或建筑物的稳定安全，是 DDA 的一个重要应用。基于刚体极限平衡的方法 (即 Samar 法) 只计算简单的情况，对于众多块体构成的复杂结构是无能为力的，而这正是 DDA 的优势。对于一些相对于简单的问题，基于 DDA 的稳定安全系数与传统的基于刚体极限平衡的数值或解析方法吻合，但是，对于复杂的多折线滑动面，接触面参数取值不同时会影响到沿滑动面的力的分配，从而影响安全系数的计算结果。这是一个需要进一步研究的问题。

　　强度折减法对于土坡等均质体计算安全系数是有效的，当用于块体系统时要避免尖角卡阻现象，对于折线滑面，块体的尖角会在折角处卡阻，从而夸大整体安全。对于此类问题，将块体尖角适当修整会提高计算精度。

参 考 文 献

[1] 混凝土重力坝设计规范 (DL5108—1999). 2000.

[2] 陈祖煜，汪小刚，杨健，等. 岩质边坡稳定分析 —— 原理·方法·程序. 北京: 中国水利水电出版社，2005.

[3] Sarma S K. Stability analysis of embankment and slope. ASCE Journal of Geotechnical Engineering Division, 1979.

[4] 张国新，武晓峰. 裂隙渗流对岩石边坡稳定的影响 —— 渗流、变形耦合使用的 DDA 法. 岩石力学与工程学报, 2003, 22(8): 1269.

[5] 付晓东，盛谦，张勇慧. 基于矢量和–非连续性变形分析的滑坡安全系数计算方法研究. 岩石力学与工程学报, 2014, 33: 4122-4128.

[6] 邬爱清，丁秀丽，卢波，等. DDA 方法块体稳定性验证及其在岩质边坡稳定分析中的应用. 岩石力学与工程学报, 2008, 27(4): 664-672.

[7] 葛修润. 抗滑稳定性分析新方法 —— 矢量和分析方法的基本原理及其应用//第十一次全国岩石力学与工程学术大会文集. 武汉: 湖北科学技术出版社，2010: 26-44.

[8] 张国新，金峰. 重力坝稳定安全分析中 DDA 与有限元法的比较. 水力发电学报, 2004, 1: 10-14.

[9] Lin C T, Ouyang S, Huang C T, et al. Modeling excavation induced response of jointed rock using DDA.Third International Conference on Analysis of Discontinuous Deformation-from Theory to Practice, Vail Colorado,USA, June 3-4, 1999: 159-170.

第10章 裂隙渗流与变形的耦合分析

10.1 引　　言

水库蓄水、降雨等会改变岸坡、山体的地下水位，地下水位的变化往往是山体变形，甚至是岸坡稳定的重要作用因素，不仅可能触发边坡的变形，有时还会引起山体滑坡。拉西瓦水库蓄水后触发了果卜边坡的蠕动变形，自 2009 年开始蓄水到 2016 年底累计观测边坡变形达 42m，已建成的高坝也有多座观测到蓄水引起的谷幅变形，有的累计谷幅变形已达 80mm。蓄水引起的岸坡滑坡也较为常见，瓦依昂蓄水后的大滑坡就是蓄水后地下水位变化引起滑坡的典型例子。

根据《中国典型滑坡》[1] 列举的 90 多个滑坡实例可以看出，95% 以上的滑坡与水的直接作用有关，且一般发生在雨季。由于降雨在边坡内形成的暂态水荷载增量是滑坡的直接起因，这种增量虽然是暂态的，但却是最不利的荷载。1998 年，龙羊峡底孔泄漏，泄流造成的雨雾使得下游右岸虎山坡发生较大规模的滑坡，险些阻塞下游河道，雨雾的水洒在虎山坡上，类似于长时间持续降雨，使坡体自表面向下逐渐饱和，孔隙压力加大，同时岩体抗剪强度降低，使原来稳定的岸坡产生较大规模的塌滑。五强溪左岸船闸自 1991 年开挖，1994 年基本完成，施工期间连续几年在雨季均发生明显变形，采取一系列工程措施才防止滑坡事故发生。除水电工程外，每年雨季发生的山体、河道两岸、铁路及公路沿线滑坡屡见不鲜，成为对国家和人民生命财产造成巨大损失的常见多发性地质灾害。1985 年 6 月 12 日，因特大降雨长江新滩发生 3000 万 m³ 的大滑坡。1991 年汛期，汉江上游发生河岸滑坡，阻塞河道，并造成财产损失。1992 年雨季，云南昭通地区发生大规模的滑坡，滑坡体掩埋了村庄，损失重大。据国土资源部统计，2003 年截至 7 月底，我国共发生了地质灾害 500 余起，造成 300 余人死亡，直接经济损失达数十亿元。

岩体内一般存在大量的节理、裂隙，甚至是断层等构造，这些构造是水的流动的主要通道，是影响山体变形和稳定的主要因素，与这些构造相比，岩块孔隙对渗流的影响及对山体稳定的影响几乎可以忽略不计。裂隙中的地下水会以渗透压力和水头压力的方式作用于裂隙的两个表面，一方面，会使沿裂隙面法向的有效应力减小，另一方面，有水之后会使缝面的摩擦系数降低，从而降低裂隙的抗剪强度。如果裂隙表面的水压力大于法向接触压力，裂隙就会张开甚至扩展。

裂隙中水的流动作用于岩体会引起岩体变形，导致裂隙开度的变化，结构面的几何参数会发生变化，反过来又影响水在裂隙中的流动。因此裂隙水的运动和裂隙岩体的变形是一种耦合作用。这种耦合作用在非恒定渗流中表现尤为明显。

　　裂隙渗流–岩石变形耦合作用的数值分析，传统上以有限元法为主。数值模型可分为两类：连续模型和考虑了单个裂隙节理的不连续模型。连续模型将有节理裂隙的岩体，按照节理裂隙的密度和分布规律等价地简化成多孔连续介质，并将孔隙率、渗透系数等与渗流相关的参数与岩体的应力状态联系起来，从而求裂隙体的渗流–变形耦合作用。这种模型只能宏观地考虑裂隙岩体的渗透、变形规律，难以把握局部的实际状况。不连续模型[4] 在渗流计算中可以考虑水沿裂隙网络的流动及水压对裂隙表面的作用，但可考虑的裂隙数量有限，并且只能模拟小变形问题。

　　DDA 将被节理裂隙所切割的岩石视为不连续结构，将每个块体作为分析单元，在定义块体系统的同时，也定义出了裂隙网络，因此在对块体系统进行变形、应力分析的同时，还可以计算沿裂隙网络的渗流及渗流与应力的耦合作用。Kim[2] 等将石根华的 DDA 作了扩展，用 Louis 的方法和达西 (Darcy) 定律分析渗流，用 DDA 分析块体的变形和运动，但 Louis 公式并不能考虑缝面压力对缝宽的影响。对于岩石基础中的绝大多数情况而言，即使有水压力的作用，缝面仍存在着接触压力，而接触压力的大小对缝宽及渗透性质等都有直接影响。张国新等[8] 将压力–隙宽的关系引入 DDA，实现了渗流–变形耦合作用的 DDA 模拟，研究了裂隙渗流对裂隙边坡的影响。

10.2　裂隙渗流模拟

10.2.1　广义达西定律

1. 光滑平板渗流的达西定律

　　达西在 1856 年通过实验研究了水在砂土中的流动 (如图 10-1)，发现通过某断面的流量 Q 与水力梯度 J 成正比，即

$$Q = -k_f A J = -k_f A (H_2 - H_1)/L \tag{10-1}$$

式中，k_f 为渗透系数；A 为与流速垂直的断面面积；$(H_2 - H_1)$ 为试件两端的水位差；L 为试件长度。式 (10-1) 即为孔隙介质的达西定律。

　　对于两个平行的光滑板所形成的缝隙 (图 10-2) 中的水流，当流速较小时，水的流态处于层流状态，且流速在缝隙内满足图 10-2 所示的形式时，可以通过求解 Navier-Stokes 方程，得到缝隙内通过的单宽流量与隙宽 a 满足如下关系：

$$q = \frac{g a^3}{12\mu} J \tag{10-2}$$

式中，g 为重力加速度；μ 为水的运动粘滞系数，与温度相关，见表 10-1；a 为隙宽，对于平行板缝隙，沿缝长度方向相等；$J = -\Delta H/l$。

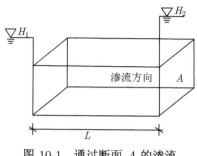

图 10-1　通过断面 A 的渗流

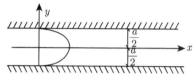

图 10-2　平行板缝隙水流流速分布图

表 10-1　水的运动粘滞系数

温度/℃	运动粘滞系数 $\mu/(\times 10^{-6}\mathrm{m}^2/\mathrm{s})$
5	1.5189
10	1.3101
15	1.1457
20	1.0105
25	0.8976
30	0.8037

式 (10-2) 写成达西定律的形式为

$$q = -k_f a \frac{\Delta H}{l} \tag{10-3}$$

其中，$k_f = ga^2/(12\mu)$。

由式 (10-2)、式 (10-3) 可见，流过裂隙的流量 q 与隙宽的立方成正比，这就是著名的三次方定律。

2. 粗糙平板流立方定律修正

式 (10-2) 适用于光滑的平行板构成的缝隙中水的流动。一般情况下，缝隙的表面不是光滑平面，而是具有一定的粗糙度 (图 10-3)，用 Δ 表示隙面的起伏差 (或凸起度)。与光滑平板相比，当水流在有一定起伏度 Δ 的缝隙中流动时，流线长度增加了，使得在同一水力梯度下，同一隙宽的粗糙裂隙比光滑裂隙通过的水流要小，Lomize (1951 年)[4] 进行了粗糙裂隙水力实验，发现了裂隙面的凸起度 Δ 与隙宽 a 的比值对裂隙过流能力的影响很大，提出了修正的立方定律：

$$q = \frac{ga^3}{12\mu C} J \tag{10-4}$$

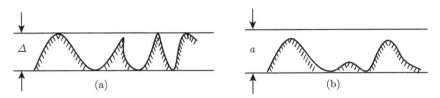

图 10-3　粗糙表面的起伏差 Δ

根据实验结果，Lomize 得出了修正系数 C 的计算公式：

$$C = 1 + \left(\frac{\Delta}{a}\right)^{1.5} \tag{10-5}$$

Louis (1967 年) 根据自己的实验结果，建议 C 值用下式计算：

$$C = 1 + 8.8\left(\frac{\Delta}{2a}\right)^{1.5} \tag{10-6}$$

3. 流态对过流能力的影响

Louis (1969 年) 进行了不同流态时单裂隙渗流的恒定流实验，根据流动的雷诺数 $Re = 2av/\mu$ (a 为隙宽，μ 为流速) 和相对粗率 $\Delta/D_h (D_h = 2a)$，可将流态分为层流和紊流。根据实验结果，将裂隙流按照雷诺数 (Re) 和相对粗率 Δ/D_h 划分为不同的流态分区，每个分区遵循不同的渗透规律。Louis 将整个流态划分为 5 个分区 I ~ V，见图 10-4，图中给出了 5 个分区的边界 (实线)。Amadei 等 (1995 年) 通过理论分析得到了分区的边界的表达式。其中 II 区和 III 区边界的表达式为 (数学分界)

$$Re = 2.553\left[\log\left(\frac{\Delta/D_h}{1.9}\right)\right]^8 \tag{10-7}$$

IV 区和 V 区的分界线表达式为

$$Re = 384\left[1 + 8.8\left(\frac{\Delta}{D_h}\right)^{1.5}\right]\left[\log\left(\frac{\Delta/D_h}{1.9}\right)\right]^2 \tag{10-8}$$

图 10-4 中的 f 为相对水力摩擦系数。

针对图 10-4 的 5 个分区，Louis 给出了相应的渗流定律，并用统一的形式表示为

$$v = K_f J^\alpha \tag{10-9}$$

式 (10-9) 即为裂隙渗流的广义达西定律，K_f 为广义渗透系数；$J = -\Delta H/l$，为水力梯度；不同分区的 K 和 α 的取值见表 10-2。

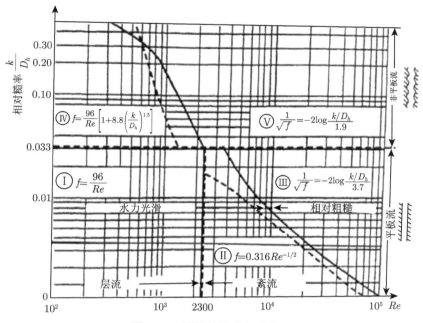

图 10-4　裂隙渗流的水力分区

实分界线为 Louis 实验结果，虚分界线为 Amadei 等的理论分界线 (图中的 k 即为 Δ)[2]

表 10-2　　不同分区的渗透系数和 α 值 (Louis)

分区	流态	渗透系数	α 值
I	层流	$K_{fI} = ga^2/(12\mu)$	1.0
II	紊流	$K_{fII} = (1/a)[(g/0.0079)(2/\mu)^{0.25} \times a^3]^{4/7}$	4/7
III	紊流	$K_{III} = 4\sqrt{g}\log[3.7/(k/D_h)]\sqrt{a}$	0.5
IV	层流	$K_{fIV} = (ga^2) / (12\mu[1 + 8.8(k/D_h)^{1.5}])$	1.0
V	紊流	$K_{fV} = 4\sqrt{g}\log[1.9/(k/D_h)]\sqrt{a}$	0.5

10.2.2　裂隙闭合及张开时的过流面计算

对于光滑平板缝隙，当缝隙闭合时过流面积消失，可以认为不能发生裂隙渗流。但一般的岩体的裂隙表面粗糙，裂隙闭合时表面的凸起先接触，缝隙仍保持一定的开度，如图 10-5(a) 和 (b) 所示。

假定裂隙闭合时未接触的比例为 m，平均开度为 b，则闭合时的过流面积为 [2]

$$A = mbl \tag{10-10}$$

当裂隙张开时，新增开度为 c，则过流面积为

$$A = cl + mbl \tag{10-11}$$

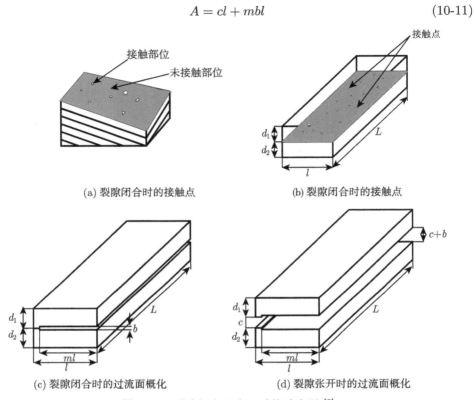

(a) 裂隙闭合时的接触点　　　　　　　　(b) 裂隙闭合时的接触点

(c) 裂隙闭合时的过流面概化　　　　　　(d) 裂隙张开时的过流面概化

图 10-5　裂隙闭合及张开时的过流面 [2]

当裂隙处于闭合状态时，其开度与隙面压应力有关，关于压应力和开度的关系，不同的学者给出过不同的计算公式，如周维垣在其著作中给出的下式 [10]：

$$\delta_n = \varepsilon_m \left(1 - \mathrm{e}^{-\frac{\sigma_n}{A_n}} \right) \tag{10-12}$$

Lamas 根据实验结果，给出了如下表达式：

$$\sigma_n = \left[-\log \left(\frac{\delta_0 - \delta_n}{10\delta_0} \right) \right]^\alpha - 1 \tag{10-13}$$

其中，σ_n 为缝面法向压力，压为正；δ_0 为缝面法向压力为零时的隙宽；α 为系数。δ_0 和 α 由实验确定。

式 (10-12) 和式 (10-13) 中的 δ_n 即为式 (10-10)、式 (10-11) 中的闭合时的开度 b。式 (10-13) 即为渗流与变形耦合分析的 DDA 法中的耦合方程之一。

等效隙宽按下式计算：

$$a = \frac{A}{L} = c + mb \tag{10-14}$$

10.2.3 恒定裂隙渗流有限元法

1. 单裂隙渗流方程

恒定渗流是指边界条件不随时间变化，时间足够长后结构内水的流动也不再随时间变化而流动，如图 10-6 所示，裂隙渗流的恒定流基本方程是以式 (10-9) 为基础的广义达西定律。Kim[2] 按如下方式推导了裂隙渗流有限元方法。

$$Q = K_f A J^\alpha \tag{10-15}$$

对于 $\overline{k\,k+1}$ 段的裂隙，设水头分别为 H_k、H_{k+1}，则

$$J = \frac{H_k - H_{k+1}}{L} = \frac{\Delta H}{L} \tag{10-16}$$

式 (10-15) 可以写成

$$Q = K_f A \left(\frac{\Delta H}{L}\right)^\alpha \tag{10-17}$$

由式 (10-17) 和表 10-2 可见，对于 I 区和 IV 区，$\alpha = 1.0$，其他区 $\alpha < 1.0$。因此作为统一的表达式，式 (10-17) 为 ΔH 的非线性方程，当采用数值方式对式 (10-17) 求解时，需要将式 (10-17) 变换成 ΔH 的线性方程，将式 (10-17) 改写成

$$Q = T \Delta H = \frac{K_f A}{L^\alpha} \Delta H^{\alpha-1} \Delta H \tag{10-18}$$

式中，$T = \dfrac{K_f A}{L^\alpha} \Delta H^{\alpha-1}$ 为裂隙导流系数。

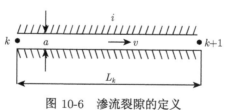

图 10-6 渗流裂隙的定义

由图 10-5 可以看出过流断面可以分成两部分：裂隙闭合时张开的部分 (占比 m) 和裂隙闭合时接触的部分 (占比 $1-m$)。在这两部分不仅过流面积不同，K_f 值和 α 值也不同。对于张开部分，可表示为 K_{f_m}，a_m，开度为 a_m；闭合后接触部分可表示为 $K_{f_{1-m}}$，a_{1-m}，则式 (10-18) 可表示为

$$T = m \frac{K_{f_m} a_m}{L^{\alpha_m}} \Delta H^{\alpha_m - 1} + (1-m) \frac{K_{f_{1-m}} a_{1-m}}{L^{\alpha_{1-m}}} \Delta H^{\alpha_{1-m} - 1} \tag{10-19}$$

式中，$a_m = c + b$，$a_{1-m} = c$ (见图 10-5)。

图 10-7 为连接两个节点 k、j 的裂隙示意图，其中第 i 段裂隙连接了两个节点 k、j，设其流量为 Q_i。另设节点 k 的总流量为 Q_k，节点 j 的总流量为 Q_j，取流入节点为 "−"，流出节点为 "+"，则 Q_i 对 k 点的流量为流出，对 j 点为流入。则对 k、j 两个节点的总流量贡献为

$$\begin{cases} Q_k^i = +T^i \Delta H^i = +T^i (H_k - H_j) \\ Q_j^i = -T^i \Delta H^i = -T^i (H_k - H_j) \end{cases} \tag{10-20}$$

式 (10-20) 写成矩阵形式为

$$\begin{Bmatrix} Q_k^i \\ Q_j^i \end{Bmatrix} = T^i \begin{bmatrix} +1 & -1 \\ -1 & +1 \end{bmatrix} \begin{Bmatrix} H_k \\ H_j \end{Bmatrix} \tag{10-21}$$

式 (10-21) 即为单裂隙渗流方程。

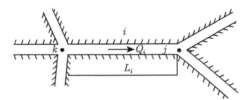

图 10-7　连接两点节点 k, j 的裂隙

2. 整体渗流方程

对于由多条裂隙构成的裂隙网络，将所有裂隙对节点流量的贡献叠加即可得到整体渗流方程：

$$\begin{bmatrix} T_{11} & T_{12} & \cdots & T_{1n} \\ T_{21} & T_{22} & \cdots & T_{2n} \\ \vdots & & & \vdots \\ T_{n1} & T_{n2} & \cdots & T_{nn} \end{bmatrix} \begin{Bmatrix} H_1 \\ H_2 \\ \vdots \\ H_n \end{Bmatrix} = \begin{Bmatrix} Q_1 \\ Q_2 \\ \vdots \\ Q_n \end{Bmatrix} \tag{10-22}$$

式中，T_{ii} 为第 i 点连接的所有裂隙单元的导流系数和；T_{ij} 为由 i 到 j 节点的导流系数；H_i 为各节点的水位势；右端项 Q_i 为各节点的总流量，流入为 "−"，流出为 "+"。以图 10-8 为例：共有 20 个节点；31 个裂隙单元，各单元节点构成见表 10-3。

以第 5 节点为例，该节点共连接 5、6、8、18 共 4 个单元，连接的节点为 3、6、7、13，集成后的该节流量平衡方程为

$$T_5 H_3 + (-T_5 + T_6 + T_8 - T_{18}) H_5 - T_6 H_6 + T_8 H_7 + T_{18} H_{13} = Q_5$$

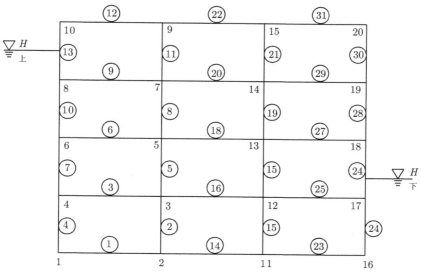

图 10-8 渗流计算的裂隙网络、单元划分及边界条件

表 10-3 所示算例的单元构成

单元号	节点构成	单元号	节点构成
①	1,2	⑰	12,13
②	2,3	⑱	13,5
③	3,4	⑲	13,4
④	4,1	⑳	14,7
⑤	3,5	㉑	14,15
⑥	5,6	㉒	15,9
⑦	6,4	㉓	11,16
⑧	5,7	㉔	16,17
⑨	7,8	㉕	17,12
⑩	8,6	㉖	17,18
⑪	7,9	㉗	18,13
⑫	9,10	㉘	18,19
⑬	10,8	㉙	19,14
⑭	2,11	㉚	19,20
⑮	11,12	㉛	20,15
⑯	12,3		

3. 边界条件

边界条件方程 (10-22) 的边界条件有两类：一类是已知水位条件，另一类为已知流量条件。对于已知水位条件，将方程 (10-22) 系数矩阵的已知水位的方程的对角元素修改为 "1.0"，其他元素修改为 "0"。对已知流量条件，只需将右端向量的相应位置改为相应的已知流量即可。

仍以图 10-8 为例，该算例中上下游面水位以下的点为已知水位，即 1、4、6、8 点的已知水位为 $H_{上}$，16、17 点的已知水位为 $H_{下}$。内部各点的流入流量与流出流量相等，即已知流量为 "0"。

4. 边界上单元的渗透系数

如图 10-8 所示内部裂隙单元由相邻块体的两条边构成，渗透系数可由表 10-2 求出，但边界上的单元仅有一个面构不成渗流通道，则计算中取渗透系数为 "0" 即可。

5. 方程求解

方程 (10-22) 为一稀疏对称矩阵，可采用压缩储存、半带储存等高效存储方式。方程求解可以用高斯消去法，也可以用 SOR 迭代法、PCG 法等。

由方程系数矩阵的系数计算公式 (10-19) 可以看出，当某裂隙的水力分区位于 Ⅱ、Ⅲ、Ⅴ区时，系数中含有未知量 H，此时方程为一非线性方程，需要采用迭代法求解，可按如下步骤：

第一步：假定 $\{H_0\}$；

第二步：求系数矩阵，给定边界条件，求解渗流方程，求 $\{H_1\}$；

第三步：计算误差 $\varepsilon = ||H_1 - H_0||$，当 ε 大于控制误差时重复第二和第三步。

恒定裂隙渗流的求解框图见 10-9。当与 DDA 联合进行变形–渗流耦合分析时，渗流程序作为一个模块被 DDA 主程序调用，所有的计算参数、几何信息、边界条件、初始条件都需要从 DDA 程序传入，计算结果传到 DDA 程序。

6. 需要输入的参数

(1) 裂隙的水力学参数。每一种裂隙类型一行，包括粗率 n、初始隙宽 b、闭合时的过流系数 m。

(2) 边界条件。每一个已知边界条件的节点一行，包括节点号 i、边界条件类型、已知水位或已知流量。

(3) 构成渗流裂隙网络的几何信息。包括计算节点坐标、构成裂隙单元的节点号、形成裂隙的块体号、构成裂隙两侧的顶点号。

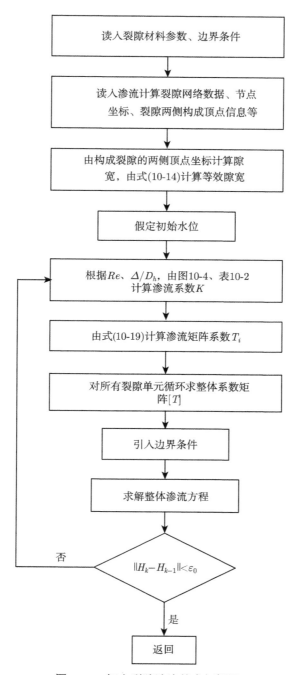

图 10-9 恒定裂隙渗流的求解框图

10.2.4　非恒定裂隙渗流

1. 非饱和情况下的渗透系数

非恒定渗流是指边界条件随时间变化，渗流场也随时间变化处于非恒定状态的渗流场。非恒定渗流场有一个非常重要的特点，即存在非饱和区。一般情况下，恒定渗流状态可分为有水和无水区，由浸润线分开；而非恒定渗流则存在三个区：无水区、非饱和区、饱和区。

裂隙在非饱和或部分饱和状态下的水力特性与饱和状态大不相同。饱和状态下的裂隙内孔隙压力大于零，水的流动符合表 10-2 和式 (10-9) 的广义达西定律，绝大部分水分布在隙宽较大的连通裂隙区。但非饱和状态时，裂隙内的孔隙压力为负值，沿裂隙的水力传导系数是与饱和度有关的量。图 10-10 为裂隙饱和度与孔隙压力的关系曲线[4]，图 10-11 为裂隙渗流系数与孔隙压力值的关系，其中 D 为分形维数。由图可以看出，饱和度在孔隙压力为零时为 1，随负压增大而减小，渗流系数在负压值一定范围内基本不变，达到临界负压值时骤然减小。

与恒定流相比，非恒定渗流求出的压力值存在负压，需要求饱和度和与饱和度相关的渗流系数。

令饱和度用 S 表示，孔隙压力水头为 h_c，饱和度可用下式求出[4]：

$$S = e^{5h_c^2}, \quad h_c < 0 \tag{10-23}$$

$$k_u = kS \tag{10-24}$$

式中，k_u 为考虑饱和度时的裂隙渗透系数，k 为饱和时的渗流参数 (表 10-2)。当 $h_c \geqslant 0$ 时，$S = 1$。

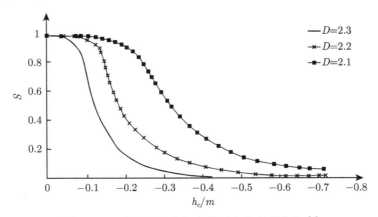

图 10-10　裂隙饱和度与孔隙压力的关系曲线[4]

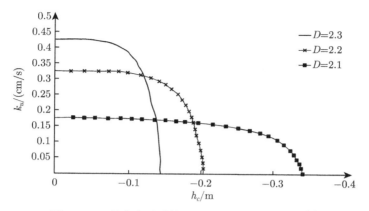

图 10-11   裂隙渗透系数与孔隙压力的关系曲线 [4]

2. 非恒定裂隙渗流的有限元方程

由一维裂隙中取出一微元体 Δx (见图 10-12)，在 Δt 时段末由微元体内饱和度变化引起的水增量为

$$\Delta M_1 = \frac{\partial S}{\partial t} a \Delta t \Delta x$$

同一时段内因流量在微元体内部产生的水增量为

$$\Delta M_2 = -\frac{\partial v}{\partial x} a \Delta t \Delta x$$

按水量守恒 $\Delta M_1 + \Delta M_2 = 0$ 有

$$\frac{\partial v}{\partial x} - \frac{\partial S}{\partial t} = 0 \tag{10-25}$$

由式 (10-9) 有

$$v = KJ^\alpha = K \left(\frac{\partial H}{\partial x} \right)^\alpha = K \left(\frac{\partial H}{\partial x} \right)^{\alpha-1} \frac{\partial H}{\partial x} \tag{10-26}$$

令

$$\left(\frac{\partial H}{\partial x} \right)^{\alpha-1} \approx \left(\frac{\Delta H}{L} \right)^{\alpha-1}, \quad k_u = k \left(\frac{\Delta H}{L} \right)^{\alpha-1}$$

则

$$v = k_u \frac{\partial H}{\partial x} \tag{10-27}$$

式 (10-25) 可以写成

$$\frac{\partial}{\partial x} \left(k_u \frac{\partial H}{\partial x} \right) - \frac{\partial S}{\partial t} = 0 \tag{10-28}$$

其中, $\dfrac{\partial S}{\partial t} = \dfrac{\partial S}{\partial H}\dfrac{\partial H}{\partial t} = \dfrac{\partial S}{\partial h_c}\dfrac{\partial h_c}{\partial t}$, 代入式 (10-28) 得

$$\frac{\partial}{\partial x}\left(k_u\frac{\partial H}{\partial x}\right) + S'\frac{\partial H}{\partial t} = 0 \tag{10-29}$$

对于饱和区, $S' = 0$; 对于非饱和区, $S' = \dfrac{\partial S}{\partial h_c} = 10\mathrm{e}h_c^{5h_c^2}$。

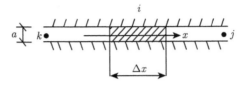

图 10-12 一维裂隙中的微元体

式 (10-29) 即为裂隙网络饱和/非饱和、非恒定渗流控制方程 [4]。

引入权函数 w_i, 由伽辽金法可以建立裂隙网络饱和/非饱和、非恒定渗流力学有限元方程。

$$\int_L \left[\frac{\partial}{\partial x}\left(k_u\frac{\partial H}{\partial x}\right) + S'\frac{\partial H}{\partial t}\right] w_i \mathrm{d}x = 0 \tag{10-30}$$

对式 (10-28) 中的二阶项进行分部积分, 即得

$$\int_L \left[\frac{\partial}{\partial x}\left(k_u\frac{\partial H}{\partial x}\right)\right] w_i \mathrm{d}x = -\int_L k_u\frac{\partial H}{\partial x}\frac{\partial w_i}{\partial x}\mathrm{d}x + \int_L k_u w_i\frac{\partial H}{\partial n}\mathrm{d}L \tag{10-31}$$

式中, n 为裂隙边界法线方向, 对于二维问题, 只有端部才属边界, 因而 n 的方向为裂隙与边界线交点处的法向方向。将式 (10-31) 代入式 (10-29), 得

$$\int_L k_u\left(\frac{\partial H}{\partial x}\frac{\partial w_i}{\partial x}\right)\mathrm{d}x - \int_L S'\frac{\partial H}{\partial t}w_i\mathrm{d}x - q = 0 \tag{10-32}$$

式中, 最后一项为边界上的给定流量。

注意式 (10-30)~式 (10-32) 的推导中作了 k_u 在计算时段内为常数的近似假定。

取图 10-12 的 k 点为第一点, j 点为第二点, 形函数如下:

$$\begin{cases} N_1 = \dfrac{1}{2}(1-\xi) = 1 - \dfrac{x}{L} \\[2mm] N_2 = \dfrac{1}{2}(1+\xi) = \dfrac{x}{L} \end{cases} \tag{10-33}$$

用 N_i 取代 w_i, 则式 (10-33) 为

$$\int_0^L k_u\left(\frac{\partial N_j}{\partial x}H_j\frac{\partial N_i}{\partial x}\right)\mathrm{d}x - \int_0^L S'_{hc}\frac{\partial H_j}{\partial t}N_jN_i\mathrm{d}x = q, \quad j = 1,2; \; i = 1,2 \tag{10-34}$$

将式 (10-34) 积分写成矩阵形式, 有

$$
T \begin{bmatrix} 1 & -1 \\ -1 & 1 \end{bmatrix} \left\{ \begin{array}{c} H_1 \\ H_2 \end{array} \right\} - S'_{hc} L \begin{bmatrix} \dfrac{1}{3} & \dfrac{1}{6} \\ \dfrac{1}{6} & \dfrac{1}{3} \end{bmatrix} \left\{ \begin{array}{c} \dfrac{\partial H_1}{\partial t} \\ \dfrac{\partial H_2}{\partial t} \end{array} \right\} - \left\{ \begin{array}{c} q_1 \\ q_2 \end{array} \right\} = 0
$$

即

$$
[T]^e \{H\}^e - [B]^e \left\{ \dfrac{\partial H}{\partial t} \right\}^e - \{q\}^e = 0 \tag{10-35}
$$

其中

$$
[T]^e = T \begin{bmatrix} 1 & -1 \\ -1 & 1 \end{bmatrix}
$$

$$
[B]^e = 10 h_c e^{5 h_c^2} L \begin{bmatrix} \dfrac{1}{3} & \dfrac{1}{6} \\ \dfrac{1}{6} & \dfrac{1}{3} \end{bmatrix} \tag{10-36}
$$

式 (10-36) 中的 T 见式 (10-19)。

将所有的裂隙单元集成, 即可形成整体非恒定渗流有限元方程:

$$
\sum_e \left\{ [T]^e \{H\}^e - [B]^e \left\{ \dfrac{\partial H}{\partial t} \right\}^e \right\} - \sum_e \{q\}^e = 0 \tag{10-37}
$$

3. 时间步的差分解法

式 (10-37) 为一时间差分方程, 解法有多种。向后差分的解法具有简单、稳定等优点, 此处介绍向后差分方式。

将整个求解时长分解为 M 个时间步, 每个时间步的步长为 Δt (当采用变时间步长时为 Δt_m, $m = 1, 2, 1, \cdots, M$), 设第 m 个时步的解已得到, 则第 $(m+1)$ 步的解可用下式得到:

$$
\left([T]^{m+\frac{1}{2}} - \dfrac{1}{\Delta t_m} [B]^{m+\frac{1}{2}} \right) \{H\}^{m+1} = \dfrac{-1}{\Delta t_m} [B]^{m+\frac{1}{2}} \{H\}^m - \{q\}^{m+\frac{1}{2}} \tag{10-38}
$$

式中, $(m+1/2)$ 表示 $(m+1/2)$ 时段的值。

计算时首先应求 $m+1/2$ 时段的系数, 由式 (10-19)、式 (10-36) 可知 $[T]^{m+1/2}$ 和 $[B]^{m+1/2}$ 都与 $\{H\}^{m+1/2}$ 有关, 而目前已知 $\{H\}^m$, $\{H\}^{m+1}$ 是未知的; 因此要迭代求解, 可先由 $(m-1)$ 及 m 时段的 $\{H\}$ 值外插求 $\{H\}^{m+1/2}$ (图 10-13)[4]:

$$
\{H\}^{m+\frac{1}{2}} = \{H\}^m + \dfrac{\Delta t_m}{2 \Delta t_{m-1}} \left(\{H\}^m - \{H\}^{m-1} \right) \tag{10-39}
$$

由此式求得的 $\{H\}^{m+1/2}$，求式 (10-38) 的系数矩阵 $[T]^{m+1/2}$、$[B]^{m+1/2}$，进一步求解方程 (10-38) 求得 $\{H\}^{m+1}$；再由 $\{H\}^m$、$\{H\}^{m+1}$ 求得 $\{H\}^{m+1/2}$，如此重复计算直到收敛后进入下一时段。

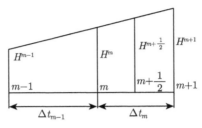

图 10-13   时段插值示意图

4. 初始条件及边界条件

恒定流计算时初始条件可以比较随意地给定，但非恒定流的计算结果直接受初始条件影响，因此应该作为已知条件输入，即应该在 $t = 0$ 时已知所有节点的水位值，即

$$H(x, y, t = 0) = H_0(x, y) \tag{10-40}$$

边界条件与恒定流相同，只是非恒定流的边界条件可随时间变化，第一种是给定水位，对于溢出点的水位即为高程值；第二种是给定流量，已知流速的边界可划分为已知流量。

10.3   裂隙渗流与变形的耦合模拟

当围成块体的裂隙网络中充满了水时，水压会作用于裂隙的两侧对块体形成压力，从而引起块体变形。两侧变形后会改变裂隙的宽度，从而改变裂隙渗流状态，渗流的改变会进一步影响块体的变形，因此渗流和变形相互影响、相互耦合。这种耦合作用的数值模拟有两种方式：第一种是强耦合模式，即将变形计算的未知量和裂隙渗流计算的未知量，通过相互影响的关系建立统一的整体方程求解，方程中既包含了变形未知量，又包含了渗流未知量，这样做的好处是一次方程求解即可求出全部未知量，但由于方程未知量大幅增加，方程求解量成指数倍增长，且由于 DDA 变形求解方程和裂隙渗流方程 (10-22)、(10-38) 都是非线性方程，统一整体方程一次求解的难度很大；第二种方式将变形方程和渗流方程分别求解反复迭代，即先采用初值或假定水位求解变形，再根据变形后的裂隙求渗流，再计算变形直至收敛，如图 10-14 所示。

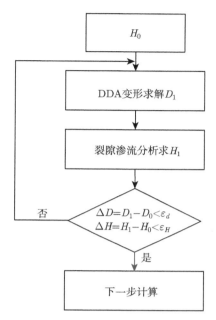

图 10-14　DDA 变形与裂隙渗流耦合分析的反复迭代法

10.3.1　裂隙渗压对块体变形的影响 —— 分布水压荷载

　　裂隙内充满压力水时, 水压会作用于裂隙两侧的块体表面 (见图 10-15(a)), 取出块体 i, 设第 k 边 $\overline{kk+1}$ 上作用有分布的水压力, 当总水头分别为 H_k、H_{k+1} 时, 压力水头为

$$h_k = H_k - y_k, \quad h_{k+1} = H_{k+1} - y_{k+1} \tag{10-41}$$

式中, y_k、y_{k+1} 分别为 k、$(k+1)$ 点的竖向坐标。

　　k、$k+1$ 点水压力在 x、y 方向上的分力分别为

$$f_{xk} = -h_k \sin\alpha, \qquad f_{yk} = h_k \cos\alpha$$
$$f_{xk+1} = -h_{k+1} \sin\alpha, \quad f_{yk+1} = h_{k+1} \cos\alpha \tag{10-42}$$

则分布压力在单元 i 上做的功为

$$\begin{aligned}
\Pi_i &= -\int_0^{l_k} (f_{xs} u_s + f_{ys} v_s)\, \mathrm{d}s \\
&= -\left\{ \{D_i\}^{\mathrm{T}} T_i^{\mathrm{T}}(x_k, y_k)[E] + \{D_i\}^{\mathrm{T}} T_i^{\mathrm{T}}(x_{k+1}, y_{k+1})[G] \right\}
\end{aligned} \tag{10-43}$$

其中，l_k 为线段 $\overline{k\,k+1}$ 长度，

$$[E] = \left\{ \begin{array}{cc} -\dfrac{L}{3}\sin\alpha & -\dfrac{L}{6}\sin\alpha \\[2mm] -\dfrac{L}{3}\cos\alpha & -\dfrac{L}{6}\cos\alpha \end{array} \right\} \left\{ \begin{array}{c} h_k \\[2mm] h_{k+1} \end{array} \right\}$$

$$[G] = \left\{ \begin{array}{cc} -\dfrac{L}{6}\sin\alpha & -\dfrac{L}{3}\sin\alpha \\[2mm] -\dfrac{L}{6}\cos\alpha & -\dfrac{L}{3}\cos\alpha \end{array} \right\} \left\{ \begin{array}{c} h_k \\[2mm] h_{k+1} \end{array} \right\} \tag{10-44}$$

由分布水头压力引起的单元 i 的节点荷载为

$$-\frac{\partial \Pi_i(0)}{\partial d_{ri}} = T_i^{\mathrm{T}}(x_k, y_k)\,[E] + T_i^{\mathrm{T}}(x_{k+1}, y_{k+1})\,[G] \rightarrow [F_i]^s \tag{10-45}$$

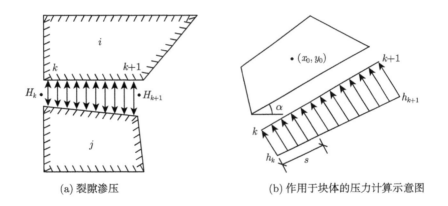

(a) 裂隙渗压　　　　　　　　　(b) 作用于块体的压力计算示意图

图 10-15　作用于块体的渗透压力

　　当两个相互接触的单元 i, j 的接触面上作用有渗透压力时，由式 (10-45) 同样可以求出单元 j 上的节点荷载。

　　将式 (10-45) 求出的水头压力荷载代入方程 (1-76)，则构成考虑裂隙水头压力时的 DDA 瞬时平衡方程。

　　式 (10-41)～ 式 (10-45) 中包含了渗流方程中的未知量 $\{H\}$，该未知量需要通过将渗流方程和 DDA 变形反复迭代求解。

10.3.2　考虑块体变形的裂隙渗流

　　当 DDA 计算结束求出本计算步的变形增量后，需对所有顶点坐标进行更新，进入裂隙渗流计算时按如下步骤进行：

　　(1) 计算所有渗流裂隙的隙宽。一般情况下，裂隙两端的宽度是不同的，但由

于渗流计算中采用了一个开度 a，可将两端点开度的平均值作为裂隙开度，称为计算隙宽 c。

(2) 可分为两种情况计算等效隙宽：① 当计算隙宽 $c < 0$，即裂隙闭合时，按式 (10-12) 或式 (10-13) 计算等效隙宽；② 当计算隙宽 $c > 0$，即张开时，按式 (10-14) 计算等效隙宽。

(3) 已知等效隙宽后，按 10.2 节中介绍的方式构建渗流方程，并求解裂隙渗流场。

按如上步骤计算裂隙渗流场时，计算中使用了 DDA 变形计算中的变形结果，因此渗流计算结果受变形结果的影响，这种计算方法是变形和渗流相互作用的弱耦合解法。

10.4　程 序 实 现

10.4.1　裂隙渗流计算所需数据的输入和生成

1. 计算网络数据

在采用 DDA 块体切割程序进行块体切割时，首先生成计算域内所有构造面信息，包括内部构造面和边界面，在二维 DDA 中为内部构造线和边界线，然后通过"包围"方法生成包围块体的顶点和边的信息。内部构造线都由两个端点构成，为两个相邻块体的界面线，边界线同样为两个端点构成，只为一个块体的边界线。利用块体切割数据生成裂隙渗流网络数据时，内部构造线及边界线的端点即为渗流计算的节点，互相切割的构造线和边界线即构成渗流计算单元 (如图 10-8 所示算例)，在渗流计算中不仅需要节点信息、单元信息，还需要构成裂隙单元两个侧面的顶点信息和块体信息，即

(1) 总节点数，总单元数，总顶点数：N_{ds}，N_{es}，N_{vd}；

(2) 节点坐标信息，每个渗流节点一行，共 N_{ds} 行：x_i，y_i，$\cdots$，$i = 1, 2, 3, \cdots, N_{ds}$；

(3) 裂隙单元信息，每个单元一行，共 N_{es} 行：j_1、j_2、n_{e1}、v_1、v_2、n_{e2}、v_3、v_4。

其中，j_1、j_2 为构成裂隙单元的节点号，对应着节点坐标信息中的序号；n_{e1}、n_{e2} 为裂隙两侧的块体号；v_1、v_2、v_3、v_4 为构成裂隙单元的两条边的端点在 DDA 变形计算中的顶点序号，v_1、v_2 属于块体 n_{e1}；v_3、v_4 属于块体 n_{e2}。

对于边界线单元，不存在 n_{e2} 和 v_3、v_4，即 j_1、j_2、n_{e1}、v_1、v_2、0、0、0。

图 10-8、图 10-16 分别为改进后的块体生成程序生成的裂隙渗流计算单元图和 DDA 变形分析单元图。在裂隙网络图中，位于线段中央的为裂隙单元，本例共 31 个裂隙单元，位于线段交叉点处的数字为节点号。DDA 变形分析单元图 10-16 中，位于块体中心的数字即为块体单元号，单元各顶点的数字为顶点号。生成的裂

隙网格数据为

20	31	73	渗流计算节点数，单元数，DDA 计算顶点数					
No	x	y						
1	0.0	0.00						
2	3.0	0.00						
3	3.0	2.00						
		...						
20	9.0	8.00						
n	j_1	j_2	N_{e1}	v_1	v_2	N_{e2}	v_3	v_4
1	1	2	1	1	2	0	0	0
2	2	3	1	2	3	5	28	25
3	3	4	1	3	4	2	7	8
4	4	1	1	4	1	0	0	0
5	3	5	2	8	9	6	34	31
6	5	6	2	9	10	3	13	14
7	6	4	2	10	7	0	0	0
8	5	7	3	14	15	7	40	37
9	7	8	3	15	16	4	19	20
10	8	6	3	16	13	0	0	0
11	7	9	4	20	21	8	46	43
12	9	10	4	21	22	0	0	0
13	10	8	4	22	19	0	0	0
14	2	11	5	25	26	0	0	0
15	11	12	5	26	27	9	52	49
16	12	3	5	27	28	6	31	32
17	12	13	6	32	33	10	58	55
18	13	5	6	33	34	7	37	38
19	13	14	7	38	39	11	64	61
20	14	7	7	39	40	8	43	44
21	14	15	8	44	45	12	70	67
22	15	9	8	45	46	0	0	0
23	11	16	9	49	50	0	0	0
24	16	17	9	50	51	0	0	0
25	17	12	9	51	52	10	55	56
26	17	18	10	56	57	0	0	0

27	18	13	10	57	58	11	61	62
28	18	19	11	62	63	0	0	0
29	19	14	11	63	64	12	67	68
30	19	20	12	68	69	0	0	0
31	20	15	12	69	70	0	0	0

J_{v1}	j_{v2}	j_{v3}	j_{v4}	j_{v5}	j_{v6}	$\cdots$		j_{v10}
1	2	3	4	1	0	4	3	5	6
4	0	6	5	7	8	6	0	8	7
9	10	8	0	2	11	12	3	2	0
3	12	13	5	3	0	5	13	14	7
5	0	7	14	15	9	7	0	11	16
17	12	11	0	12	17	18	13	12	0
13	18	19	14	13	0	14	19	20	15
14	0	0							

说明：n 为裂隙单元号；j_1、j_2 为构成裂隙的节点号；N_{e1}、N_{e2} 为裂隙两侧块体单元号；$v_1 \sim v_4$ 为构成裂隙的顶点号；j_{v1}、j_{v2}、$\cdots$、j_{vm} 为每个顶点对应的渗流计算节点号。

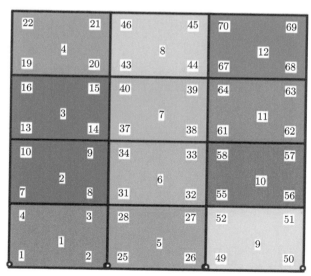

图 10-16 构成渗流裂隙网络的块体 (交点处为顶点号，中间为块体号)

2. 渗流参数和边界条件

这两组数据均需要通过数据文件输入，在准备计算数据时填写数据文件。渗流参数包括裂隙的糙率、裂隙闭合且压应力为零时的等效开度 (隙宽)、闭合时的过流面积比、受压时等效隙宽变化系数 α (式 (10-15))。

边界条件是给出已知条件点的水位或流量,定义边界条件的点不限于边界,可以是内部点,但必须都位于节点上。

如图 10-8 所示的计算裂隙网格的计算参数和边界条件为:

(1) 渗流参数数据:

```
3                              材料参数种数
0.0014   0.0005   0.9   0.1    糙率,闭合时的等效开度,闭合时的张开比例,alf
0.0014   0.0005   0.9   0.1
0.0014   0.0005   0.9   0.1
```

说明:闭合时的等效开度即为式 (10-12) 中的 δ_0,alf 为 α。

(2) 边界条件数据:

```
6
1    1   1      节点号,已知条件类型,已知水位
4    1   1
6    1   1
8    1   1
16   1   2
17   1   2
6    2          定义边界过程的数据行数,列数 (数据过程个数)
0           7.2   2.4
1           7.2   2.4
2           7.2   2.4
10          7.2   2.4
100         7.2   2.4
10000       7.2   2.4
```

10.4.2　程序实现

本节介绍的裂隙渗流–DDA 耦合变形分析采用迭代法求解,以避免两种变量联立求解方程,这样可以使 DDA 变形分析和裂隙渗流分析相互独立。在原有 DDA 基础上,另开发一个独立模块进行裂隙渗流分析。笔者开发了一段 FORTRAN 裂隙渗流程序 seepage.f,与 DDA 原程序采用 C 语言和 FORTRAN 混合编程的方式,由 DDA 程序作为主程序调用。具体步骤如下:

(1) 在 DDA 程序中开辟数组, 存储所有输入数据, 包括裂隙网络数据、渗流和边界条件数据, 开辟一个数组存储每个顶点的水位。

(2) 在计算开始的 DF02 子程序之后, 调用裂隙渗流信息输入子程序, 将所有渗流计算数据输入, 存入相应的数组。

(3) 在接触搜索完成之后、变形计算之前, 调用 seepage 函数, 计算渗流场, 得到所有顶点的水位。

(4) 增加一个子程序计算裂隙表面作用有渗透压力时的等效荷载, 算法见式 (10-45), 在 DF15 之后调用。

(5) 参照图 10-14, 反复调用 seepage 函数和 DDA 变形分析部分直至收敛。

10.5 验证与算例

例 10-1 Grenoble 实验。

Grenoble[6] 建立了一个物理实验模型来模拟二维块体间裂隙内水的流动 (见图 10-17)。裂隙网络是通过在 25.4mm 厚的树脂玻璃板上锯出 12.7mm 深、0.508mm 宽的槽构成的。在实验的过程中施加水头差, 在系统达到平衡后读取测点的水头值。树脂玻璃的单位容重为 11.7kN/m³, 杨氏模量为 3.1GPa, 泊松比为 0.35。假定槽没有摩擦力或粘聚力, 水的运动粘滞系数等于 1.005×10^{-6}。实验模型见图 10-17, 实验中布置了 24 个水压测点用测压管测定水压。Grenoble 进行了不同水头、有无排水等十几个工况的实验。Kim (2000 年) 采用 Grenoble 的实验模型和实验结果, 与增加了裂隙渗流模拟功能的 DDA 计算结果进行了比较。本节取实验中的不排水工况 7 进行模拟, 实验水位右侧为 $H = 115.7$cm, 左侧为 $h = 71.37$cm。

首先采用本书扩展的 DDA 进行块体切割生成裂隙渗流网络和 DDA 计算块体, 见图 10-18。计算结果与实验结果的比较见表 10-4。从计算结果和实验结果对比可以看出, 程序计算的渗流结果与实验结果符合得很好, 相对误差最大出现在第 19 点为 1.92%, 表明耦合到 DDA 程序中的裂隙渗流程序所使用的计算模型是比较接近实际情况的。

例 10-2 矩形多块体裂隙渗流作用下的应力。

取一矩形块 (4m×4m), 被水平及竖向构造切割成 0.4m×0.4m 的块体, 共 100 块 (见图 10-19), 在块体两侧给定水位边界条件, 按恒定裂隙渗流计算裂隙网络内的渗透压力水头, 计算渗透压力对块体应力和接触应力的影响, 与理论解结果比较, 计算参数见表 10-5。计算两个工况: 工况 1 为不考虑水压力, 即块体两侧水位为 0; 工况二为两侧水位均为 $H = 3.0$m。取模型中部 51~60 块作为分析对象, 比较分析 DDA 计算结果的精度。

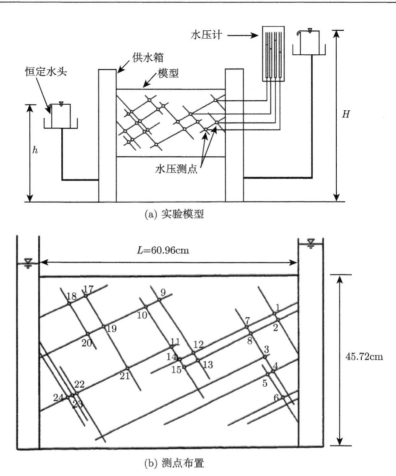

(a) 实验模型

(b) 测点布置

图 10-17　Grenoble 实验模型及测点布置

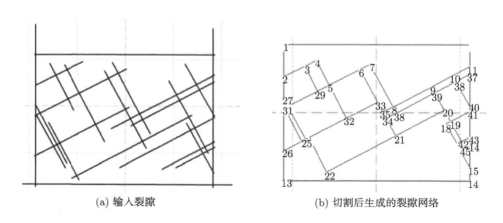

(a) 输入裂隙　　　　　　　　　　(b) 切割后生成的裂隙网络

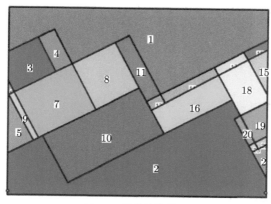

(c) DDA计算块体单元

图 10-18　Grenoble 实验模型的输入裂隙及块体切割

表 10-4　计算结果与实验结果的对比

点号	实验结果 h_l/cm	计算结果 h_s/cm	误差/%
1	112.65	112.80	0.13
2	113.16	113.10	−0.05
3	109.22	109.50	0.26
4	112.52	113.10	0.52
5	113.54	113.50	−0.04
6	114.68	114.90	0.19
7	108.20	108.10	−0.09
8	108.46	108.30	−0.15
9	91.19	90.41	−0.86
10	89.41	88.67	−0.83
11	91.82	92.13	0.34
12	97.79	97.94	0.15
13	98.68	98.60	−0.08
14	95.63	96.00	0.39
15	96.52	97.15	0.65
16	97.28	97.83	0.57
17	77.72	77.00	−0.93
18	76.45	75.55	−1.18
19	81.79	80.22	−1.92
20	78.74	77.30	−1.83
21	84.33	83.53	−0.95
22	77.34	76.78	−0.72
23	75.82	75.65	−0.22
24	74.17	74.65	0.65

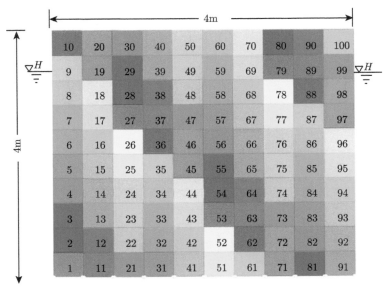

图 10-19   多块体渗流–变形计算模型

表 10-5   矩形多块体渗流–变形计算参数

参数	数值	参数	数值
最大位移比	0.005	裂隙凝聚力/MPa	1.0
最大时间步长/s	0.2	裂隙摩擦角/(°)	26.0
罚函数/(MN/m)	10000.0	裂隙糙率	0.01
密度/(t/m³)	2.6	最小过流隙宽/mm	0.5
竖向体积力/(kN/m³)	25.0		

工况 1 不计水压力时 51~60 单元的块体竖向应力见表 10-6,最底部的 51 号块误差最大,相对误差为 0.26%,顶部两块的相对误差分别为 0.02% 和 0.05%,其余块体相对误差均小于 0.01%。

表 10-6   矩形多块体无渗压作用下的块体竖向应力

块体号	y/m	竖向应力/(10kPa)		相对误差/%
		计算	理论	
51	0.20	−9.47	−9.50	0.26
52	0.60	−8.50	−8.50	0.00
53	1.00	−7.50	−7.50	0.00
54	1.40	−6.50	−6.50	0.00
55	1.80	−5.50	−5.50	0.00
56	2.20	−4.50	−4.50	0.00
57	2.60	−3.50	−3.50	0.00
58	3.00	−2.50	−2.50	0.00
59	3.40	−1.50	−1.50	0.02
60	3.80	−0.50	−0.50	0.05

与块体应力相比，块体间的接触应力误差稍大，最大为 55 块、56 块之间，相对误差为 0.45%(见表 10-7)。

表 10-7 矩形多块体无渗压作用下的竖向接触应力

单元 1	单元 2	y/m	竖向接触应力/(10kPa)		相对误差/%
			计算	理论	
52	51	0.40	−8.97	−9.00	0.32
53	52	0.80	−8.02	−8.00	−0.19
54	53	1.20	−7.02	−7.00	−0.31
55	54	1.60	−6.02	−6.00	−0.39
56	55	2.00	−5.02	−5.00	−0.45
57	56	2.40	−4.02	−4.00	−0.43
58	57	2.80	−3.01	−3.00	−0.38
59	58	3.20	−2.01	−2.00	−0.27
60	59	3.60	−1.00	−1.00	−0.12

抬高模型两侧水位 $H = 3.0$m，可以直接通过渗流模块求出所有裂隙上作用的渗透水压，进而求出块体和接触面的应力，见图 10-20、表 10-8、表 10-9。在两侧静水压力作用下出现了横向应力，压应力的大小等于块体形心处的位置水头，DDA 计算结果与理论解几乎相等。块体竖向应力与水平作用无关，与理论解相比最大相对误差为 0.18%。计算接触应力与理论解相比几乎相等，相对误差小于 0.01%。

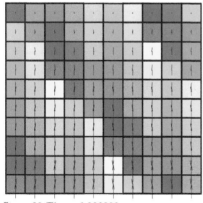

Step=30 Time=6.000000
(a) 不计水的作用

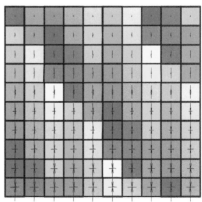

Step=30 Time=6.000000
(b) 考虑水作用

图 10-20 矩形多块裂隙水影响下的块体应力矢量图

表 10-8　矩形多块体水位 $H = 3.0\mathrm{m}$ 时的块体应力

块体号	y/m	横向应力/(10kPa)		相对误差/%	竖向应力/(10kPa)		相对误差/%
		计算	理论		计算	理论	
51	0.20	−2.80	−2.80	0.00	−9.48	−9.50	0.18
52	0.60	−2.40	−2.40	0.00	−8.50	−8.50	0.00
53	1.00	−2.00	−2.00	0.00	−7.50	−7.50	0.00
54	1.40	−1.60	−1.60	0.00	−6.50	−6.50	0.00
55	1.80	−1.20	−1.20	−0.01	−5.50	−5.50	0.00
56	2.20	−0.80	−0.80	0.00	−4.50	−4.50	0.00
57	2.60	−0.40	−0.40	−0.01	−3.50	−3.50	0.00
58	3.00	−0.10	0.00	0.00	−2.50	−2.50	0.00
59	3.40	0.00	0.00	0.00	−1.50	−1.50	0.02
60	3.80	0.00	0.00	0.00	−0.50	−0.50	0.05

表 10-9　矩形多块体水位 $H = 3.0\mathrm{m}$ 时的竖向接触应力

单元 1	单元 2	y/m	竖向应力/(10kPa)		相对误差/%
			计算	理论	
52	51	0.40	−6.40	−6.40	0.00
53	52	0.80	−5.80	−5.80	0.00
54	53	1.20	−5.20	−5.20	0.00
55	54	1.60	−4.60	−4.60	0.00
56	55	2.00	−4.00	−4.00	0.00
57	56	2.40	−3.40	−3.40	0.00
58	57	2.80	−2.80	−2.80	0.00
59	58	3.20	−2.00	−2.00	0.00
60	59	3.60	−1.00	−1.00	0.00

比较表 10-8 和表 10-6 及表 10-9 和表 10-7 可以看出，裂隙水作用不影响块体的竖向应力，但影响块体间的竖向接触应力，使接触应力减小，减小量为接触处的压力水头，这即是接触的有效应力原理，即有效应力为总应力与渗透压力之差。

10.6　本 章 小 结

本章介绍了裂隙渗流与变形耦合分析的 DDA 法，假定水只沿裂隙网络流动，忽略实体块体内部的孔隙流，利用 DDA 块体切割形成的裂隙网络作为渗流分析的基本网格，以基于裂隙渗流的基本方程，求解裂隙交点的水位。水压作用于裂隙表面引起块体系统的变形，块体的变形引起裂隙宽度的变化，进而影响裂隙网络的渗流特性，由此模拟裂隙渗流和块体变形的耦合作用。

本章介绍的渗流方程的求解采用有限单元法，渗流和变形的耦合作用采用弱耦合模式,因此,对于每一个求解步都要采用迭代法,在求解非恒定问题时,渗流场本身还需要迭代求解。几个算例表明,对于小变形问题,本章介绍的渗流–变形耦合求解方法精度是可以保证的,但对于出现垮塌等的大变形问题,水的流动和水压力的作用,用本章的方法会有较大的误差,这是一个需要进一步研究的问题。

参 考 文 献

[1] 殷跃平. 中国典型滑坡. 北京: 中国大地出版社, 2007.

[2] Kim Y I, Amadei B, Pan E. Modeling the effect of water, excavation sequence and rock reinforcement with discontinuous deformation analysis. International Journal of Rock Mechanics and Mining Science, 1999; 36: 949-970.

[3] Louis C. Rock Hydraulics//Muller L. Rock Mechanics. Udine: Springer-Verlag, 1974: 299-387.

[4] 张有天. 岩石水力学与工程. 北京: 中国水利水电出版社, 2005.

[5] Rouinia M, Pearce C, Bicanic N. Hydro-DDA modelling of fractured mudrock seals //Proceedings of the Fourth International Conference on Analysis of Discontinuous Deformation. Bicanic N. Glasgow: University of Glasgow, 2001: 413-423.

[6] Grenoble B A Jr. Influence of geology on seepage and uplift in concrete gravity dam foundations. Ph. D thesis, University of Colorado at Boulder, Colo, 1989.

[7] Louis C A. A study of groundwater flow in jointed rock and its influence on the stability of rock mass. Rock Mechanics Research Report, 1969, (10): 10-15.

[8] 张国新, 武晓峰. 裂隙渗流对岩石边坡稳定的影响 —— 渗流、变形耦合作用的 DDA 法. 岩石力学与工程学报, 2003, 22(8): 1269-1275.

[9] 张国新, 雷峥琦, 程恒. 水对岩质边坡倾倒变形影响的 DDA 模拟. 中国水利水电科学研究院院报, 2016, 14(3): 161-167.

[10] 周维垣. 高等岩石力学. 北京: 水利电力出版社, 1990.

第 11 章　蠕变的模拟

11.1　引　言

边坡与山体变形的主要形式是 "蠕动与松动"。蠕变 (Creep,也叫徐变) 是岩体混凝土类材料的固有性质,是指材料在保持应力不变的条件下,应变随时间延长而增加的特性。具体体现有两种:一种是结构在外荷载不变的条件下,随着时间延长结构变形不断增大;另一种是结构的变形受到约束保持不变,而其应力随着时间延长不断减小,这个现象称为松弛。

蠕变现象在自然界中非常常见,最常见的就是边坡和山体的变形,我们所能观测到的山体变形绝大多数为随着时间不断增大的蠕变变形。如清江隔河岩水库茅坪滑坡体,在 1993 年水库蓄水后开始变形,到 2000 年累计水平变形为 2747mm,垂直位移为 550mm[1]。位于黄河上游的某水电站库内边坡自 2009 年起至 2015 年的变形观测值最大已达 40 多米。最近几年建成的几座大型水电站的岸坡也观测到不同程度的时效变形,宏观形式表现为蠕变。观测结果表明土坝、面板堆石坝等在建成后坝顶沉降变形可达坝高的 1%,延续变形时间可达十年以上。徐变是混凝土的重要特性,表现在大坝变形特性上即为变形随时间逐年增大,观测结果表明高拱坝长期运行期的径向变形可达到初次蓄水相同水位变形的 1.5 倍以上,如二滩高拱坝初次到达正常蓄水位时的坝顶变形为 85mm,运行十年后相同水位的变形为 120mm,到目前已蓄水运行 20 年,坝顶变形仍呈逐年增大的趋势,这些边坡、大坝长期变形绝大多数来自于材料的蠕变。

绝大多数蠕变变形是可以收敛的,如前述介绍的几种典型蠕变的例子,虽然总变形量仍在逐年增大,但变形增量逐年减小,总体呈收敛趋势。也有的变形收敛不明显,有的则在变形到一定程度后速率逐年增大,最后失稳。意大利瓦依昂水电站库内左岸滑坡就是一个水库蓄水触发岸坡蠕变变形,最后导致滑坡的典型案例。

不同材料的蠕变机理不同,混凝土的蠕变主要来自于微细观层面非均质结构晶粒之间的滑移变形。土体、堆石坝坝体的蠕变主要是微细观层面颗粒间的错动变形、部分块体尖角由局部高应力引起的破碎等所致,而山体、岩体的变形主要来自于构造面之间的错动变形、沿构造面的滑动变形等。在高应力条件下岩块也有蠕变变形,但岩块的变形一般很小,为微应变量级且与应力的变化量成正比。而岩体在各个尺度都含有大量的节理裂隙,有的存在断层、破碎带,这些部位的构造强度低、变形模量低，当应力条件变化时易使这些构造面上产生较大的蠕变变形。研究结果表明边坡、山体变形的 80%～90% 来自于构造面的变形。

DDA 模拟的对象是被各种构造面切割的块体系统，这种系统的力学特性主要受构造面控制，计算变形主要来自于构造面，这一点与边坡、山体的变形都一致，DDA 对构造面的模拟能力为蠕变模拟提供了条件。

11.2 蠕 变 模 型

11.2.1 蠕变特性

实验结果表明，蠕变材料在作用荷载后的变形可分为两种形态：第一种是荷载作用时发生瞬间变形 (弹性变形)，之后变形随时间不断增大，变形速率逐渐减小，直至收敛，见图 11-1 中收敛型蠕变；第二种加载早期与第一种相似，但应变速率不会收敛，到一定时候还会发散，直至试件破坏。发散型蠕变可分为三个阶段：第一阶段的蠕变和收敛型相似，应变量随时间变小；第二阶段应变速率基本保持为常数，表明蠕变不会收敛；第三阶段应变量随时间增大直至破坏 [2,3]。

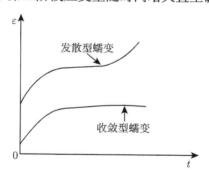

图 11-1　两种典型的蠕变变形

收敛型蠕变在卸载后变形一般能够恢复 (图 11-2(a))。而发散型蠕变的卸载曲线在不同的阶段呈现不同的形式，在第一阶段卸载蠕变一般会恢复，一定时间后变形会恢复到 0，在第二、第三阶段由于在蠕变过程中已产生了塑性变形，因此卸载后变形不能完全恢复 (图 11-2(b))。

蠕变形态与岩体自身的性态有关，同时与应力水平有关。当应力水平较低时产生的蠕变一般是可以恢复的，当应力水平低于某一限值时，则不产生蠕变，反之，当应力水平高于某一限值时会产生不可恢复的塑性变形和蠕变变形，进一步提高应力水平会导致不收敛蠕变变形。

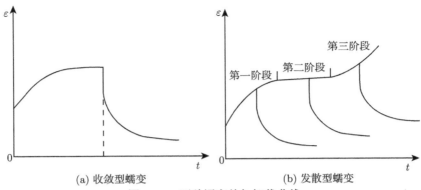

图 11-2　两种蠕变的加卸载曲线

　　自然界中的山体、边坡、岩石已经经历过成千上万年的风吹雨打，多数变形已经稳定，人工建造的大坝经过若干年后的蠕变也会收敛，要产生图 11-1、图 11-2 所示的蠕变变形，需要新的触发因素。实验和理论分析都表明触发蠕变的因素有两个：材料性质的变化和应力状态的变化。降雨或水库蓄水导致地下水位抬高会引起软岩等强度降低或软化 (弹性模量降低)，可以触发蠕变；边坡开挖、洞室开挖等改变结构形状进而改变应力状态可以触发蠕变；山体内地下水位的变化、渗流场的变化会引起山体应力状态的变化，也会发生蠕变。

　　总之，岩体的蠕变有如下特性：

　　(1) 蠕变为材料特性，分为收敛型和不收敛型；

　　(2) 蠕变大小、速率及收敛性与应力水平有关；

　　(3) 蠕变需要触发，即处于变形稳定状态的构造面需要某种因素触发才能产生新的蠕变变形。

11.2.2　常用蠕变模型

　　用数值方法模拟蠕变，需要建立数学模型，用以描述岩体的应力–应变–时间的关系。许多学者提出过多种蠕变模型用以描述岩体的蠕变特性，有的也适用于构造面的模拟。从形式上看，蠕变模型可分为三类：经验公式、组合模型和积分模型 [1,2]。

　　1. 经验公式

　　利用观测结果或实验结果，直接按蠕变曲线的形式对蠕变数据进行拟合，可以得到经验型公式，单一经验公式一般只适用于收敛型蠕变及非收敛型蠕变第一阶段。目前经验公式有三种类型：

　　(1) 幂函数型，基本形式为

$$\varepsilon(t) = At^n + \frac{\sigma}{E} \tag{11-1}$$

式中，A 和 n 是需要用拟合方式求得的常数，与应力水平、材料特性有关。

(2) 对数型，基本形式为

$$\varepsilon(t) = B \log t + Dt + \frac{\sigma}{E} \tag{11-2}$$

对数型蠕变模型包括两部分：第一部分为随时间应变速率逐渐变小的对数形式；第二部分为随时间线性增长的线性部分，D 和 B 为与应力水平和材料特性有关的参数，可以为应力水平的函数。对数型公式不会收敛，蠕变变形随时间一直增长，适用于描述发散型蠕变的第一、第二阶段。

(3) 指数型函数公式：

$$\varepsilon(t) = A\left(1 - e^{-\alpha t^{\beta}}\right) \tag{11-3}$$

式中，A、α、β 为根据实验结果拟合得到的常数。

指数型蠕变公式为收敛型，时间足够长时应变速率可达到 0，可用于描述收敛型蠕变。

上述几种经验公式的特点是简单实用，对特定岩体可以通过曲线拟合的方法，根据实验或观测数据很容易求得参数。但理论依据不足，难以推广到一般情况，不能描述应力松弛、卸载等。

2. 组合模型

模拟岩体流变关系的组合模型是目前常用的模型，其基本原理是按照岩体的弹性、塑性和粘性性质设定一些基本元件，然后根据具体的岩体性质将其组合成能基本反映各类岩石蠕变特性的本构模型。根据岩石的受力和变形特性，基本元件有三种：弹性元件、塑性元件和粘性元件。弹性元件反映材料的弹性变形，符合胡克定律，其应力–应变关系如图 11-3(a) 所示。塑性元件反映材料的塑性变形，其应力–应变关系如图 11-3(b) 所示。粘性元件又称为牛顿体 (Newton)，表示服从牛顿粘滞定律的流体，它的应力应变关系如图 11-3(c) 所示，即其应力与应变速率 $\dot{\varepsilon}$ 呈线性关系。

将以上若干个元件串联或并联，就可得到各种各样的组合模型。串联时每个元件承担着相同的总荷载，它们的应变率总和等于总应变率。并联时各个元件模型负担的荷载之和等于总荷载，而每个单元的应变率相等。常见的组合模型和力学特性如下：

1) 麦克斯韦 (Maxwell) 模型

麦克斯韦模型是最简单的组合模型，由一个弹性元件和一个粘性元件组成，如图 11-4(a) 所示。

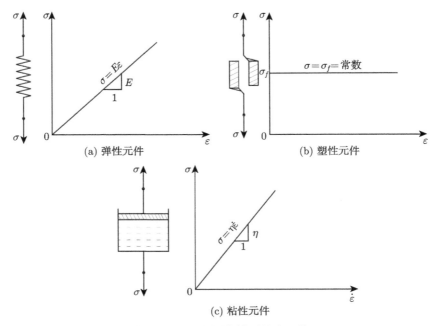

(a) 弹性元件   (b) 塑性元件

(c) 粘性元件

图 11-3   组合蠕变模型基本元件

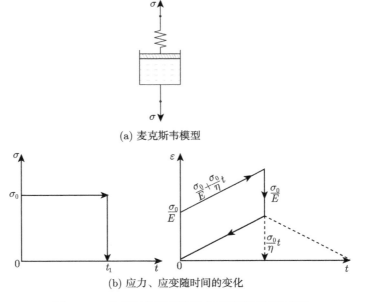

(a) 麦克斯韦模型

(b) 应力、应变随时间的变化

图 11-4   麦克斯韦模型及应力应变随时间的变化

对于弹性元件

$$\sigma = E\varepsilon_1 \tag{11-4}$$

对于粘性元件

$$\sigma = \eta\dot{\varepsilon}_2 \tag{11-5}$$

总应变率

$$\dot{\varepsilon} = \dot{\varepsilon}_1 + \dot{\varepsilon}_2 \tag{11-6}$$

如上各式中，E 为弹性模量；η 为蠕变速率系数；σ 为总应力；$\dot{\varepsilon}_1$ 为弹性应变速率；$\dot{\varepsilon}_2$ 为蠕变应变速率。

将式 (11-4)、式 (11-5) 代入式 (11-6) 得

$$\dot{\varepsilon} = \frac{\dot{\sigma}}{E} + \frac{\sigma}{\eta} \tag{11-7}$$

式 (11-7)即为麦克斯韦模型的本构方程，其应力、应变随时间的变化见图 11-4(b)。在 $t=0$ 时施加常应力 $\sigma=\sigma_0$，则在加载瞬间产生的弹性应变为 $\varepsilon_1 = \dfrac{\sigma_0}{E}$，随后应变以 $\dot{\varepsilon}_2 = \dfrac{\sigma}{\eta}$ 的常数速率随时间增加。将式 (11-7) 对时间积分得

$$\varepsilon(t) = \sigma_0\left(\frac{1}{E} + \frac{t}{\eta}\right) = \sigma_0 \cdot J(t) \tag{11-8}$$

式中，$J(t)$ 称为蠕变柔量。

对比式 (11-1) 和式 (11-8) 可以看出，麦克斯韦模型即为系数 $n=1$ 的常幂函数经验公式。

2) 开尔文 (Kelvin) 模型 (粘弹性模型)

开尔文模型由一个弹性元件和一个粘性元件并联而成，如图 11-5(a) 所示。

对于弹性元件

$$\sigma_1 = E\varepsilon \tag{11-9}$$

对于粘性元件

$$\sigma_2 = \eta\dot{\varepsilon} \tag{11-10}$$

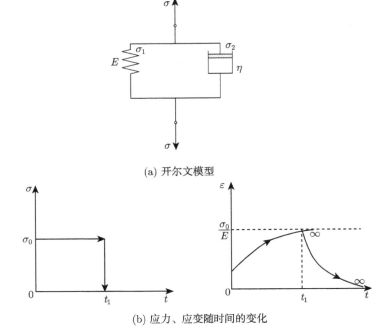

(a) 开尔文模型

(b) 应力、应变随时间的变化

图 11-5　开尔文模型及应力、应变随时间的变化

总应力为

$$\sigma = \sigma_1 + \sigma_2 \tag{11-11}$$

将式 (11-9)、式 (11-10) 代入式 (11-11) 得

$$\sigma = E\varepsilon + \eta\dot{\varepsilon} \tag{11-12}$$

即

$$\dot{\varepsilon} + \frac{E}{\eta} \cdot \varepsilon = \frac{\sigma}{\eta} \tag{11-13}$$

式 (11-13) 即为开尔文蠕变模型。

如果在 $t=0$ 时刻施加常应力 $\sigma=\sigma_0$，如图 11-5(b) 所示，则可由式 (11-13) 对时间积分得

$$\varepsilon(t) = \frac{\sigma_0}{E}\left(1 - \mathrm{e}^{-\frac{E}{\eta}t}\right) = \sigma_0 J(t) \tag{11-14}$$

对比式 (11-3) 和式 (11-14) 可以看出，开尔文模型即为 $\beta=1$ 时的指数型经验公式。

3) 伯格斯 (Burgers) 模型

伯格斯模型由麦克斯韦模型和开尔文模型串联而成，如图 11-6(a) 所示。

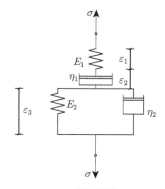

(a) 伯格斯模型

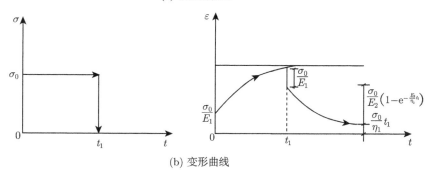

(b) 变形曲线

图 11-6　伯格斯模型

总应变为

$$\varepsilon = \varepsilon_1 + \varepsilon_2 + \varepsilon_3 \tag{11-15}$$

瞬时弹性应变

$$\varepsilon_1 = \frac{\sigma}{E_1} \tag{11-16}$$

粘性应变速率

$$\dot{\varepsilon}_2 = \frac{\sigma}{\eta_1} \tag{11-17}$$

开尔文体应变

$$\varepsilon_3 = \frac{\sigma}{E_2} - \frac{\eta_2}{E_2}\dot{\varepsilon}_3 \tag{11-18}$$

由拉普拉斯变换, 得

$$\eta_1 \dot{\varepsilon} + \frac{\eta_1 \eta_2}{E_1} \cdot \ddot{\varepsilon} = \sigma + \left(\frac{\eta_1}{E_1} + \frac{\eta_2}{E_2} + \frac{\eta_1}{E_2} \right) \dot{\sigma} + \frac{E_1 + E_2}{E_1 E_2} \cdot \ddot{\sigma} \tag{11-19}$$

式 (11-19) 即为伯格斯模型的本构方程。

如在 $t=0$ 时刻施加常应力 $\sigma=\sigma_0=$ 常数，如图 11-6(b) 所示，由式 (11-19) 并注意到初始条件

$$\varepsilon\,|_{t=0} = \frac{\sigma_0}{E_1} \tag{11-20}$$

$$\dot{\varepsilon}\,|_{t=0} = \left(\frac{1}{\eta_1} + \frac{1}{\eta_2}\right)\sigma_0 \tag{11-21}$$

可得

$$\varepsilon\,(t) = \frac{\sigma_0}{E_1} + \frac{\sigma_0}{E_2}\left(1 - \mathrm{e}^{\frac{-E_2}{\eta_2}t}\right) + \frac{\sigma_0}{\eta_1}t = \sigma_0 J\,(t) \tag{11-22}$$

参照图 11-6(b) 和式 (11-22) 可以看出，伯格斯模型由三部分构成：

(1) $\varepsilon_1 = \dfrac{\sigma_0}{E_1}$，为瞬时弹性应变；

(2) $\varepsilon_2 = \dfrac{\sigma_0}{E_2}\left(1 - \mathrm{e}^{\frac{-E_2}{\eta_2}t}\right)$，为按负指数衰减的可恢复应变，即蠕变曲线的第一阶段初期蠕变；

(3) $\varepsilon_3 = \dfrac{\sigma_0}{\eta_1}t$，为常应变速率下不可恢复应变 (粘性流动)，即蠕变曲线第二阶段等速蠕变。

如果在 $t = t_1$ 时刻卸载，相当于在时刻 t_1 及以后施加值为 $-\sigma_0$ 的应力，则与前次相加得 $t \geqslant t_1$ 后：

$$\varepsilon\,(t) = \frac{\sigma_0}{\eta_1}t_1 + \frac{\sigma_0}{E_2}\left(\mathrm{e}^{-\frac{E_2}{\eta_2}t_1} - 1\right)\mathrm{e}^{-\frac{E_2}{\eta_2}t} \tag{11-23}$$

残余应变为

$$\varepsilon\,(t \to \infty) = \frac{\sigma_0}{\eta_1}t_1 \tag{11-24}$$

其值与卸载时间有关。

4) 广义宾厄姆 (Bingham) 模型 (弹粘塑性模型)

广义宾厄姆模型由弹性、粘性和塑性三个元件组成，如图 11-7 所示，它的应力–应变关系为

$$\sigma \leqslant \sigma_f \text{时，} \quad \sigma = E\varepsilon_1 = E\varepsilon, \quad \dot{\varepsilon} = \frac{\dot{\sigma}}{E} \tag{11-25}$$

$$\sigma > \sigma_f \text{后，} \quad \dot{\varepsilon} = \dot{\varepsilon}_1 + \dot{\varepsilon}_2 = \frac{\dot{\sigma}}{E} + \frac{1}{\eta}\,(\sigma - \sigma_f) \tag{11-26}$$

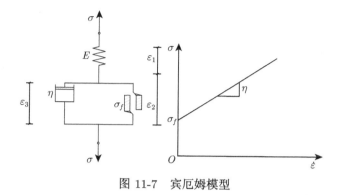

图 11-7　宾厄姆模型

当施加大于 σ_f 的应力时, $\dot{\sigma}=0$, 或式 (11-26) 成为

$$\sigma = \eta\dot{\varepsilon} + \sigma_f \tag{11-27}$$

应力–应变速率坐标系内为一条直线 (见图 11-7)。当应力低于屈服值 σ_f 时, 为线弹性模型, 只有当应力达到高于屈服值 σ_f 时, 宾厄姆模型才产生粘性流动。

如上介绍了四个典型的组合模型的例子, 三个元件不同的组合可以得到各种各样的模型, 适用于不同的问题, 读者可参考有关著作。

3. 蠕变的积分表达式

一般情况下, 建筑物的应力不是常数, 不会在某一时刻一次施加全部荷载, 如混凝土坝自重随着大坝浇筑逐步施加, 分期蓄水使水压荷载随时间变化。边坡和洞室的开挖则是逐步改变结构形式, 从而使应力状态随时间变化, 这种情况下仍用前述的模型难以满足模拟需求。可以用积分形式表示应力–应变–时效本构关系, 以图 11-8 为例说明。

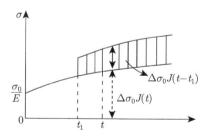

图 11-8　应力变化时的蠕变

设在 $t=0$ 时刻, 施加应力 $\Delta\sigma_0$ 产生的应变为

$$\varepsilon(t,0) = \Delta\sigma_0 \cdot J(t-0) \tag{11-28}$$

如果应力一直保持不变，则应变用式 (11-28) 表示，但如果 $t=t_1$ 时刻又新增加一个应力增量 $\Delta\sigma_1$，则在 $t \geqslant t_1$ 的时间内将产生一个新的应变增量，该应变增量由瞬间弹性应变和时效蠕变增量组成，当满足线性蠕变假定时，在 $t > t_1$ 时任意时刻的总应变为

$$\varepsilon\left(t\right) = \sigma_0 J\left(t\right) + \Delta\sigma_1 J\left(t - t_1\right) \tag{11-29}$$

假设应力随时间变化，且可用下式表示 (见图 11-9)：

$$\sigma\left(t\right) = \sum_{i=1}^{n} \Delta\sigma_i \tag{11-30}$$

$\Delta\sigma_i$ 为 $t = t_i$ 时施加的应力增加量。

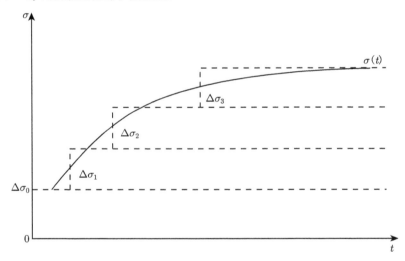

图 11-9　应变随时间的变化

在线性蠕变模型中，蠕变柔量 $J(t)$ 不随应力改变，则在 $\sigma(t)$ 作用下产生的应变符合迭加原理，即

$$\varepsilon\left(t\right) = \sum_{i=1}^{n} \Delta\sigma_i J\left(t - t_i\right) \tag{11-31}$$

写成积分形式：

$$\varepsilon\left(t\right) = \int_0^t J\left(t - \zeta\right) \frac{\partial\sigma\left(\zeta\right)}{\partial\zeta} \mathrm{d}\zeta \tag{11-32}$$

由分部积分式：

$$\int u\mathrm{d}v = uv - \int v\mathrm{d}u$$

上式右边的积分项可能转化为

$$\int_0^t J\left(t-\zeta\right)\mathrm{d}\sigma = \sigma\left(t\right)J\left(t-\zeta\right) - \int_0^t \sigma\left(\zeta\right)\frac{\partial J\left(t-\zeta\right)}{\partial\zeta}\mathrm{d}\zeta$$

$$= \frac{\sigma\left(t\right)}{E} - \int_0^t \sigma\left(\zeta\right)\frac{\partial J\left(t-\zeta\right)}{\partial\zeta}\mathrm{d}\zeta \qquad (11\text{-}33)$$

式 (11-32)、式 (11-33) 即为线性蠕变方程的积分表达式,用于求解应力随时间变化时的蠕变问题。具体计算时选择一蠕变模型,代入式 (11-32)、式 (11-33),即可得到应力–应变–时间的具体关系。在已知应力过程 $\sigma(\zeta)$ 的情况下,用上两式的任意一式即可求得应变过程 $\varepsilon(t)$。相反,如果已知是应变过程 $\varepsilon(t)$,则式 (11-33) 是一个以应力 $\sigma(\zeta)$ 为变量的积分方程,由此式也可以求解应力 $\sigma(\zeta)$。

11.2.3 非线性蠕变模型

11.2.2 节介绍的蠕变模型,不管是经验型模型还是通过理论推导出的组合模型,应变与应力之间的关系仍保持线性关系,即不管在什么应力水平,当应力增量 $\Delta\sigma$ 相同时,应变随时间变化也是相同的,可以用图 11-10 说明线性蠕变模型的应力–应变关系。假定某试件分 5 级加载,每次加载的应力增量为 $\Delta\sigma$,如图 11-10(a) 所示。在 $t=0$ 时刻加载 $\Delta\sigma$,应变曲线为 Oaa'。

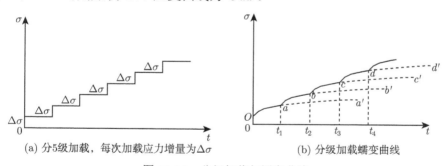

(a) 分5级加载,每次加载应力增量为$\Delta\sigma$ (b) 分级加载蠕变曲线

图 11-10 分级加载与蠕变曲线

在 t_1 时刻进行第二次加载,加载增量为 $\Delta\sigma$,应变曲线沿 abb' 变化,在 t_2 时刻进行第三次加载,加载增量仍为 $\Delta\sigma$,则应变曲线为 bcc',依次类推。根据线性蠕变原理,曲线 abb' 与 aa' 之差为 Oaa',曲线 bcc' 与 bb' 之差为 Oaa',因此新增应力增量引起的应变增量与加载时刻的应力水平无关,只与加载增量 $\Delta\sigma$ 有关,因此称为线性蠕变。线性蠕变模型应用广泛,如混凝土、岩石等材料的蠕变变形模拟,一般采用线性蠕变模型。但是对于土、堆石体、软岩中的破碎带、含有夹层的结构面等,蠕变往往表现出较强的非线性特性,即某级加载的蠕变大小不仅与加载增量本身有关,还与加载时的应力水平有关。如果只按一级加载,则不同荷载引起的蠕变值与加载大小不是线性比例关系。图 11-11 为非线性蠕变关系示意图,图中

$\sigma_n=n\sigma_1$，当采用线性蠕变模型时，各蠕变曲线之间的差相等，而非线性蠕变曲线之间的差不断增大，加载应力 σ_5 时，加载不久即破坏。

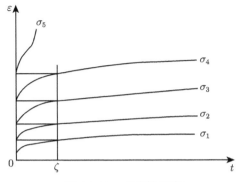

图 11-11　非线性蠕变

　　一般情况下，加载增量引起的蠕变大小与加载后应力与强度的比例成正比，应力越接近屈服强度蠕变越大，反之越小。

　　假定应力–应变关系为非线性，且可以写成函数关系，即 $\varepsilon=f(\sigma)$，则由线性蠕变积分方程式 (11-32) 可以直接写出非线性蠕变的积分方程：

$$\varepsilon(t) = \int_0^t J(t-\zeta)\left(\frac{\partial f(\sigma)}{\partial \sigma}\right)\frac{\mathrm{d}\sigma}{\mathrm{d}\zeta}\mathrm{d}\zeta \tag{11-34}$$

11.3　蠕变的 DDA 模拟

11.3.1　岩体构造面受力与蠕变特点

　　岩体变形的主要形式是蠕变和松动。变形主要来自于构造面，构造面的张开、闭合、错动构成了岩体变形的主要部分。

　　如前所述，DDA 中描述的构造面状态有四种，分别是粘接、锁定、接触滑移、张开，其中张开状态的构造不传力，处于接触滑移状态的为切向屈服、塑性流动状态，只有粘接和锁定状态的构造面需要设置法向和切向弹簧，同时传递法向和切向力。法向变形的蠕变效应十分微小，可以忽略不计，蠕变变形分析可只考虑切向。

　　在模拟岩体构造面的蠕变变形时，需要考虑如下几个特点：①山体已存在了数万甚至数亿年，处于自然平衡状态，自然状态下构造面已存在较高的应力，在分析时需将这种构造面已存在的应力作为初应力，且在无扰动时在初应力作用下蠕变变形已收敛，即初始状态下无蠕变变形。②山体的蠕变变形需要触发，触发因素可以是结构形式的变化，如开挖、支护等构筑物作业，也可以是其他形式的荷载改变了山体的应力状态,如水位变化、渗流场的变化等。③当某种因素导致山体的应力状态发生变化触发蠕变后,蠕变的大小不仅与应力变化量有关,还与当下应力状态有关,应力越大蠕变越大,反之越小,观测结果和理论分析表明,蠕变的大小和当前应力状态与强度的比值有关。④蠕变的大小与应力增量和当前应力状态的关系有关,当应力增量的方向与原应力状态的方向一致时蠕变大,方向相反时蠕变小甚至无蠕变,从强度角度解释是当应力增量发生后,总应力状态是更接近屈服面还是远离屈服面,如果更接近屈服面则蠕变大,否则蠕变小。⑤蠕变的方向只与应力方向有关。

应力状态的变化可能是加载使应力增大,也可能是卸载使应力减小,见图 11-12(a)。与之相应的变形见图 11-12(b)。当一直保持 σ_0 时无变形发生,当为加载,即 σ 在 σ_0 基础上增大时,会在加载的瞬间产生弹塑性变形,并随之产生蠕变变形。当为减载,即 σ 在 σ_0 的基础上减小时,也会在加载瞬间产生弹塑性应变,并随之产生蠕变变形。减载引起的蠕变变形要小于加载引起的蠕变变形。可以将连续加载曲线简化为台阶式加载,则变形曲线见图 11-13。

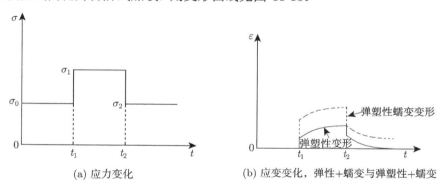

(a) 应力变化　　　　　(b) 应变变化,弹性+蠕变与弹塑性+蠕变

图 11-12　岩体应力状态的变化及变形

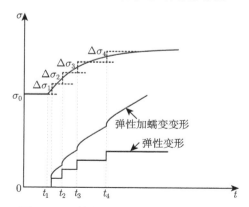

图 11-13　简化为台阶加载时的变形曲线

11.3.2 蠕变应变的递推算法 [4,5]

根据前述分析，线性蠕变和非线性蠕变可以用统一的形式 (11-34) 描述，通过 $f(\sigma)$ 的形式区分：

$$f\left(\sigma\right)=\begin{cases} \sigma, & \text{线性蠕变} \\ a\sigma+b\sigma^{\alpha}, & \text{非线性蠕变} \end{cases} \tag{11-35}$$

式中，非线性蠕变的 $f(\sigma)$ 的函数形式可根据实际情况选取。

式 (11-34) 中的 $J(t-\zeta)$ 可根据实际情况选取不同形式，可以选用经验模型 (式 (11-1)$\sim$ 式 (11-4))，也可以选用不同形式的组合模型。笔者认为伯格斯模型 (式 (11-22)) 既简单又可以较好地描述构造面的蠕变，以后的推导均以伯格斯模型为例，即

$$\begin{aligned} J\left(t-\zeta\right)&=\frac{1}{E_1}+\frac{1}{E_2}\left(1-\mathrm{e}^{-\frac{E_2}{\eta_2}(t-\zeta)}\right)+\frac{1}{\eta_1}\left(t-\zeta\right)\\ &=\frac{1}{E_1}+A\left(1-\mathrm{e}^{-k(t-\zeta)}\right)+B\left(t-\zeta\right) \end{aligned} \tag{11-36}$$

式中，ζ 为加载时间，A、k、B 为构造蠕变模型的参数，E_1 为瞬时弹性模量，对应于沿构造面的切向刚度 P_t。

将式 (11-36) 代入式 (11-34) 得

$$\begin{aligned} \varepsilon\left(t\right)&=\int_0^t\left[\frac{1}{E_1}+A\left(1-\mathrm{e}^{-k(t-\zeta)}\right)+B\left(t-\zeta\right)\right]\frac{\partial f\left(\sigma\right)}{\partial\sigma}\frac{\mathrm{d}\sigma}{\mathrm{d}\zeta}\mathrm{d}\zeta\\ &=\int_0^t\frac{1}{E_1}\psi\left(\sigma\right)\frac{\mathrm{d}\sigma}{\mathrm{d}\zeta}\mathrm{d}\zeta+\int_0^t\psi\left(\sigma\right)C\left(t-\zeta\right)\frac{\mathrm{d}\sigma}{\mathrm{d}\zeta}\mathrm{d}\zeta \end{aligned} \tag{11-37}$$

式中

$$\psi\left(\sigma\right)=\frac{\partial f\left(\sigma\right)}{\partial\sigma}=\begin{cases} 1, & \text{线性蠕变} \\ a+b\alpha\sigma^{\alpha-1}, & \text{非线性蠕变} \end{cases} \tag{11-38}$$

$$C\left(t-\zeta\right)=A\left(1-\mathrm{e}^{-k(t-\zeta)}\right)+B\left(t-\zeta\right) \tag{11-39}$$

其中，$C(t-\zeta)$ 可称为蠕变度，即为在 ζ 时刻加载的单位应力引起的在 t 时刻的蠕变变形。总应变式 (11-37) 可以分解成两部分，瞬时弹性应变 $\varepsilon^e(t)$ 和蠕变应变 $\varepsilon^c(t)$，即

$$\begin{cases} \varepsilon\left(t\right)=\varepsilon^e\left(t\right)+\varepsilon^c\left(t\right) \\ \varepsilon^e\left(t\right)=\int_0^t\frac{1}{E_1}\psi\left(\sigma\right)\frac{\mathrm{d}\sigma}{\mathrm{d}\xi}\mathrm{d}\zeta \\ \varepsilon^c\left(t\right)=\int_0^t C\left(t-\zeta\right)\psi\left(\sigma\right)\frac{\mathrm{d}\sigma}{\mathrm{d}\zeta}\mathrm{d}\zeta \end{cases} \tag{11-40}$$

按图 11-14 将时间 $0 \sim t$ 划分为一系列不等的时段, 同时用折线近似应力随时间的变化曲线, 在时段 $\Delta t_i = t_{i+1} - t_i$ 内应力为常数, 即

$$\sigma_i = \sigma_0 + \sum_{j=1}^{i} \Delta \sigma_i \tag{11-41}$$

则在时段 Δt_n 内的弹性应变增量为

$$\Delta \varepsilon_n^e = \varepsilon^e(t_n) - \varepsilon^e(t_{n-1}) = \int_{t_{n-1}}^{t_n} \frac{1}{E_1} \psi(\sigma_n) \frac{\mathrm{d}\sigma}{\mathrm{d}\zeta} \mathrm{d}\zeta = \frac{1}{E_1} \psi(\sigma_n) \Delta \sigma_n \tag{11-42}$$

下面推导蠕变应变增量 $\Delta \varepsilon_n^c$ 的计算公式。由式 (11-40) 的第三式得

$$
\begin{aligned}
\varepsilon^c(t) &= \int_0^t \psi(\sigma) C(t - \xi) \frac{\mathrm{d}\sigma}{\mathrm{d}\zeta} \mathrm{d}\zeta \\
&= \sum_i \int_{t_{i-1}}^{t_i} \psi(\sigma_i) C(t - \xi) \frac{\mathrm{d}\sigma}{\mathrm{d}\zeta} \mathrm{d}\zeta \\
&= \sum_i \left(\frac{\mathrm{d}\sigma}{\mathrm{d}\zeta} \right)_i \int_{t_{i-1}}^{t_i} \psi(\sigma_i) C(t - \zeta) \mathrm{d}\zeta
\end{aligned} \tag{11-43}
$$

当 Δt_i 不大时, 根据积分中值定理, 在式 (11-43) 的积分项中用中点的时间 $\overline{t_i}$ 的蠕变度 $C(t - \overline{t_i})$ 代替 $C(t - \zeta)$, 得到

$$
\begin{aligned}
\varepsilon^c(t) &= \sum_i \psi(\sigma_i) C(t - \overline{t_i}) \left(\frac{\mathrm{d}\sigma}{\mathrm{d}\zeta} \right)_i \Delta t_i \\
&= \sum_i \psi(\sigma_i) C(t - \overline{t_i}) \Delta \sigma_i
\end{aligned} \tag{11-44}
$$

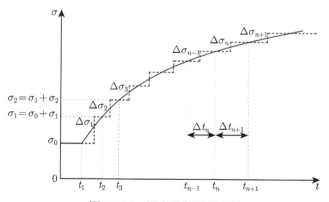

图 11-14 蠕变分析的增量法

则 t_{n-1}、t_n、t_{n+1} 三个相邻时刻的蠕变变形可以分别表示为

$$\varepsilon^c(t_{n-1}) = \Delta\sigma_1\psi(\sigma_1)\,C(t_{n-1} - \overline{t_1}) + \Delta\sigma_2\psi(\sigma_2)\,C(t_{n-1} - \overline{t_2})$$
$$+ \cdots + \Delta\sigma_{n-2}\psi(\sigma_{n-2})\,C(t_{n-1} - \overline{t_{n-2}}) \tag{11-45}$$

$$\varepsilon^c(t_n) = \Delta\sigma_1\psi(\sigma_1)\,C(t_n - \overline{t_1}) + \Delta\sigma_2\psi(\sigma_2)\,C(t_n - \overline{t_2})$$
$$+ \cdots + \Delta\sigma_{n-2}\psi(\sigma_{n-2})\,C(t_n - \overline{t_{n-2}})$$
$$+ \Delta\sigma_{n-1}\psi(\sigma_{n-1})\,C(t_n - \overline{t_{n-1}}) \tag{11-46}$$

$$\varepsilon^c(t_{n+1}) = \Delta\sigma_1\psi(\sigma_1)\,C(t_{n+1} - \overline{t_1}) + \Delta\sigma_2\psi(\sigma_2)\,C(t_{n+1} - \overline{t_2})$$
$$+ \cdots + \Delta\sigma_{n-2}\psi(\sigma_{n-2})\,C(t_{n+1} - \overline{t_{n-2}})$$
$$+ \Delta\sigma_{n-1}\psi(\sigma_{n-1})\,C(t_{n+1} - \overline{t_{n-1}})$$
$$+ \Delta\sigma_n\psi(\sigma_n)\,C(t_{n+1} - \overline{t_n}) \tag{11-47}$$

用式 (11-47) 减去式 (11-46) 可得

$$\Delta\varepsilon^c(t_{n+1}) = \varepsilon^c(t_{n+1}) - \varepsilon^c(t_n)$$
$$= \Delta\sigma_1\psi(\sigma_1)\left[C(t_{n+1} - \overline{t_1}) - C(t_n - \overline{t_1})\right]$$
$$+ \Delta\sigma_2\psi(\sigma_2)\left[C(t_{n+1} - \overline{t_2}) - C(t_n - \overline{t_2})\right]$$
$$+ \cdots + \Delta\sigma_{n-2}\psi(\sigma_{n-2})\left[C(t_{n+1} - \overline{t_{n-2}}) - C(t_n - \overline{t_{n-2}})\right]$$
$$+ \Delta\sigma_{n-1}\psi(\sigma_{n-1})\left[C(t_{n+1} - \overline{t_{n-1}}) - C(t_n - \overline{t_{n-1}})\right]$$
$$+ \Delta\sigma_n\psi(\sigma_n)\,C(t_{n+1} - \overline{t_n}) \tag{11-48}$$

假定蠕变度的计算公式为

$$C(t_n - \overline{t_i}) = A\left(1 - e^{-k(t_n - \overline{t_i})}\right) + B(t_n - \overline{t_i}) \tag{11-49}$$

则

$$C(t_{n+1} - \overline{t_i}) - C(t_n - \overline{t_i})$$
$$= \left[A\left(1 - e^{-k(t_{n-1} - \overline{t_i})}\right) + B(t_{n+1} - \overline{t_i})\right] - \left[A\left(1 - e^{-k(t_n - \overline{t_i})}\right) + B(t_n - \overline{t_i})\right]$$
$$= A\left[e^{-k(t_n - \overline{t_i})} - e^{-k(t_{n+1} - \overline{t_i})}\right] + B(t_{n+1} - t_n)$$
$$= Ae^{-k(t_n - \overline{t_i})}\left(1 - e^{-k\Delta t_{n+1}}\right) + B\Delta t_{n+1} \tag{11-50}$$

将式 (11-50) 代入式 (11-48) 得

$$\Delta\varepsilon^c(t_{n+1}) = \varepsilon^c(t_{n+1}) - \varepsilon^c(t_n)$$

$$
\begin{aligned}
&= \Delta\sigma_1 \psi(\sigma_1) \left[Ae^{-k(t_n-\overline{t_1})}\left(1-e^{-k\Delta t_{n+1}}\right) + B\Delta t_{n+1} \right] \\
&\quad + \Delta\sigma_2 \psi(\sigma_2) \left[Ae^{-k(t_n-\overline{t_2})}\left(1-e^{-k\Delta t_{n+1}}\right) + B\Delta t_{n+1} \right] \\
&\quad + \cdots + \Delta\sigma_{n-2}\psi(\sigma_{n-2}) \left[Ae^{-k(t_n-\overline{t_{n-2}})}\left(1-e^{-k\Delta t_{n+1}}\right) + B\Delta t_{n+1} \right] \\
&\quad + \Delta\sigma_{n-1}\psi(\sigma_{n-1}) \left[Ae^{-k(t_n-\overline{t_{n-1}})}\left(1-e^{-k\Delta t_{n+1}}\right) + B\Delta t_{n+1} \right] \\
&\quad + \Delta\sigma_n\psi(\sigma_n) C\left(t_{n+1}-\overline{t_n}\right) \\
&= A\left(1-e^{-k\Delta t_{n+1}}\right) \left[\Delta\sigma_1\psi(\sigma_1) e^{-k(t_n-\overline{t_1})} + \Delta\sigma_2\psi(\sigma_2) e^{-k(t_n-\overline{t_2})} \right. \\
&\quad + \Delta\sigma_3\psi(\sigma_3) e^{-k(t_n-\overline{t_3})} + \cdots + \Delta\sigma_{n-2}\psi(\sigma_{n-2}) e^{-k(t_n-\overline{t_{n-2}})} \\
&\quad \left. + \Delta\sigma_{n-1}\psi(\sigma_{n-1}) e^{-k(t_n-\overline{t_{n-1}})} \right] + B\Delta t_{n+1}\left[\Delta\sigma_1\psi(\sigma_1) \right. \\
&\quad + \Delta\sigma_2\psi(\sigma_2) + \cdots + \Delta\sigma_{n-2}\psi(\sigma_{n-2}) + \Delta\sigma_{n-1}\psi(\sigma_{n-1}) \left.\right] \\
&\quad + \Delta\sigma_n\psi(\sigma_n) C\left(t_{n+1}-\overline{t_n}\right)
\end{aligned} \tag{11-51}
$$

令

$$
\begin{aligned}
\omega_{n+1} &= \Delta\sigma_1\psi(\sigma_1) e^{-k(t_n-\overline{t_1})} + \Delta\sigma_2\psi(\sigma_2) e^{-k(t_n-\overline{t_2})} \\
&\quad + \Delta\sigma_3\psi(\sigma_3) e^{-k(t_n-\overline{t_3})} + \cdots + \Delta\sigma_{n-2}\psi(\sigma_{n-2}) e^{-k(t_n-\overline{t_{n-2}})} \\
&\quad + \Delta\sigma_{n-1}\psi(\sigma_{n-1}) e^{-k(t_n-\overline{t_{n-1}})}
\end{aligned} \tag{11-52}
$$

$$
\begin{aligned}
v_{n+1} &= \Delta\sigma_1\psi(\sigma_1) + \Delta\sigma_2\psi(\sigma_2) + \Delta\sigma_3\psi(\sigma_3) \\
&\quad + \cdots + \Delta\sigma_{n-2}\psi(\sigma_{n-2}) + \Delta\sigma_{n-1}\psi(\sigma_{n-1})
\end{aligned} \tag{11-53}
$$

则式 (11-51) 可写成

$$
\Delta\varepsilon^c\left(t_{n+1}\right) = A\left(1-e^{-k\Delta t_{n+1}}\right)\omega_{n+1} + B\Delta t_{n+1}v_{n+1} + \Delta\sigma_n\psi(\sigma_n) C\left(t_{n+1}-\overline{t_n}\right) \tag{11-54}
$$

同理, 用式 (11-46) 减去式 (11-45), 可得

$$
\begin{aligned}
\Delta\varepsilon_n\left(t_n\right) &= \varepsilon^c\left(t_n\right) - \varepsilon^c\left(t_{n-1}\right) \\
&= A\left(1-e^{-k\Delta t_n}\right)\omega_n + B\Delta t_n v_n + \Delta\sigma_{n-1}\psi(\sigma_{n-1}) C\left(t_n-\overline{t_{n-1}}\right)
\end{aligned} \tag{11-55}
$$

其中

$$
\begin{aligned}
\omega_n &= \Delta\sigma_1\psi(\sigma_1) e^{-k(t_{n-1}-\overline{t_1})} + \Delta\sigma_2\psi(\sigma_2) e^{-k(t_{n-1}-\overline{t_2})} \\
&\quad + \Delta\sigma_3\psi(\sigma_3) e^{-k(t_{n-1}-\overline{t_3})} + \cdots + \Delta\sigma_{n-2}\psi(\sigma_{n-2}) e^{-k(t_{n-1}-\overline{t_{n-2}})}
\end{aligned} \tag{11-56}
$$

$$
\begin{aligned}
v_n &= \Delta\sigma_1\psi(\sigma_1) + \Delta\sigma_2\psi(\sigma_2) + \Delta\sigma_3\psi(\sigma_3) \\
&\quad + \cdots + \Delta\sigma_{n-2}\psi(\sigma_{n-2})
\end{aligned} \tag{11-57}
$$

比较式 (11-52) 和式 (11-56) 可得

$$\begin{cases} \omega_{n+1} = \omega_n \mathrm{e}^{-k\Delta t_n} + \Delta\sigma_{n-1}\psi\left(\sigma_{n-1}\right)\mathrm{e}^{-k\left(t_n - \overline{t_{n-1}}\right)} \\ \omega_1 = 0 \end{cases} \tag{11-58}$$

比较式 (11-53) 和式 (11-57) 可得

$$\begin{cases} v_{n+1} = v_n + \Delta\sigma_{n-1}\psi\left(\sigma_{n-1}\right) \\ v_1 = 0 \end{cases} \tag{11-59}$$

如上各式中

$$\bar{t}_i = t_{i-0.5} = t_i - 0.5\Delta t_i \tag{11-60}$$

式 (11-58) 及式 (11-59) 构成了蠕变计算时的递推公式, 按时间顺序计算时只要已知每一计算步的 σ_n 和 $\Delta\sigma_n$ 即可按如上各式计算第 $(n+1)$ 步的蠕变变形 ε_{n+1}^c。

11.3.3　块体的蠕变计算

11.3.2 节推导中将应力视为单向应力 σ, DDA 的块体单元为二维, 其应力为

$$\begin{aligned} \{\Delta\sigma\} &= \begin{bmatrix} \Delta\sigma_x & \Delta\sigma_y & \Delta\tau_{xy} \end{bmatrix}^{\mathrm{T}} \\ \{\sigma\} &= \begin{bmatrix} \sigma_x & \sigma_y & \tau_{xy} \end{bmatrix}^{\mathrm{T}} \end{aligned} \tag{11-61}$$

由式 (11-54), 蠕变增量为

$$\begin{aligned} \{\Delta\varepsilon_{n+1}^c\} &= A\left(1 - \mathrm{e}^{-k\Delta t_{n+1}}\right)\{\omega_{n+1}\} + B\Delta t_{n+1}\{v_{n+1}\} \\ &\quad + \{\Delta\sigma_n\}\psi\left(\{\sigma_n\}\right)C\left(t_{n+1} - \overline{t_n}\right) \end{aligned} \tag{11-62}$$

$$\begin{aligned} \{\omega_{n+1}\} &= \omega_n\mathrm{e}^{-k\Delta t_n} + \{\Delta\sigma_{n-1}\}\psi\left(\{\sigma_{n-1}\}\right)\mathrm{e}^{-k\left(t_n - \overline{t_{n-1}}\right)} \\ \{\omega_1\} &= \{0\} \end{aligned} \tag{11-63}$$

$$\begin{aligned} \{\nu_{n+1}\} &= \{v_n\} + \{\Delta\sigma_{n-1}\}\psi\left(\{\sigma_{n-1}\}\right) \\ \{\nu_1\} &= \{0\} \end{aligned} \tag{11-64}$$

在复杂应力状态下 $\{\omega\}$、$\{v\}$ 都是向量, 对于二维 DDA, 有

$$\begin{cases} \{\omega\} = \begin{bmatrix} \omega_x & \omega_y & \omega_{xy} \end{bmatrix}^{\mathrm{T}} \\ \{\nu\} = \begin{bmatrix} \nu_x & \nu_y & \nu_{xy} \end{bmatrix}^{\mathrm{T}} \end{cases} \tag{11-65}$$

推导 DDA 方程时, 可将$\{\Delta\varepsilon_c\}$作为初应变, 且在整个块体内初应变相同, 即常数初应变

$$
\{\varepsilon_0\} = \begin{bmatrix} 0 \\ 0 \\ 0 \\ \Delta\varepsilon_x^c \\ \Delta\varepsilon_y^c \\ \Delta\varepsilon_{xy}^c \end{bmatrix}
\tag{11-66}
$$

则等效的初应力$\{\sigma_0\}$为

$$
\{\sigma_0\} = \begin{bmatrix} 0 \\ 0 \\ 0 \\ \sigma_x \\ \sigma_y \\ \tau_{xy} \end{bmatrix} = \frac{E}{1-\nu^2} \begin{bmatrix} 0 & 0 & 0 & 0 & 0 & 0 \\ 0 & 0 & 0 & 0 & 0 & 0 \\ 0 & 0 & 0 & 0 & 0 & 0 \\ 0 & 0 & 0 & 1 & \nu & 0 \\ 0 & 0 & 0 & \nu & 1 & 0 \\ 0 & 0 & 0 & 0 & 0 & \dfrac{1-\nu}{2} \end{bmatrix} \begin{bmatrix} 0 \\ 0 \\ 0 \\ \Delta\varepsilon_x^c \\ \Delta\varepsilon_y^c \\ \Delta\varepsilon_{xy}^c \end{bmatrix} = [E]\{\varepsilon_0\}
\tag{11-67}
$$

对于第 i 块体, 第 $(n+1)$ 步由蠕变应变引起的应变能为

$$
\begin{aligned}
\Pi_{\varepsilon^c} &= \iint [D_i]^{\mathrm{T}} [E_i] \{\varepsilon_0\} \, \mathrm{d}x\mathrm{d}y \\
&= S[D_i]^{\mathrm{T}} [E_i] \{\Delta\varepsilon_{n+1}^c\}
\end{aligned}
\tag{11-68}
$$

式中, S 为块体面积。

对 $\Pi_{\varepsilon c}$ 求 0 阶数并使 Π 最小化有

$$
f_r = -\frac{\partial \Pi_{\varepsilon c}(0)}{\partial d_{ri}} = -S\frac{\partial [D_i]^{\mathrm{T}}}{\partial d_{ri}}[E_i]\{\Delta\varepsilon_{n+1}^c\}, \quad r = 1, 2, \cdots, 6
\tag{11-69}
$$

f_r 形成一个 6×1 子矩阵:

$$
-S[E_i]\{\Delta\varepsilon_{n+1}^c\} \to [F_i]
\tag{11-70}
$$

11.3.4 构造面的蠕变计算 [8]

含构造面的岩体沿构造面的变形由两部分组成: 沿构造面法向的张开、压缩变形和沿构造面切向的滑移变形。DDA 中描述的四种构造面状态所对应的变形形式见表 11-1。表中描述的四种状态只有 1、4 两种可以产生切向蠕动变形, 即只有构造面粘接或压紧状态, 剪应力小于抗剪强度时才可产生随时间增长的蠕变变形, 其他状态么么可自由开闭, 要么产生摩擦滑动变形。

表 11-1 构造面状态及变形形式

序号	$m_0[i][0]$	$m_0[i][2]$	状态与位移形式描述
1	2	2	粘接，剪应力小于抗剪强度，弹簧变形
2	0	0	张开，法向切向均自由变形
3	0	1	接触，摩擦滑移，法向弹簧变形，切向滑动
4	0	2	非粘接，锁定，法向、切向均为弹簧变形

假设块体 i 的角 P_1 和块体 j 的边 $\overline{P_2P_3}$ 之间处于粘接或锁定状态（见图 11-15）。令在第 n 步计算后切向弹簧的累计变形为 d_t^n，第 n 步计算时的切向弹簧变形增加量为 Δd_t^n，则累计切向力和切向力增量分别为

$$\begin{cases} \tau_n = P_t d_t^n \\ \Delta \tau_n = P_t \Delta d_t^n \end{cases} \tag{11-71}$$

在第 $(n+1)$ 步计算时的蠕变引起的弹簧变形增量 Δd_c^{n+1} 可由式 (11-61)~ 式 (11-64) 将 σ_n 用 τ_n 取代计算。由蠕变引起的等效切向力为

$$F_c = P_t \Delta d_c^{n+1} \tag{11-72}$$

F_c 作用方向为 $\overline{P_2P_3}$ 方向，即

$$\begin{aligned} (x_3 - x_2 \quad y_3 - y_2)/l \\ l = \sqrt{(x_2 - x_3)^2 + (y_2 - y_3)^2} \end{aligned} \tag{11-73}$$

则在 P_1 一边等效切向力的势能是

$$\begin{aligned} \Pi_f &= \frac{F_c}{l} (u_1 \quad \nu_1) \left\{ \begin{array}{c} x_3 - x_2 \\ y_3 - y_2 \end{array} \right\} \\ &= F_c \{D_i\}^{\mathrm{T}} [T_i(x_1, y_1)]^{\mathrm{T}} \left\{ \begin{array}{c} (x_3 - x_2)/l \\ (y_3 - y_2)/l \end{array} \right\} \\ &= F_c \{D_i\}^{\mathrm{T}} \{H\} \end{aligned} \tag{11-74}$$

$$\{H\} = \frac{1}{l} [T_i(x_1, y_1)]^{\mathrm{T}} \left\{ \begin{array}{c} x_3 - x_2 \\ y_3 - y_2 \end{array} \right\} = \left[\begin{array}{c} e_1 \\ e_2 \\ e_3 \\ e_4 \\ e_5 \\ e_6 \end{array} \right]$$

在位移为 0 时的 Π_f 的微商：

$$f_r = -\frac{\partial \Pi_f(0)}{\partial d_{ri}} = -F_c \frac{\partial}{\partial d_{ri}} \left(\sum_{k=1}^6 e_k d_{ki} \right) \tag{11-75}$$

得到一个 6×1 子矩阵:

$$-F_c \begin{bmatrix} e_1 \\ e_2 \\ e_3 \\ e_4 \\ e_5 \\ e_6 \end{bmatrix} \rightarrow [F_i] \tag{11-76}$$

加到总体方程 (11-77) 的子矩阵 $[F_i]$ 中去。

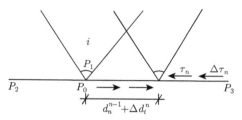

图 11-15 粘接或锁定状态的变形和受力

同样在 P_0 一边的第 j 单元, 等效蠕变剪切力 F_c 引起的势能为

$$\begin{aligned}
\Pi_f &= \frac{F_c}{l} \begin{pmatrix} u_0 & \nu_0 \end{pmatrix} \left\{ \begin{array}{c} x_3 - x_2 \\ y_3 - y_2 \end{array} \right\} \\
&= F_c \left\{ D_j \right\}^{\mathrm{T}} \left[T_j \left(x_0, \mathrm{y}_0 \right) \right]^{\mathrm{T}} \left\{ \begin{array}{c} \left(x_3 - x_2 \right)/l \\ \left(y_3 - y_2 \right)/l \end{array} \right\} \\
&= - F_c \left\{ D_j \right\}^{\mathrm{T}} \left\{ G \right\}
\end{aligned}$$

$$\{G\} = \frac{1}{l} \left[T_j \left(x_0, \mathrm{y}_0 \right) \right]^{\mathrm{T}} \left\{ \begin{array}{c} x_3 - x_2 \\ y_3 - y_2 \end{array} \right\} = \begin{bmatrix} g_1 \\ g_2 \\ g_3 \\ g_4 \\ g_5 \\ g_6 \end{bmatrix} \tag{11-77}$$

在位移为 0 时的 Π_f 的微商:

$$f_r = -\frac{\partial \Pi_f (0)}{\partial d_{rj}} = F_c \frac{\partial}{\partial d_{rj}} \left(\sum_{k=1}^{6} g_k d_{kj} \right) \tag{11-78}$$

形成一 6×1 子矩阵, 加到总体方程 (11-77) 中子矩阵 $[F_j]$ 中:

$$-F_c \begin{bmatrix} g_1 \\ g_2 \\ g_3 \\ g_4 \\ g_5 \\ g_6 \end{bmatrix} \rightarrow [F_j] \tag{11-79}$$

利用式 (11-62)~ 式 (11-64) 求块体的蠕变应变增量或构造面接触的切向蠕变变形 Δd_c^{n+1} 时，需要已知函数 $\Psi(\sigma)$ 的形式及参数 A、B、k 的数值，应根据实验或观测结果确定。

11.4　算　例

11.4.1　算例 11-1

泥岩、页岩、粉砂岩和泥质砂岩等均属于软岩，其主要特点是强度低、孔隙度大、胶结程度差。在长期荷载作用下，此类岩石具有较为显著的蠕变变形。贺其[6]以江西省鄱阳湖生态经济区内典型的红砂岩为研究对象，在单轴加卸载条件下进行了室内蠕变试验，探究了红砂岩在单轴加卸载应力状态下的流变力学特性。本算例比照该试验，用扩展后的 DDA 程序对红砂岩岩块在单轴加卸载应力状态下的蠕变变形进行了数值模拟，并将数值结果与试验结果进行比对，以检验本书提出的蠕变模拟方法。

根据贺其[6] 的描述，DDA 模拟采用的模型如图 11-16 (a) 所示，试件为长 100mm、直径 50mm 的圆柱体，在圆柱上下两端施加轴向力，加载方式如图 11-16 (b) 所示。文献中介绍了多个试样的试验结果，此处取两个试样的试验数据进行模拟，荷载及蠕变参数见表 11-2。

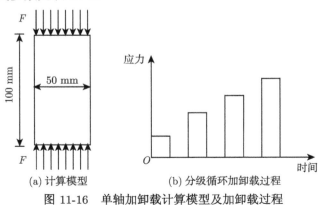

图 11-16　单轴加卸载计算模型及加卸载过程

表 11-2 荷载及蠕变参数

	序号	轴向应力 σ /MPa	弹性剪切模量 E_1 /($\times 10^4$MPa)	粘弹性剪切模量 E_2 /($\times 10^4$MPa)	黏塑性系数 η_1 /($\times 10^5$MPa·h)	黏弹性系数 η_2 /($\times 10^6$MPa·h)
试样 1	1	27.16	0.66	6.84	1.40	0.82
	2	32.59	0.69	7.05	1.18	1.05
	3	38.02	1.42	6.95	1.37	1.20
	4	43.46	1.54	9.29	1.37	1.57
试样 2	1	29.88	1.42	10.07	1.31	1.59
	2	35.31	1.22	8.26	1.34	1.71
	3	40.74	1.21	11.24	1.33	1.84
	4	46.17	1.11	13.48	1.34	2.12

图 11-17、图 11-18 为 DDA 数值结果与试验结果的对比，可以看出，在每一级加载过程中，试件首先产生瞬时的弹性变形，随后产生蠕变变形，蠕变变形量随持荷时间的增长而增大。对于同一个试件，轴向荷载越大，越接近试件的屈服强度，蠕变速率越大，反之越小。在卸载过程中，试件的变形并不能完全恢复，施加的荷载越大，卸载后的残余变形越多，即蠕变过程中产生的不可恢复变形量 (塑性变形) 与总体应力水平有关。DDA 数值结果与试验结果的对比表明，通过选择适当的蠕变参数，扩展后的 DDA 方法能够准确地模拟不同应力状态下岩块的蠕变变形。

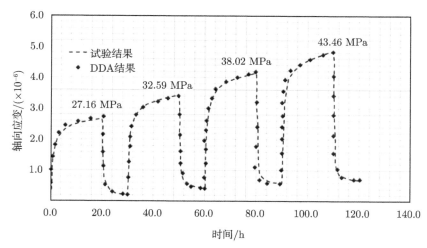

图 11-17 试样 1 单轴加卸载蠕变曲线

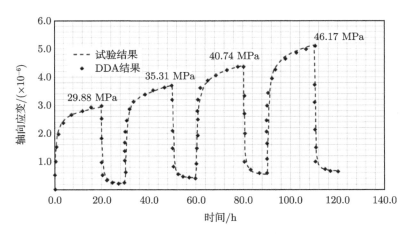

图 11-18 试样 2 单轴加卸载蠕变曲线

11.4.2 算例 11-2

文献 [7] 对锦屏一级水电站左岸岩体软弱结构面的剪切蠕变特性进行了试验研究，得到了不同应力状态下结构面切向位移的时程曲线，并对试验曲线进行了参数拟合，确定了相应的蠕变参数。本算例用扩展后的 DDA 程序对文献 [7] 中的试验进行了数值再现，并对文献所拟合的参数进行了进一步反演。由于该试验为常应力作用下的蠕变试验，因此依据式 (11-22) 可以给出每组试验中结构面剪切变形的解析解。本算例将 DDA 数值结果、解析结果和文献 [7] 的试验结果进行比较，进而对本书所述方法的有效性进行验证。

数值试验采用的模型如图 11-19 所示，A、B 为具有相同属性的两个岩块，在岩块 B 两侧施加法向约束，底部施加全约束。岩块 A 位于岩块 B 上，与 B 接触。对岩块 A 分别施加法向力 F_1 和切向推力 F_2，且 F_2 小于岩块 A、B 接触面上的抗剪力。记录岩块 A、B 接触面上的切向蠕变变形。

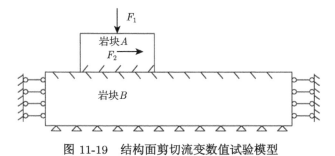

图 11-19 结构面剪切流变数值试验模型

该试验为常应力作用下的蠕变试验，可采用线性蠕变模型进行分析，取 $f(\sigma)=\sigma$，并针对不同的应力状态，对蠕变参数 A、B、k 进行分别取值。经过反演分析，得到结构面的蠕变参数如表 11-3 所示。

表 11-3 软弱结构面在不同应力水平下的蠕变参数

序号	法向应力 σ /MPa	切向应力 τ /MPa	弹性剪切模量 E_1 /MPa	粘弹性剪切模量 E_2 /MPa	黏塑性系数 η_1 /(MPa·h)	黏弹性系数 η_2 /(MPa·h)
1	1.408	0.232	32.54	63.08	9807.72	1151.00
2	1.156	0.424	34.16	82.39	24810.29	889.34
3	0.842	0.439	38.48	25.89	40869.39	71.63
4	0.751	0.512	31.65	205.53	83651.02	1375.27

结构面剪切蠕变变形的 DDA 数值结果、室内试验结果和解析结果的对比如图 11-20 所示。从图可以看出,在不同的应力状态下,结构面的剪切蠕变呈现出不同的变形特征。当剪应力与法向应力的比值较小时,结构面切向瞬时变形较小,剪切蠕变速率的衰减较快。当剪应力与法向应力的比值较大时,结构面切向瞬时变形较大,其剪切蠕变速率在开始时最大,随后缓慢衰减,最终以恒定速率发展。数值

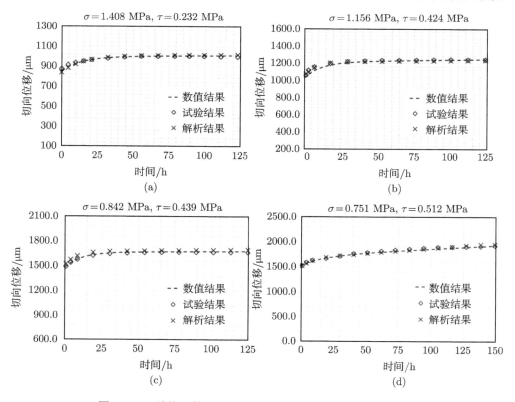

图 11-20 结构面剪切蠕变变形的数值、试验、解析结果比较

结果、试验结果、解析结果的对比表明，通过选择适当的蠕变参数，扩展后的 DDA 方法能够准确地模拟各种应力状态下结构面上的蠕变变形。

11.4.3　算例 11-3

严格来说，算例 11-1 和算例 11-2 中的试验均属于常应力作用下的蠕变试验，文献 [4] 和 [5] 通过选取不同的蠕变参数，来反映岩体在不同应力状态下的蠕变特性。然而在实际工程计算中，岩体处于连续的变应力状态，无法针对每一个应力状态给出特定的蠕变参数，难以通过参数来反映应力状态的影响，此时需采用非线性蠕变模型，即用函数 $f(\sigma)$ 来反映总体应力状态对蠕变特性的影响。

如图 11-21 所示，设置一倾角为 25° 的斜坡，斜坡上放置一滑块，滑块与斜坡的摩擦角为 50°。待重力作用稳定后，在滑块上部施加一沿斜坡的推力 P，以触发滑块沿斜坡的蠕变变形。P 的加卸载过程曲线如图 11-22 所示，且 P 与下滑力之和的值始终小于滑块的抗剪力。计算中采用的蠕变参数如表 11-4 所示。

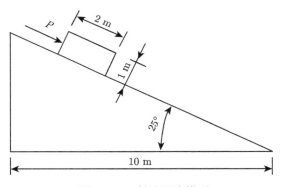

图 11-21　斜坡滑块模型

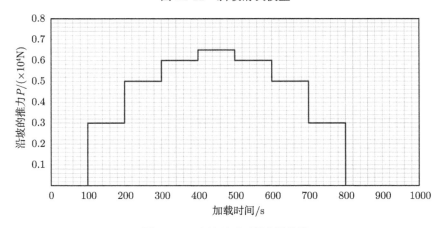

图 11-22　逐级加卸载过程曲线

表 11-4 结构面蠕变参数

切向弹簧刚度 E_1 /MPa	粘弹性剪切模量 E_2 /MPa	黏塑性系数 η_1/(MPa·h)	黏弹性系数 η_2/(MPa·h)
750	200	40000	1200

图 11-23 为应用 DDA 程序得到的计算结果。可以看出，P 的每一级加载均会触发滑块沿斜坡的蠕变变形，蠕变值与应力增量的大小有关。但是在逐级卸载的过程中，滑块的蠕变变形并不能完全恢复。与算例 11-1 不同，本算例中的蠕变变形不能完全恢复是由于蠕变的大小不仅与应力增量有关，还受到总体应力状态的影响。在整个加卸载过程中，滑块的总体应力始终沿坡向下，因此大小相同而方向不同的应力增量所触发蠕变值也不同。

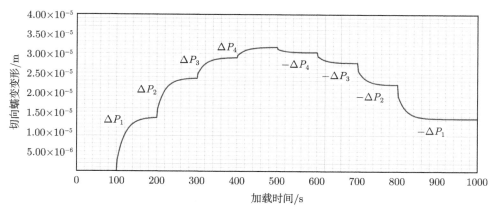

图 11-23 滑块沿斜坡的蠕变变形

11.5 本 章 小 结

本章对岩体蠕变的特点进行归纳概括，简要介绍了常用的蠕变模型，结合岩体蠕变的特点，对现有的伯格斯蠕变模型进行改进，引入了反映总体应力状态的函数，使改进后的模型能够模拟蠕变材料的非线性蠕变行为。随后，构建了 DDA 模拟中各计算时步的蠕变应变增量的递推公式，分别推导了岩块蠕变和结构面剪切蠕变的 DDA 子矩阵，建立了考虑蠕变变形的 DDA 平衡方程，并开发了相应的数值程序。利用岩体在不同应力水平下的蠕变试验曲线，对程序的有效性进行验证。基于以上研究工作，取得如下几点认识：

(1) 边坡变形的主要形式是蠕动。天然状态下处于稳定状态的边坡受某种因素触发后，其蠕变变形会重新启动，变形随时间持续增长。蠕变的大小、速率及收敛性不仅与应力增量的大小有关，还与边坡的总体应力水平有关。

(2) 岩质边坡尤其是硬岩边坡的蠕变变形主要发生在结构面上, 对岩质边坡进行蠕变模拟时应重点模拟沿结构面的蠕变变形。在这方面 DDA 具有较大的优势。

(3) 本章对伯格斯黏弹性流变模型进行改进, 引入了反映总体应力状态的函数, 并应用改进后的模型对现有的 DDA 方法进行扩展, 使其能够模拟岩块和结构面的蠕变变形。随后用室内试验结果对扩展后的 DDA 方法进行验证, 得到了与试验结果一致的模拟结果。

(4) 本章以伯格斯粘弹性模型为基本模型, 进行节理岩体蠕变变形的 DDA 研究。用同样的推导方法还可将麦克斯韦模型、开尔文模型等其他蠕变模型加入现有的 DDA 方法中。在实际分析时, 根据岩体的具体性质, 选择合适的蠕变模型进行计算。

参 考 文 献

[1] 杨为民, 徐瑞春, 吴树仁, 谭振轩, 石菊松. 鄂西清江隔河岩水库茅坪滑坡蠕滑变形及其稳定性. 地质通报, 2007(03): 312-320.

[2] 周维垣. 高等岩石力学. 北京: 水利电力出版社, 1990.

[3] 孙钧. 岩土材料流变及其工程应用. 北京: 中国建筑工业出版社, 1999.

[4] Zhang G, Lei Z, Cheng H. Shear creep simulation of structure plane of rock mass based on discontinuous deformation analysis. Mathematical Problems in Engineering, 2017, (4): 1-13.

[5] Zhang G X, Lei Z Q. Numerical simulation of rheological properties of rock mass structure plane. The 2016 Conference on Civil and Architectural Engineering, 2017.

[6] 贺其. 红砂岩单轴加卸载蠕变特性试验研究. 南昌: 东华理工大学, 2016.

[7] 龚成. 锦屏一级水电站左岸边坡岩体流变力学特性及施工期变形稳定性分析. 成都: 成都理工大学, 2011.

[8] 雷峥琦. 水库蓄水诱发岸坡蠕变的 DDA 分析. 北京: 中国水利水电科学研究院, 2018.

第 12 章   参 数 研 究

12.1   DDA 计算使用的参数

数值方法都具有参数相关性。计算参数可分为三类：第一类是具有明确的物理意义，可以通过实验、现场试验等手段获取的参数，如力学计算中的弹性模量、泊松比、容重等，热传导计算中的导热系数、热容量等；第二类是虽然物理意义明确，但难以通过实验获得，需要根据具体情况和经验取值的参数，如时效计算中的时间步长、DDA 计算中的接触弹簧刚度；第三类是没有明确的物理意义，只是为了计算收敛或计算能够进行下去而完全人为设置的一些计算参数。本章参数研究所指的参数即是第二、第三类。

石根华发布的原始 DDA 的输入文件中，有三个参数需要人为确定并从计算参数输入文件输入：

(1) 最大位移比 g_2，这个参数与计算域的半高相乘即是每一步计算的最大位移，即 $\max|u| \leqslant g_2 \cdot w_0$，$w_0$ 即为计算域的高度的一半；

(2) 计算时间步长 g_1，在动力计算模式时，是真正的时间步长，计算时间步长的累计即为计算时刻的总时长，静力计算时无实际物理意义，只作为计算收敛的参数；

(3) 法向弹簧刚度 (Penalty) g_0，切向弹簧刚度 $g_t = g_0/2.5$。

如上三个参数的取值都会对计算结果有一定的影响。如果最大位移比取值过小，会使每一时步计算的最大位移量过小，求解同一问题会需要更多的计算时步，从而降低计算效率，取值过大则可能一步计算的位移过大而使接触搜索失败 (接触贯入过大而搜索不到)。弹簧刚度 g_0 取值过大会导致整体方程出现病态，影响求解精度和求解效率，弹簧过小，则会引入过大的接触贯入，有些情况下导致接触搜索失败，石根华著作中建议 $g_0=(10\sim100)E$，E 为块体弹性模量，但实际计算中，尤其是离散块体系统的计算中取 $(10\sim100)E$ 偏大，会使计算效率偏低。输入的时间步长是最大时间步长，实际计算中会根据计算最大位移和输入的最大位移比的关系或计算收敛情况自动调整。对于离散型问题，这三个参数的输入值不同，可能会得到不同的结果，对实际问题进行计算时，需要根据使用者的经验进行多次调整，从而选择合适的值。

针对这三个参数的取值，有不少学者进行过研究。刘军等 [1] 通过斜坡上双三角形的块体滑动分析认为最大位移比取值 0.1~0.02，弹簧刚度 $P=(20\sim100)E$，时间步长取 0.01 时迭代速度快，计算结果精度高，这与石根华建议的最大位移比 0.02~0.0001 略有差别，弹簧刚度与石根华假设的一致。江巍等[2] 采用斜坡上单滑块的滑动模拟研究了时间步长和弹簧刚度对计算结果的影响，认为这些参数在上下限范围之内取值，计算结果的精度可以接受。

邬爱清等[3] 利用斜坡上块体的滑动、双块体接触应力及自由下滑块体三个模型，通过不同时间步长、不同接触刚度的大量 DDA 计算与理论解的比较，研究了时间步长、弹性刚度两个参数对计算结果的影响，认为两个参数存在相关性，通过分析两个参数取值对计算结果的影响，得到不同块体弹性模量时的单连通取值域，在此域内 DDA 可以得到合理的结果。

DDA 中人为设置的参数远不止这三个，其他参数在程序中给定了数值，说明如下：

(1) h_1=3，接触判断时按角接触判断的重叠判断准则。

(2) h_2=2.5，切向弹簧与法向弹簧的比值，即 $P_t = P_n/h_2$，由剪切模量 $G = \dfrac{E}{2(1+2\mu)}$ 得来，当 μ=0.25 时，$h_2=2(1+2\mu)=2.5$。

(3) h_3=1.1，程序中没有用到。

(4) h_4=40.0，由程序自动选择弹簧时，弹簧刚度系数 $P = h_4 E$。

(5) h_5=0.4，采用距离进行接触初判断时判断准则，当角–线距离 $d_1 > h_5 \cdot d_0$ 时不接触。

(6) f_0=0.0000001，开闭判断时的判断标准系数，按如下准则判断接触开闭：

(a) 粘接到张开：

$$d_n > f_l/P_n + f_0 \cdot w_0/P_n$$

(b) 由接触到张开 (非粘接状态)：

$$d_n > f_0 w_0/P_n$$

(c) 由开到闭：

$$d_n < -f_0 w_0$$

如上描述中，d_n 为法向接触距离，w_0 为计算域半高，P_n 为法向接触刚度，f_l 为结构面的抗拉强度。f_0 的取值直接影响开闭迭代效率和接触精度。

如上六个人为设定参数与前述三个需要输入的参数共有九个，这些参数的取值都会对计算结果有一定的影响，一般情况下，只要在一定的范围内取值，结果的误差可以忽略，在一些特殊情况下，不同取值会得到不同的结果，取值不当会得到错误的结果。这些人为参数中，除需通过输入文件输入的三个会对计算结果影响较大外，f_0 在某些情况下也会对计算结果有较大的影响。几个人为给定参数汇总见表 12-1。

表 12-1　DDA 中人为给定参数

名称	取值	用途及使用函数
g_2，最大位移比	0.02~0.0001 输入	g_2 与计算域半高的乘积为每一步计算的允许位移，当计算位移大于该允许位移时缩减时间步长，DF24( )，cons( )，step( ) 函数使用
g_1，时间步长	输入	输入值为 0 时程序自动计算，输入值不为 0 时为最大时间步长，计算中会根据计算位移或迭代次数缩减。在 step( ) 函数中使用，用于计算每一步的时间步长 tt
g_0，弹簧刚度	$(20 \sim 100)E$ 输入	输入值为 0 时自动计算，输入值不为 0 时为计算弹簧刚度。自动计算时的 g_0 值可能远小于建议的取值范围。约束点刚度为 $100g_0$，在 cons( ) 中使用，用以计算接触刚度 hh
h_1，允许最大重叠角	3°	用角判断接触时的判断准则
h_2，切向与法向接触刚度比	2.5	用于计算切向弹簧的刚度，人为限定了切向刚度和法向刚度的比例，凡是设置切向弹簧的地方均用到比值，同时用于计算切向力
h_3	1.1	未使用
h_4，弹簧初始刚度系数	40.0	自动选择刚度时，用于计算初始弹簧刚度，cons( ) 函数使用
h_5，最大贯入系数	0.3~1.0	用于按距离判断接触时的最大允许贯入距离计算，当贯入距离大于 $h_5 d_0$ 时认为不再接触
f_0，开闭判断容差系数	0.0000001	用于计算开闭迭代的允许法向接触容差 (阈值)，由闭到开为 $f_0 \cdot w_0 / g_0$，由开到闭为 $-f_0 \cdot w_0$。即闭到开的允许最大拉应力为 $f_0 \cdot w_0$，由开到闭的允许自由贯入量为 $f_0 \cdot w_0$，在 cons( ) 中定义，df22( ) 中使用
d_0，按距离判断接触时的允许容差	$2.5 \cdot w_0 \cdot g_2$	在 cons( ) 中根据 g_2、w_0 等计算，在 df04( ) 中按角-角、角-边距离搜索接触时使用

表 12-1 中已给定数值的几个参数取值，除了 h_2=2.5 有一定的根据外，其他几个是石根华博士根据经验确定的，适用于大多数一般计算，对于一些特殊情况，如计算窗口巨大、很小或块体尺寸悬殊，可能并不适用，需要调整。

12.2　静力计算模式的参数取值

12.2.1　DDA 静力方程

DDA 有静力和动力两种计算模式，静力模式计算的是某种受力条件下的变形和应力状态，动力计算关注的重点则是变形和运动的过程。实际应用中更多的用到静力状态，如计算洞室开挖、边坡开挖与支护、边坡稳定分析等问题一般不会达到动力状态，主要关心开挖、支护及当前状态的应力分布、变形和是否安全稳定，这种情况下用静力模式计算更合适。不管是动力模式还是静力模式，DDA 都采用动力方程计算：

$$[K]\{D\} + [M]\frac{\partial^2\{D\}}{\partial t^2} = \{P\} \tag{12-1}$$

式中，$[K]$ 为由块体刚度矩阵、接触刚度矩阵集成的总刚度矩阵，$[M]$ 为质量矩阵，$[D]$ 为当前位移，$[P]$ 为当前荷载。

假定已知初始位移 $\{D(0)\}$ 及一阶导数 $\frac{\partial\{D(0)\}}{\partial t}$、二阶导数 $\frac{\partial^2\{D(0)\}}{\partial t^2}$，且已知本计算时步的步长，则由泰勒公式可近似求出时间 Δ 后的位移 $\{D(\Delta)\}$：

$$\{D\} = \{D(\Delta)\} = \{D(0)\} + \Delta\frac{\partial\{D(0)\}}{\partial t} + \frac{\Delta^2}{2}\frac{\partial^2\{D(0)\}}{\partial t^2} \tag{12-2}$$

假设 $\{D(0)\}=0$，则式 (12-2) 为

$$\{D(\Delta)\} = \Delta\frac{\partial\{D(0)\}}{\partial t} + \frac{\Delta^2}{2}\frac{\partial^2\{D(0)\}}{\partial t^2} \tag{12-3}$$

假定每一时间步内的加速度为常数，即

$$\begin{aligned}
\frac{\partial^2\{D(\Delta)\}}{\partial t^2} &= \frac{\partial^2\{D(0)\}}{\partial t^2} = \frac{2}{\Delta^2}\{D(\Delta)\} - \frac{2}{\Delta}\frac{\partial\{D(0)\}}{\partial t} \\
&= \frac{2}{\Delta^2}\{D\} - \frac{2}{\Delta}\{V(0)\}
\end{aligned} \tag{12-4}$$

将式 (12-4) 代入式 (12-1) 得

$$[K]\{D\} + \frac{2}{\Delta^2}[M]\{D\} - \frac{2}{\Delta}[M]\{V(0)\} = \{P\} \tag{12-5}$$

式中，$\frac{2}{\Delta}[M]\{V(0)\}$ 为已知，移到右侧有

$$\left([K] + \frac{2}{\Delta^2}[M]\right)\{D\} = \{P\} + \frac{2}{\Delta}[M]\{V(0)\} \tag{12-6}$$

式 (12-6) 即为 DDA 动力模式方程。式中，$\frac{2}{\Delta^2}[M]$ 称为惯性矩阵，$\frac{2}{\Delta}[M]\{V(0)\}$ 为惯性力矩阵。

对于静力模式，一般情况下的方程为式 (12-6) 去掉惯性矩阵和惯性力矩阵，即

$$[K]\{D\} = \{P\} \tag{12-7}$$

但是，由于 DDA 的求解对象可能是自由块体，这时方程 (12-7) 无解，为了保证方程有解，石根华提出只去掉惯性力而保持惯性矩阵的解决法，即静力方程为

$$\left([K] + \frac{2}{\Delta^2}[M]\right)\{D\} = \{P\} \tag{12-8}$$

比较方程 (12-8) 和 (12-7) 可以看出，DDA 静力模式下的求解时，由额外引入的惯性矩阵带来的误差为

$$\|\varepsilon\| = \left\| \frac{2}{\Delta^2} [M] \{D\} \right\| \tag{12-9}$$

由式 (12-8)、式 (12-9) 可见，时间步长和总时间在静力计算中没有实际意义，可以看作是为了计算收敛而给定的一个计算参数。静力计算的误差取决于时间步长 Δ 的大小，Δ 越小误差越大，反之误差越小，当 $\Delta \to \infty$ 时误差趋于 0，因此静力模式应尽量取大的时间步长。

12.2.2 允许最大位移比 g_2

最大位移比定义为每一步计算的最大顶点位移增量与计算域半高 w_0 之比。令

$$d_{\max} = \max \sqrt{(u_i^2 + v_i^2)}, \quad i = 1, 2, \cdots, N \tag{12-10}$$

式中，$d_{\max}$ 为计算步的最大位移，u_i、v_i 为第 i 顶点的计算位移增量，N 为所有块体顶点总数。最大位移比为

$$r_{\max} = \frac{d_{\max}}{w_0} \tag{12-11}$$

DDA 计算过程中，当 $r_{\max} > g_2$ 时，自动缩减时间步长，即

$$\Delta t = \Delta t_0 / (r_{\max} / g_2) \tag{12-12}$$

通过缩减 Δt 使本步计算的最大位移比小于输入允许最大位移比 g_2。由式 (12-10)~ 式 (12-12) 可以看出，计算时间步长在计算过程中不断变化，以保证每一步的计算位移在允许范围内，因此 DDA 计算中的时间步长与输入的允许最大位移比 g_2 相关联。

允许最大位移比 g_2 的另一个用途是计算按距离搜索接触时的允许容差，在开始 DDA 时调用 cous( ) 函数：

$$d_0 = 2.5 \cdot w_0 \cdot g_2 \tag{12-13}$$

在 df04( ) 子程序采用距离进行接触判断时，首先根据两个块体外部矩形域判断是否可能接触，见图 12-1。图中有两个块体 i、j，虚线为每个块体所占据的矩形外部轮廓线，当两个块体外部矩形域的最小距离大于 d_0 时，认为两块体不可能接触，即可能的接触条件为

$$l_{\min} \leqslant d_0 \tag{12-14}$$

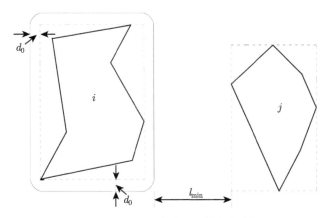

图 12-1　两个块体是否接触粗判

对于可能接触的两个块体, 将所有的角点对边进行距离判断, 当角–角或角–边距离满足如下条件时可能接触 (见图 12-2):

$$-d_0 < d_1 < h_5 \cdot d_0 \tag{12-15}$$

式中, d_1 为边 P_2P_3 的中点 O 与接触点 P_1 的连接线 OP_1 在 P_2P_3 的内法线 N 上的投影。

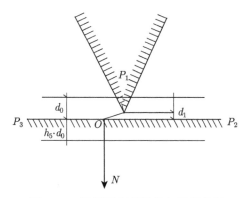

图 12-2　根据距离判断角与边的接触

由图 12-2 和式 (12-15) 可以看出, 当角 P_1 位于块体之外, 且距边 P_2P_3 的距离大于 d_0 时, 角 P_1 与边 P_2P_3 不可能接触, 当角 P_1 位于块体之内 (贯入 P_2P_3) 且距边 P_2P_3 的距离大于 $h_5 \cdot d_0$ 时也被认为角 P_1 与边 P_2P_3 不再接触。因此 h_5 和 d_0 两个参数决定了可能搜索到的 P_1 点和边 P_2P_3 的距离范围, 在式 (12-15) 所示范围之内才被认为可能接触。

根据如上分析, 当允许最大位移比 g_2 给得过大时, 可能会由单步计算位移过大导致接触漏检、错检，使计算失败；反之，当允许最大位移比给值过小时，可能会因贯入距离大于 $h_0 \cdot d_0$ 接触漏判，同时会使计算步长过小，开闭迭代不易收敛等，降低计算效率。石根华在其著作中建议 g_2 的取值范围为 0.02~0.0001，具体计算时可先取较大的值，再根据计算结果逐步减小，直至计算收敛且结果合理。

如上 g_2 取值范围是石根华根据经验给出的一个建议值，对于具体问题，应根据计算对象的空间尺度 (代表值为计算域半高 w_0)、受力状况、材料参数确定，遵循如下原则：

(1) g_2 足够小以避免非相邻块体接触。如图 12-3 所示，块体①和块体③之间相隔块体②，即块体①和块体③不可能接触，但如果式 (12-13) 计算的 d_0 大于块体①和③顶点间的最小距离 $l_{\min}^{32}$，则会误判块体①和块体③接触，此时要求 $d_0 = 2.5 \cdot w_0 \cdot g_2 < l_{\min}^{32}$，即

$$g_2 < \frac{l_{\min}^{32}}{2.5w_0} \tag{12-16}$$

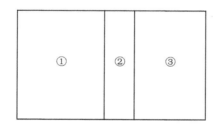

图 12-3　g_2 过大会导致非相邻块体接触

(2) g_2 要足够大以避免大接触部位贯入量大于接触阈值而漏检。以图 12-4 为例，设某角与边最大的接触力为 $P_{\max}$，法向弹簧刚度为 P_n，则贯入距离为

$$d_1 = \frac{P_{\max}}{P_n} \tag{12-17}$$

当 $d_1 > h_5 \cdot d_0$ 时，接触漏检。

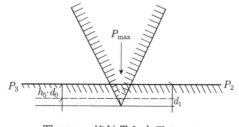

图 12-4　接触贯入大于 $h_5 \cdot d_0$

为避免漏检,要求 g_2 满足

$$h_5 \cdot d_0 > \frac{P_{\max}}{P_n} \tag{12-18}$$

即

$$0.3 \cdot 2.5 \cdot w_0 \cdot g_2 > \frac{P_{\max}}{P_n} \tag{12-19}$$

得

$$g_2 > \frac{P_{\max}}{0.3 \cdot 2.5 \cdot w_0 \cdot P_n} \tag{12-20}$$

根据这两条原则,可以在计算前 (或在试算中) 估计 $l_{\min}$ 及 $P_{\max}$,再按下式确定允许最大位移比 g_2:

$$\frac{P_{\max}}{0.3 \cdot 2.5 \cdot w_0 \cdot P_n} < g_2 < \frac{l_{\min}^{32}}{2.5 w_0} \tag{12-21}$$

例 12-1   最大位移比 g_2 对接触搜索结果的影响。

以某工程边坡为例,该边坡高 1030m,宽 1580m,根据调查的内部断层、节理等构造,对边坡进行块体切割,如图 12-5 所示。该边坡模型共 2111 块,模型的块体统计结果见表 12-2。

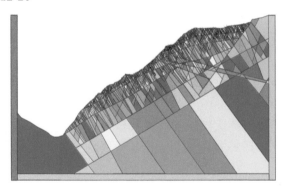

图 12-5   某工程边坡块体切割模型

表 12-2   某工程边坡块体特性统计

特性	数据
总块数	2111
总体积/m^3	1185579.3
最大块体积/m^3	117459.0
最小块体积/m^3	1.32
最大边长/m	1562.0
最小边长/m	1.6
平均块体积/m^3	561.6
最小块内角–边距离/m	1.29

对 DDA 程序稍加修改，即可以输出第一次接触搜索时可能的 "误" 搜索，当 g_2 过大时本来不该接触的部位被误判为接触，在第一次计算时会在误判部位施加接触力，当接触力为压力则为接触误判，会影响计算结果。因此，第一次计算调用 DF18 子程序时，统计初始接触力为压的接触个数和总接触力；当该接触个数大于 0 且初始接触力大于允许误差值时，认为出现接触误判，需减小最大位移比重新计算。

根据石根华的建议，g_2 的取值范围为 0.02~0.0001。此处取不同的 g_2 进行计算，统计第一次搜索得到的接触总数量。误接触数及多余接触力见表 12-3。计算参数见表 12-4。

表 12-3   某边坡不同 g_2 时的接触搜索计算结果

g_2	接触总数	误接触数	多余接触力/t
0.02		搜索失败	
0.01		搜索失败	
0.005		搜索失败	
0.002	19816	661	3.0259×10^7
0.001	13373	19	1.4687×10^5
0.0005	13047	0	0

表 12-4 g_2 测试计算参数

名称	数值
弹性模量/GPa	1.5~30
罚函数/(GPa·m)	1.0
密度/(t/m³)	2.4~2.71
重力/(kN/m³)	15~30

由表 12-3 可以看出，当 g_2 过大时，在接触搜索过程中就会因出错而中断计算，搜索失败。减小 g_2 值计算能够进行，但会出现接触误判，使得在原始状态尚未施加任何力的状态下，出现附加接触力，这个附加接触力的出现会影响计算结果。进一步减小 g_2 值至 0.0005，误判接触数为 0，附加接触力为 0，计算可正常进行。进一步计算表明，取 g_2=0.0009 即可消除接触误判。

对于静力计算而言，应通过试算选取能够正确计算的最大 g_2 值作为实际计算的参数，这可以在保证计算正确的前提下提高计算速度。

例 12-2   最大位移比对接触 "漏脱" 的影响 —— 平板上的三角形块角-边接触。

接触搜索的失败除 "漏检" "超检" 外，还有一种 "漏脱" 现象，即本来互相接触的角-边，当接触力过大时，角穿透接触边 "漏脱"，从而使接触丢失。

以图 12-6 为例，一 6.0m×0.25m 的平板，其上有一个底宽 2.0m、高 1.0m 的倒置三角形，初始状态为三角形下顶点与平板接触。三角形的上底边作用有一对对称的向下的竖向荷载，取块体的弹性模量 $E=10\text{GPa}$，容重为 25kN/m^3，密度为 2.5t/m^3，泊松比 $\nu=0.2$，为了更明显地说明问题，取接触刚度为 $k_n=0.1\text{GPa·m}$。取 $t=0.1\text{s}$ 按 2t/s 的速度增大竖向荷载 P。

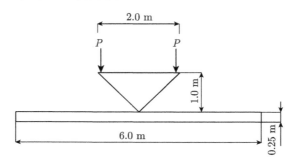

图 12-6   三角形与平板的接触

计算不同最大位移比时接触点所能承受的最大接触力及"漏脱"时的最大接触位移。计算得到的"接触""漏脱"两种状态分别见图 12-7(a) 和 (b)，典型接触变形–接触力关系曲线见图 12-7(c)。

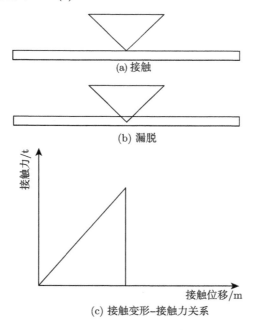

图 12-7   典型接触状态及接触位移–接触力曲线

不同 g_2 取值时接触 "漏脱" 变形和最大接触力见表 12-5。

表 12-5   不同最大位移比 g_2 时的接触位移和最大接触力

g_2	接触位移/m	最大接触力/t
0.0001	0.002909	29.08
0.001	0.002909	29.08
0.0016	0.002909	29.08
0.0017	0.003093	30.93
0.002	0.003637	36.36
0.005	0.009095	90.93
0.01	0.01820	181.90

由表 12-5 可以看出，当 $g_2 \leqslant 0.0016$ 时，计算结果相同，当 $g_2 > 0.0016$ 时，随 g_2 的增大，计算最大接触位移和最大接触力逐步增大。也就是说，只有 $g_2 > 0.0016$ 后 g_2 的增大对防止接触 "漏脱" 有作用。分析程序发现，用于控制最大允许接触贯入位移的两个量为 h_5 和 d_0，即

$$d_{\max}^0 < h_5 \cdot d_0 \tag{12-22}$$

其中，$d_{\max}^0$ 为允许最大接触贯入量，当实际接触位移大于 $d_{\max}^0$ 时即会发生漏脱。h_5 和 d_0 是按下式计算的：

当 $0.3 \cdot 2.5 \cdot w_0 \cdot g_2 < 3.0 \cdot f_2 \cdot w_0$ 时，$d_{\max 0}^0 = 3.0 \cdot f_2 \cdot w_0$；

当 $0.3 \cdot 2.5 \cdot w_0 \cdot g_2 > 3.0 \cdot f_2 \cdot w_0$ 时，$d_{\max 0}^0 = 0.3 \cdot 2.5 \cdot w_0 \cdot g_2$。

其中，$f_2 = 0.0004$。

本算例中，$w_0 = 2.4231$m，可以计算出：当 $g_2 \leqslant 0.0016$ 时，$d_{\max 0}^0 = 3.0 \cdot f_2 \cdot w_0$；当 $g_2 > 0.0016$ 时，$d_{\max}^0 = 0.3 \cdot 2.5 \cdot w_0 \cdot g_2$。

由如上算例和分析可以看出，对于给定的罚函数，g_2 不宜过小，否则会出现 "漏脱"，应根据估计的最大接触力确定最大允许位移比 g_2 和接触刚度 g_0 的组合。

12.2.3   时间步长

下面从静力问题的模拟过程分析 Δt 和总计算时间对计算结果的影响。静力模拟的过程如下：

初值：$\{D_0\} = 0$，$\{\sigma_0\} = 0$；

第一步：由式 $\left([K] + \dfrac{2}{\Delta^2} [M]\right) \{\Delta D_1\} = \{P_1\}$ 求 $\{\Delta D_1\}$，$\{D_1\} = \{D_0\} + \{\Delta D_1\}$ $\{\sigma_1\} = \{\sigma_0\} + \{\Delta \sigma_1\}$；

第二步：由 $\{\sigma_1\}$ 求初应力等效荷载 $\{F_1^0\} = -S\{\sigma_1\}$，由方程

$$\left([K] + \dfrac{2}{\Delta^2} [M]\right) \{\Delta \sigma_2\} = \{P_2\} - \{F_1^0\}$$ 求 $\{\Delta \sigma_2\}$，$\{D_2\} = \{D_1\} + \{\Delta D_2\}$

$$\{\sigma_2\} = \{\sigma_1\} + \{\Delta\sigma_2\}$$

...

第 n 步: 由 $\{\sigma_{n-1}\}$ 求初应力等效荷载 $\{F_1^0\} = -S\{\sigma_{n-1}\}$, 由方程

$$\left([K] + \frac{2}{\Delta^2}[M]\right)\{\Delta\sigma_n\} = \{P_n\} - \{F_{n-1}^0\} \ 求\ \{\Delta\sigma_n\},\ \{D_n\} = \{D_{n-1}\} + \{\Delta D_n\}$$

$$\{\sigma_n\} = \{\sigma_{n-1}\} + \{\Delta\sigma_n\}$$

如上求解步骤, 对于能够处于稳定状态的静定或超静定问题, 计算结果会逐步收敛, 即 $\{\Delta D_i\}$、$\{\Delta\sigma_i\}$ 随计算步增多逐渐变小, 直至趋于 0。

对于处于稳定状态的静力问题, 误差估计可以有两种方式, 第一种是方程的不平衡力, 在第 i 次计算后有

$$\{\sigma_i\} = \{\sigma_{i-1}\} + \{\Delta\sigma_i\}, \quad \{F_i^0\} = -S\{\sigma_i\} \tag{12-23}$$

则不平衡力关系为

$$\{\delta P_i\} = \{P\} - \{F_i^0\} \tag{12-24}$$

式 (12-24) 理论上与式 (12-9) 等价, 即

$$\{\delta P_i\} = \frac{2}{\Delta^2}[M]\{\Delta D_i\}$$

第二种误差评价方式是以第 i 步计算的位移增量 $\{\Delta D_i\}$ 或应力增量 $\{\Delta\sigma_i\}$ 为评价指标, 这两个量间接反映了为保证方程收敛而实际并不存在的 $\frac{2}{\Delta^2}M$ 所带来的不平衡力, 当计算收敛于稳定解时, 该不平衡力为 0, 计算的位移增量和应力增量也应为 0。

一般计算时, Δt 取一较小值, 这样就需要多次迭代计算才能使计算收敛于稳定解, 达到收敛时所需要的总计算时长 $t = \sum \Delta t_i$ 取决于 $[K]$ 和 $[M]$ 之间的关系, 其中 K 为块体的弹性矩阵和块体间的接触矩阵之和。

下边以简单算例说明 Δt 对计算结果的影响及计算稳定所需要的总时长 t 与弹性模量 E、计算对象的总质量 M、接触弹簧刚度之间的关系。

例 12-3 固定正方形块体的静力分析。

取一正方形块体如图 12-8 所示。基本计算参数见表 12-6。本例计算模型为底部两点固定的超静定问题, 允许最大位移比 g_2 不影响计算结果, 可以任意给定。采用静力模式计算本例的变形, 计算步长可以给一个任意大值, 为了说明 Δt 计算收敛所需要的总计算时长, 以及模型尺寸对收敛性的影响, 设计了如表 12-7 所示的计算工况。

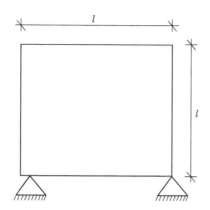

图 12-8　正方形块体计算模型

表 12-6　算例 12-3 的基本计算参数

参数	数值	参数	数值
动力计算系数 (gg)	0.0	密度/(t/m^3)	2.55
最大位移比 (g_2)	0.5	x 向体积力/(kN/m^3)	0.0
弹性模量/MPa	2.0×10^4	y 向体积力/(kN/m^3)	-25.0
泊松比	0.25	罚函数 (g_0)/(kN/m)	1×10^7

表 12-7　算例 12-3 的计算工况

工况号	模型边长 l/m	计算步长 Δt/s
1	10.0	1.0
2	10.0	0.1
3	10.0	0.01
4	10.0	0.005
5	10.0	0.001
6	100.0	1.0
7	100.0	0.1
8	100.0	0.01
9	100.0	0.005
10	100.0	0.001
11	0.1	0.001
12	1.0	0.001

　　由表 12-7 中的计算工况,我们可以分析同一计算模型不同时间步长、相同时间步长不同模型尺寸时的收敛速度及收敛所需的计算时长。

　　从结果中将支座反力或顶部变形取出计算各时步计算值与理论解的比值

$$\alpha = R_i / R_a \tag{12-25}$$

式中，R_i 为第 i 计算步的支座反力，R_a 为支座反力理论解。

将工况 1~12 的 α 计算结果画于图 12-9。图中横坐标为累计计算时间，采用了对数坐标。相对误差 $(1-\alpha)$ 小于 0.01%时的计算步数与时长见表 12-8。

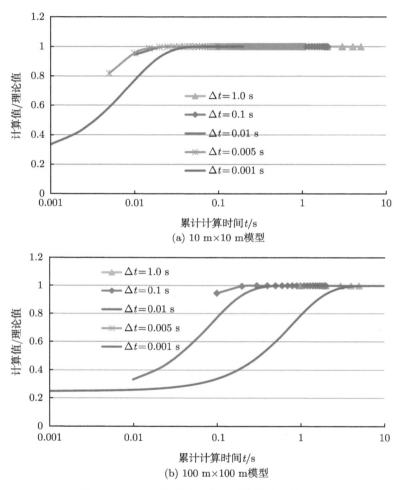

图 12-9   不同模型时间步长对计算结果的影响

由图 12-9 和表 12-8 可以看出计算收敛步数与计算步长有关。模型相同时 (质量相同) 计算收敛的速度随 Δt 的增大而加快，即 Δt 越大收敛越快，反之越慢，且这种趋势随质量的增大越发显著。如对 10m×10m 模型取 Δt=0.001s 时需计算 76 次才能使误差小于 0.01%，将模型改为 100m×100m，取 Δt=0.001s 时，误差小于 0.01%的计算次数则需要 7091，较 10m×10m 模型增加计算次数近 100 倍。

取相同的计算时间步长、不同的模型尺寸时误差小于 0.01%的计算步数和计算时长见表 12-9 和图 12-10。可见对于同样的时间步长 Δt，模型越小收敛越快，对于 $0.1\text{m}\times0.1\text{m}$ 的模型只需一步计算即可收敛，而 $100\text{m}\times100\text{m}$ 的大模型，则需计算 7091 次误差才能达到 0.01%。

表 12-8　相对误差小于 0.01%时的计算步数与时长

工况	模型	步长 Δt/s	步数	时长/s	相对误差/%
1	10m×10m	1.0	1	1.0	1.04×10^{-5}
2	10m×10m	0.1	2	0.2	6.3×10^{-4}
3	10m×10m	0.01	4	0.04	2.8×10^{-3}
4	10m×10m	0.005	7	0.035	4.1×10^{-3}
5	10m×10m	0.001	76	0.076	9.7×10^{-3}
6	100m×100m	1.0	2	2.0	4.0×10^{-5}
7	100m×100m	0.1	4	0.4	2.2×10^{-3}
8	100m×100m	0.01	76	0.76	9.4×10^{-3}
9	100m×100m	0.005	289	1.445	9.9×10^{-3}
10	100m×100m	0.001	7091	7.091	1.0×10^{-2}

表 12-9　计算步长 $\Delta t = 0.001\text{s}$、不同模型时收敛所需计算步数和计算时长

工况	模型	步长 Δt/s	步数	时长/s	相对误差/%
11	0.1m×0.1m	0.001	1	0.001	9×10^{-3}
12	1.0m×1.0m	0.001	4	0.004	2×10^{-3}
5	10m×10m	0.001	76	0.026	9.7×10^{-3}
10	100m×100m	0.001	7091	7.091	1.0×10^{-2}

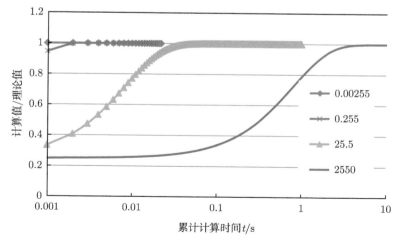

图 12-10　$\Delta t=0.001\text{s}$ 时总质量对计算结果的影响

用 100m×100m 模型，取 Δt=0.005s，计算不同弹性模量 E 时的支座反力的变化，见图 12-11。不同工况相对误差小于 0.01%时的计算步数和时长见表 12-10。

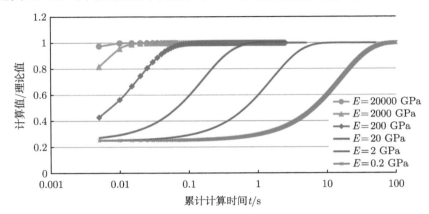

图 12-11　模型 100m×100m，计算步长 Δt=0.005s，不同 E 的收敛过程

表 12-10　模型 $100\text{m} \times 100\text{m}$，计算步长 $\Delta t = 0.005\text{s}$，不同 E 的收敛时间

工况	弹性模量/GPa	计算步数	计算时长/s	相对误差/%
13	20000	3	0.015	2.4×10^{-3}
14	2000	6	0.03	3.6×10^{-3}
15	200	41	0.205	1.0×10^{-2}
16	20	289	1.45	1.0×10^{-2}
17	2	2845	14.225	1.0×10^{-2}
18	0.2	19772	98.855	0.009

由图 12-11 和表 12-10 可以看出，当计算模型相同，Δt 相同时，随着弹性模量 E 的增大，收敛速度加快，计算收敛所需要的计算步数和时长缩短。

综合本算例众多的计算工况的计算结果，静力计算收敛所需要的计算步数和计算时长与弹性模量 E 成正比，即 E 越大收敛越快，反之越慢；与计算模型的总质量 M 成正比，即 M 越大收敛越慢，需要的计算时长越大，反之越小；与时间步长 Δt 成反比，即 Δt 越小所需计算时步数越大，计算时长越长，反之越短。根据式 (12-8) 和如上规律，我们用一个系数 β 表示方程刚度矩阵的惯性形态：

$$\beta = \frac{E}{\dfrac{2M}{\Delta t^2}} \tag{12-26}$$

将表 12-8～ 表 12-10 中的不同工况计算收敛时间为横轴，弹性模量与总惯性的比值 β 为纵轴，画出关系图，见图 12-12，绘图时将快速收敛的若干数据舍弃。由图 12-12 可见，在对数坐标系下，收敛时间与 β 呈较好的线性关系，取其外包络图 (见

图 12-12 中实线), 可以得到外包络图线的方程为 $(\Delta t < 0.01)$

$$\log(t) = -0.7649 \log\left(E/(2M/\Delta t^2)\right) - 1.07 \tag{12-27}$$

注意式 (12-26)、式 (12-27) 中 E、M、Δt_2 三个量的单位要匹配, 使用国际单位制, 如 Pa、kg、m、s 等。

由式 (12-27) 可以估算不同模型、不同计算参数时静力计算收敛所需要的总计算时间。当计算时间小于收敛所需时间时, 由于计算尚未收敛, 变形和应力不是真实状态。

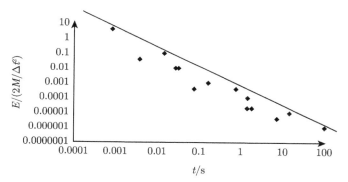

图 12-12 计算时长与 $E/(2M/\Delta t^2)$ 的关系

例 12-4 多块体静力模拟的收敛速度。

如图 12-13 所示, 边长为 L 的正方形放置在长方形底板上。分别沿水平、竖直方向将正方形剖分为 5 等份。仅考虑自重作用, 按静力模式, 用 DDA 计算正方形的应力, 研究不同尺寸、不同时间步长、不同接触刚度对静力计算结果及收敛速

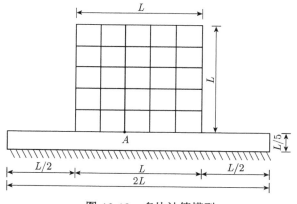

图 12-13 多块计算模型

度的影响。计算中采用的参数见表 12-11。为了保证计算过程中各接触面处于粘接
状态，给定了足够大的抗剪强度和抗拉强度。

表 12-11   多块静力计算参数

计算参数		材料参数	
动力计算系数	0.0	弹性模量	10GPa
总的计算步数	30000	泊松比	0.2
最大位移比	0.01	密度	$2.5 \times 10^3 \mathrm{kg/m^3}$
最大时间步长	0.001~0.1	x 向体积力	0
接触刚度	1~1000GN/m	y 向体积力	$-2.5 \times 10^4 \mathrm{N/m^3}$
		虚拟节理摩擦角	80°
		虚拟节理粘聚力	100MPa
		虚拟节理抗拉强度	100MPa

取不同的模型尺寸、接触刚度和时间步长对块体受力进行了计算。不同模
型尺寸影响总质量，不同的接触刚度影响模型总刚度，计算结果见表 12-12~ 表
12-14。表中收敛值为图 12-13 中 A 点的法向接触力，由于上部块体与底板间为锁定
接触，在泊松比效应影响下接触面应力非均匀分布，输出点 A 的接触应力均小于理
论值。

表 12-12   模型尺寸对静力计算结果收敛速度的影响

(接触刚度为 $10^{11} \mathrm{N/m}$)

单元尺寸	时间步长 =0.001s		
	收敛步数	收敛值 (接触应力/kPa)	收敛时间/s
$L=100\mathrm{m}$	25840	-2487.2000	25.840
$L=10\mathrm{m}$	320	-24.8820	0.302
$L=1\mathrm{m}$	7	-0.2488	0.007

表 12-13   时间步长对静力计算结果收敛速度的影响

(接触刚度为 $10^{11} \mathrm{N/m}$，单元尺寸 $L=100\mathrm{m}$)

时间步长	收敛步数	收敛值 (接触应力/kPa)	收敛时间/s
0.1	7	-2487.2000	0.07
0.05	16	-2487.2000	0.80
0.01	269	-2487.2000	2.69
0.005	1039	-2487.2000	5.195
0.001	25840	-2487.2000	25.840

当已知块体弹性模量 E、接触刚度 P_n 时，考虑计入接触刚度对整体刚度的影响，可以计算出等效弹性模量 $\bar{E}$：

$$\bar{E} = \frac{2EP_n}{E + 2P_n} \tag{12-28}$$

将式 (12-28) 计算的 $\bar{E}$ 代入式 (12-27) 即可以估算静力计算收敛时所需的总计算时间。经校核，当 $\Delta t < 0.01\text{s}$ 时，表 12-12~ 表 12-14 中的收敛所需时间满足式 (12-27)。Δt 大于 0.01s 时收敛较快，但总收敛时间大于式 (12-28) 估算值。

表 12-14 接触刚度对静力计算结果收敛速度的影响

(时间步长为 0.05s，单元尺寸 $L=100\text{m}$)

接触刚度/(N/m)	收敛步数	收敛值 (接触应力/kPa)	收敛时间/s
10^9	219	-2498.1000	10.9500
10^{10}	19	-2490.5000	0.9500
10^{11}	12	-2487.2000	0.6000
10^{12}	11	-2495.8000	0.5500

结构被块体切割后接触弹簧引入额外变形，使总刚度降低，从而使结构的等效弹性模量减小，延长稳定收敛时所需的总计算时间。

12.2.4 法向弹簧刚度 g_0 与切向刚度的比值 h_2

1) 对变形和应力的影响

DDA 通过弹簧 (Penalty) 将块体连接起来，凡是在块体与块体的接触部位即设置一组弹簧，当接触点出现作用力时，弹簧便产生了变形，变形大小与接触力成正比，与弹簧刚度成反比，即

$$d = \frac{P}{p} \tag{12-29}$$

式中，d 为弹簧变形；P 为作用力；p 为弹簧刚度，DDA 程序中用 g_0 表示。

由式 (12-29) 及 Penalty 法的作用机理可见，接触力大小是通过弹簧变形来反映的，当一对接触存在法向压力时，弹簧会产生压缩变形，对于未受力时已经接触的一对角–边，受压时会产生微小的贯入，贯入量的大小与接触刚度成正比，当采用较强弹簧刚度时贯入量很小，可以忽略不计，但当采用较软的弹簧时会产生较大的贯入，有的文献中将 DDA 的特点描述为 "不受拉、不嵌入" 是不恰当的说法。为了减小接触的嵌入量，计算中应取较大的弹簧刚度，但弹簧刚度过大则开闭迭代不易收敛。取较小的弹簧刚度计算易收敛，但会引起过大的接触贯入从而带来额外变形，影响计算精度。因此，适当的弹簧刚度选择对 DDA 的计算精度，甚至是计算成功至关重要。

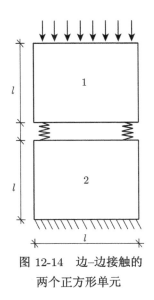

图 12-14 边–边接触的
两个正方形单元

以图 12-14 为例，分析弹簧刚度对变形的影响。两个竖直叠放的正方形单元，边长都为 l，两个单元之间为边–边接触。上部正方形的上边作用有均布应力 σ，下部约束，设块体的弹性模量为 E，法向接触刚度为 p_n，则每个块体的变形为

$$\varepsilon = \frac{\sigma}{E}, \quad v_1 = v_2 = \varepsilon l = \frac{\sigma}{E} l \qquad (12\text{-}30)$$

式中，ε 为块体的竖向应变，v_1、v_2 为块体 1、2 的竖向变形，接触处的弹簧变形为

$$d = \frac{\sigma l}{2 p_n} \qquad (12\text{-}31)$$

当接触面为刚性，不会产生贯入变形，且不会产生接触面处局部压缩时，接触的变形应该为 0，则式 (12-31) 计算的 d 即为接触弹簧变形带来的误差。相对误差可表示为

$$\delta = \frac{d}{v_1 + v_2} = \frac{\dfrac{\sigma l}{2 p_n}}{2 \dfrac{\sigma l}{E}} = \frac{E}{4 p_n} \qquad (12\text{-}32)$$

按照石根华的建议，弹簧刚度 p_n 应为 $(20\sim100)E$，则图 12-14 的模型由弹簧变形带来的相对误差为

$$\delta = \frac{1}{400} \sim \frac{1}{80} \qquad (12\text{-}33)$$

对于一般的情况，设块体的平均面积为 $\bar{s}$，所有块体的平均边数为 $\bar{N}$，则等效平均边长 $\bar{l}$ 为

$$\bar{l} = \sqrt{\bar{s}} \qquad (12\text{-}34)$$

每个方向上的平均接触弹簧个数为

$$\bar{n} = \frac{2\bar{N}}{4} = \frac{\bar{N}}{2} \qquad (12\text{-}35)$$

单元的平均变形和弹簧带来的附加变形分别为

$$v_l = \frac{\sigma}{E} l, \quad \bar{d} = \frac{\sigma \bar{l}}{\dfrac{\bar{N}}{2} p_n} = \frac{2 \sigma \bar{l}}{\bar{N} p_n} \qquad (12\text{-}36)$$

则相对误差为

$$\delta = \frac{\bar{d}}{\bar{v}_l} = \frac{\dfrac{2\sigma\bar{l}}{\bar{N}p_n}}{\dfrac{\sigma}{E}\bar{l}} = \frac{2E}{\bar{N}p_n} \qquad (12\text{-}37)$$

如上推导中只考虑了法向弹簧对变形的影响。

下面我们用两个算例验证误差 (12-37) 估计精度。

例 12-5   正方形试件规则剖分 (弹簧刚度对计算结果的影响)。

模拟一压力机中的受压试验, 如图 12-15(a) 所示, 试件为边长 10m 的正方形试块。上下两端为刚性较大的施压板, 下部施压板约束, 上部施压板给定均布荷载 $P=1000\text{N/m}$, 施压板与试件之间设为光滑接触面, 按接触传力, 不考虑自重作用。将试件剖分为 1m×1m 的 DDA 块体 (见图 12-15(b)), 取不同的接触刚度, 计算试件的受力和位移, 研究接触刚度的取值对计算精度的影响。计算采用的参数见表 12-15。

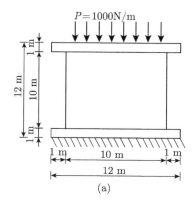
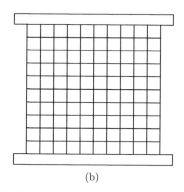

图 12-15   正方形受压试件

表 **12-15**   计算参数

计算参数		材料参数	
动力计算系数	0.0	弹性模量	10GPa
总的计算步数	1000	泊松比	0.2
最大位移比	0.01	密度	$2.5\times10^3\text{kg/m}^3$
最大时间步长	0.01	x 向体积力	0
接触刚度	1∼1000GPa·m	y 向体积力	0
竖向荷载	1000N/m	虚拟节理摩擦角	80°
		虚拟节理粘聚力	100MPa
		虚拟节理抗拉强度	100MPa

表 12-16 为不同接触刚度取值时, 用 DDA 计算得到的试件应力和位移。可以

看出，随着接触刚度的增大，接触应力和块体应力略微增大，块体位移明显减小。接触应力与接触刚度关系不大，几乎与理论解相等。块体应力计算误差略大于接触应力，但仍保持了很高的精度。块体位移计算误差随接触刚度减小而增大，当取弹簧刚度与 E 相等时，位移误差可达 50% 以上，$K_n = 100E$ 时误差降到 0.3%。根据式 (12-37) 估算的误差与数值结果相近。因此，在用规则剖分的单元，用 DDA 计算结构变形时，取弹簧刚度为 $(20\sim100)E$ 可使相对误差控制在 2.5%～0.5%。

表 12-16　不同接触刚度取值时试件的应力和位移 (均匀剖分)

接触刚度/GPa	接触应力/MPa	块体应力/MPa	相对误差/%	块体位移/m	误差/%
1	−12.0000	−11.9965	0.03	−0.078172	546.0
10	−12.0000	−11.9965	0.03	−0.018679	54.37
100	−12.0004	−11.9968	0.03	−0.012730	5.2
1000	−12.0008	−11.9971	0.02	−0.012135	0.3
理论值	−12.0000	−12.0000	0.00	−0.012100	0

将试件进行不规则网格剖分，基于沃罗努瓦 (Voronoi) 图形将图 12-15(a) 所示的试件剖分成 100 个块体，如图 12-16 所示。采用与图 12-15 相同的加载方式计算试件的受力，接触应力和块体应力矢量图见图 12-17。

取下接触板处的接触应力平均值、与下部板接触的单元应力均值和顶板位移三个量随接触刚度的变化，见表 12-17。接触应力和块体应力均随接触刚度的减小而减小，精度低于规则正方形网络，但仍保持较高的精度。顶部位移随接触刚度的增大而减小，逐渐趋近理论值。位移的相对误差与规则网络相近。

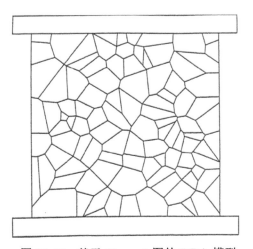

图 12-16　基于 Voronoi 图的 DDA 模型

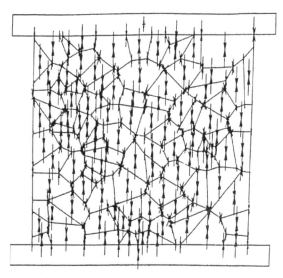

图 12-17　Voronoi 网络的应力矢量图

表 12-17　不同接触刚度取值时试件的应力和位移 (Voronoi 剖分)

接触刚度/GPa	接触应力/MPa	块体应力/MPa	块体位移/m
10	−11.7257	−12.9045	−0.018622
100	−11.5149	−12.2094	−0.012772
1000	−11.4122	−12.0291	−0.012140
理论值	−12.0000	−12.0000	−0.012100

2) 弹簧刚度对静力收敛速度的影响

如前所述, 采用静力模式计算结构的变形和受力时, 由于方程中人为增加了一个惯性项 $2M/\Delta t_2$, 因此计算收敛需要一定的计算时长, 该时长与计算对象的刚度矩阵 $[K]$ 和惯性矩 $2[M]/\Delta t_2$ 的比值有关, 比例越大收敛越快, 反之越慢。其中刚度矩阵 $[K]$ 中包含了块体的弹性刚度和接触刚度两部分。

12.2.3 节分析了当接触刚度 P_n 为常数时考虑了接触变形后的等效弹性模量为

$$\bar{E} = \frac{2EP_n}{E + 2P_n} \tag{12-38}$$

当采用接触刚度与接触长度相关的算法时, 接触刚度与接触长度成正比, 即

$$P_n = \frac{1}{2}K_n l \tag{12-39}$$

式中, K_n 为单位长度的接触刚度, l 为接触长度。

设所有块体的平均等效边长为 $\bar{l}$, 平均边数为 $\bar{N}$, 每个方向上平均接触弹簧的个数为 $\bar{N}/2$, 则单元平均弹性变形为

$$\bar{v}_l = \frac{\sigma}{E}\bar{l} \tag{12-40}$$

弹簧的变形带来的附加变形为

$$\bar{d} = \frac{\sigma\bar{l}}{\dfrac{\bar{N}\bar{l}}{4}K_n} = \frac{4\sigma}{\bar{N}K_n} \tag{12-41}$$

总变形为

$$\bar{v} = \bar{v}_l + \bar{d} = \frac{\sigma}{E}\bar{l} + \frac{4\sigma}{\bar{N}K_n} = \sigma\bar{l}\left(\frac{1}{\bar{E}} + \frac{4}{\bar{N}K_n\bar{l}}\right) \tag{12-42}$$

由式 (12-42) 可得

$$\bar{E} = \frac{E\bar{N}K_n\bar{l}}{\bar{N}K_n\bar{l} + 4E} \tag{12-43}$$

当已知结构的节理裂隙构造或虚拟节理的分布时, 可根据块体的几何参数、块体弹性模量 E、接触刚度求出结构的等效弹性模量, 进而根据式 (12-27) 估算静力计算收敛所需时间, 由如上各式可以看出, 接触弹簧刚度越小, 收敛时间越长; 分析对象一定时, 块体越多则弹簧越多, 计算收敛所需时间越长。

3) 法向–切向刚度比 h_2 及切向刚度

DDA 原始程序只输入一个法向接触刚度 P_n, 切向刚度 P_s 用原程序中固定的比例系数 h_2 计算, 即 $P_s = P_n/h_2$, $h_2=2.5$。这个比例系数为 2.5 的理论依据是泊松比为 0.25 时的胡克定律。对于部分裂隙岩体的计算是合适的, 当没有可参照的构造面 K_n、K_s 数据时也可以用这一比例进行计算, 但是当用接触模拟有一定宽度的断层等构造或节理裂隙中含有夹杂物时, 法向和切向接触模量有可能远离 2.5 倍关系, h_2 的取值会对计算结果的应力和变形有一定的影响。

文献 [4] 介绍了测试构造面法向刚度 K_n 和切向刚度 K_s 的实验方法, 以及根据实验结果推求 K_n、K_s 的方法, 并给出了部分岩石构造面的 K_n、K_s, 见表 12-18。

岩石力学中的 K_n、K_s 从物理意义上讲与 DDA 计算中的法向刚度和切向刚度相同, 可以直接用作 DDA 计算中的接触刚度。由表 12-19 可以看出, 实验得到的 K_n、K_s 值要远小于石根华建议 $(20\sim100)E$ 的取值, 且 K_n 与 K_s 的比值为 $2.0\sim3.0$, 与程序中设置的 $h_2 = P_n/P_t=2.5$ 接近。下面用一算例分析不同 h_2 取值对计算结果的影响。

表 12-18　一些岩石构造面的 K_n、$K_s^{[4]}$

岩石及构造面情况	K_n/GPa	K_s/(GPa/m)	比例
充填黏土的断层, 岩壁风化	1.5	0.5	3.0
充填黏土的断层, 岩壁软微风化	1.8	0.8	2.25
新鲜花岗岩不连续构造面	2.0	1.0	2.0
玄武岩与角砾岩接触面	2.0	0.8	2.5
致密玄武岩不连续构造面	2.0	0.7	2.86
玄武岩张开节理面	2.0	0.8	2.5
玄武岩不连续面	1.27	0.45	2.82

例 12-6　受两组节理切割的斜坡变形。

斜坡如图 12-18 所示, 内含两组构造, 一组为倾向坡外, 倾角为 35°, 另一组为倾向坡内的陡倾角构造, 倾角为 60°。取不同的 h_2 值计算边坡在自重作用下的初应力和顶部变形, 计算参数见表 12-15。本算例中节理裂隙全部给定较大的强度值, 保证计算过程中全部处于粘接状态。

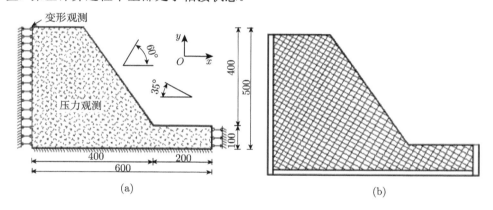

(a)　　　　　　　　　　　　　　　　(b)

图 12-18　法向-切向刚度比对计算结果影响的算例

根据表 12-18 给定出的不同材料法向-切向刚度比例, 我们计算 h_2 在 2.3~2.7 范围内变化时边坡的变形和应力随 h_2 变化, 见表 12-19。

表 12-19　不同 h_2 对计算结果的影响

h_2 取值	边坡顶部变形			边坡应力状态			
	x 向变形	y 向变形	综合变形	x 应力	y 应力	剪应力	第三主应力
2.3	−0.0342	−0.3999	0.4014	−0.4359	−7.9794	0.2350	−7.9867
2.4	−0.0341	−0.4031	0.4045	−0.4437	−7.96.1	0.2322	−7.9673
2.5	−0.0345	−0.4050	0.4064	−0.4601	−7.9685	0.2228	−7.9757
2.6	−0.0342	−0.4069	0.4083	−0.5223	−7.9510	0.2090	−7.9569
2.7	−0.0341	−0.4092	0.4106	−0.6016	−7.9439	0.1868	−7.9486

12.2.5　开闭判断容差系数 f_0

开闭迭代是 DDA 的核心内容。具体做法是当前处于闭状态的接触法向开度大于张开阈值时，由闭变为开；当前处于开状态的接触，接触贯入量大于闭合阈值时，由开变为闭。此处的张开阈值和闭合阈值都由开闭判断容差系数 f_0 定义。我们先来看这一段程序。

```
3676.    c202:;   //角-角接触
3677.      c1 = s[1];   //角与第一边的接触距离
3678.      if (m0[i][1] == 3) c1=s[2];   //角与第二边的接触距离
3679.      if (c1 > f0*w0/hh) m0[i][2] = 0;
                         //接触开度大于张开阈值，张开
3680.      goto c205;
3681.      /*------------------------------------------------*/
3682.      /* previously close: same near side for v-v */
3683.    c203:;   //当前状态为闭
3684.      e1 = 0;
3685.      if (m0[i][0]==2 && i1==0) e1=t3/hh;   //t3为抗拉强度
                         // 当前状态未粘接且非角-角接触，e1为抗拉强度除
                         //接触刚度
3686.      if (o[i][3] > e1+f0*w0/hh) m0[i][2] = 0;   //接触开度大于
                         //抗拉强度除以接触刚度与张开阈值之和，张开。
3687.      goto c205;
3688.      /*------------------------------------------------*/
3689.      /* previously open */
3690.    c204:;   //当前状态为开
3691.      if (o[i][3] > -f0*w0) m0[i][2] = 0;
                         //当前状态为开，当计算贯入量大于由开到闭阈值，闭合。

3692.      /*================================================*/
3693.      /* contact position  v-e close  keep old position */
3694.    c205:;
3695.
```

由上段程序结合图 12-19、图 12-20 可以分析容差系数 f_0 在开闭迭代判断中的作用。

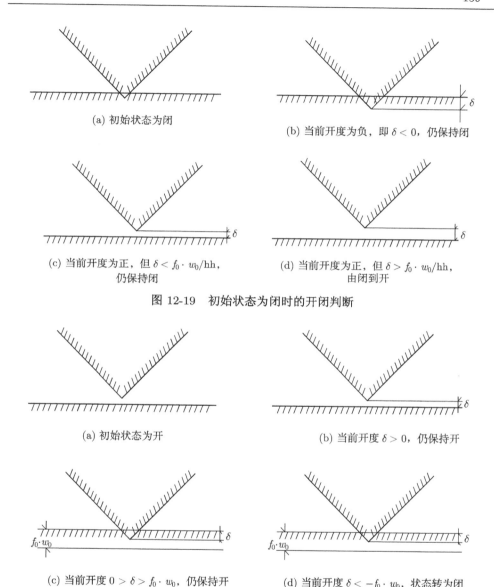

(a) 初始状态为闭

(b) 当前开度为负，即 $\delta < 0$，仍保持闭

(c) 当前开度为正，但 $\delta < f_0 \cdot w_0/\text{hh}$，
仍保持闭

(d) 当前开度为正，但 $\delta > f_0 \cdot w_0/\text{hh}$，
由闭到开

图 12-19　初始状态为闭时的开闭判断

(a) 初始状态为开

(b) 当前开度 $\delta > 0$，仍保持开

(c) 当前开度 $0 > \delta > f_0 \cdot w_0$，仍保持开

(d) 当前开度 $\delta < -f_0 \cdot w_0$，状态转为闭

图 12-20　初始状态为开时的开闭判断

由前段代码和图 12-19。可以看出：

(1) 当前粘接强度，处于粘接状态时为 t_3，处于非粘接状态为 0。

(2) 当前法向开度 o[i][3]，处于闭合状态时的法向应力为 o[i][3]·hh，hh 为法向弹簧刚度。

(3) 由闭到开的判断准则为

$$o[i][3] \cdot hh > t_3 + f_0 \cdot w_0 \qquad (12\text{-}44)$$

即

$$o[i][3] > t_3/hh + f_0 \cdot w_0/hh$$

对于非粘接状态的接触,由闭到开的准则为

$$o[i][3] > f_0 \cdot w_0/hh$$

(4) 由开到闭的判断准则为

$$o[i][3] < -f_0 \cdot w_0 \qquad (12\text{-}45)$$

法向开度 $o[i][3]$ 定义为张开为正,贯入为负,因此上式可表示为由开状态计算的贯入量小于 $f_0 \cdot w_0$ 时,仍保持为开。

上述开闭判断中由闭到开的阈值为 $f_0 \cdot w_0/hh$,即非粘接状态的允许最大拉力为 $f_0 \cdot w_0$;由开到闭的阈值为 $f_0 \cdot w_0$,即为允许最大非接触贯入量 $f_0 \cdot w_0$,此处的 w_0 为计算窗口的一半高。

由式 (12-44) 可以看出,程序中由闭到开的阈值是十分严格的,由于程序中设定 $f_0 = 0.0000001 = 1.0 \times 10^{-7}$,对于不同的计算域大小 w_0,可能的接触处最大拉力见表 12-20。

表 12-20 由闭到开时可能的最大接触力

w_0/m	拉力/(t/MN)
0.01	1.0×10^{-9}
1.0	1.0×10^{-7}
10	1.0×10^{-6}
100	1.0×10^{-5}
1000	1.0×10^{-4}

简单计算不难看出,按式 (12-44) 进行由闭到开判断可能带来的接触附加拉力微乎其微,即使对于 1000m 这样的巨大计算域,附加拉力也只有 10^{-3}t(或 MN,取决于弹簧刚度、力等所有的单位)。

而式 (12-45) 所示的由开到闭的接触判断阈值,要比由闭到开的大得多,是后者的 hh 倍,最大自由贯入深度为 $\delta = f_0 \cdot w_0$,如当计算窗口 $w_0 = 1000$m 时,$\delta = 0.1$mm。自由贯入不会带来附加力,但是当进一步贯入触发 "闭的条件" 时,需要在接触处设置接触弹簧的同时,在接触点处施加接触反力,最大值为 $F = f_0 \cdot w_0 \cdot hh$,这个不容忽视,不同 hh 对应的 $w_0 = 1000$m 时的可能反力见表 12-21。

对于岩石混凝土建材料取常用弹性模量 $E = 20$GPa,弹簧刚度 $P = (10 \sim 100)E$,则 $P = 2.0 \times 10^5 \sim 2 \times 10^6$MN/m,最大可能可接触反力 $20 \sim 200$MN,折合为工程单位则为 $2000 \sim 20000$ 吨力,足以使一个重 2000t 的块体产生 10m/s^2 的加速度而使计算出现大的波动、反复开闭迭代甚至计算崩溃,或经过反复折减时间步长,使时间步长很小，直至收敛，下面以一个双块算例来论证原始程序中以 f_0 作为开闭迭代值参数存在的问题。

表 12-21 $w = 1000m$，**不同弹簧刚度取值时可能的最大接触反力**

弹簧刚度/(MN/m)	最大接触反力/MN
1.0×10^2	0.001
1.0×10^4	1.0
1.0×10^5	1.0×10^1
1.0×10^6	1.0×10^2
1.0×10^7	1.0×10^3

例 12-7 f_0 对块体接触力的影响。

以图 12-21 所示的双块为例，固定下部块体，对上部块体施加给定位移，位移向上时，接触面受拉张开；位移向下时，接触面受压闭合。分别取 1.0m×1.0m、10m×10m、100m×100m、1000m×1000m 等不同的模型尺寸进行计算。根据计算得到的上部块体位移与接触反力、接触附加力之间的关系，分析接触力的计算误差，以及参数 f_0 对计算精度的影响。计算采用的参数如表 12-22 所示。

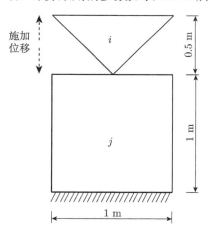

图 12-21 双块开闭计算

表 12-22 双块开闭计算参数

计算参数		材料参数	
总的计算步数	100	弹性模量	10GPa
最大位移比	0.01	泊松比	0.2
最大时间步长	0.01	密度	$2.5 \times 10^3 kg/m^3$
接触刚度	200GN/m	抗拉强度	0N/m

图 12-22 是由开到闭时施加位移与接触反力的关系曲线。注意各图纵轴单位

差别。表 12-23 是由开到闭时不同尺寸模型的最小接触反力。图 12-23 是由闭到开时施加位移与接触附加力的关系曲线。表 12-24 是由闭到开时不同尺寸模型的最大接触附加力。

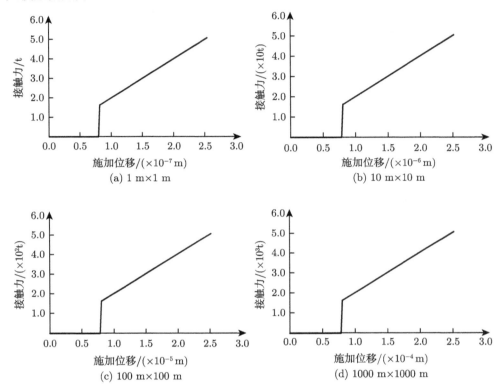

图 12-22　由开到闭时施加位移与接触反力的关系曲线

表 12-23　由开到闭时不同尺寸模型的最小接触反力

模型尺寸/m	w_0/m	接触判断阈值 $f_0 \cdot w_0$/m	最小接触反力/t
1	0.7875	0.7875×10^{-7}	1.575
10	7.875	0.7875×10^{-6}	15.75
100	78.75	0.7875×10^{-5}	157.5
1000	787.5	0.7875×10^{-4}	1575

由上述计算结果，可以看出：①由开到闭时，由于接触判断容差小于零，只有块体间侵入达到一定程度才判定接触闭合，因此，在容差范围内，接触反力随法向贯入量的增大持续为零，当法向贯入量超过容差时，接触反力突然增加，随后线性增长；②由闭到开时，由于接触判断容差大于零，只有块体远离到一定程度才判定接触张开，因此，在容差范围内，接触附加力随着法向距离的增大而线性增长，当

法向距离超出容差范围时，接触力突然消失；③无论由开到闭还是由闭到开，由于容差系数 f_0 为定值，因此在接触刚度相同的情况下，最小接触反力和最大接触附加力都随模型尺寸的增大而线性增大。

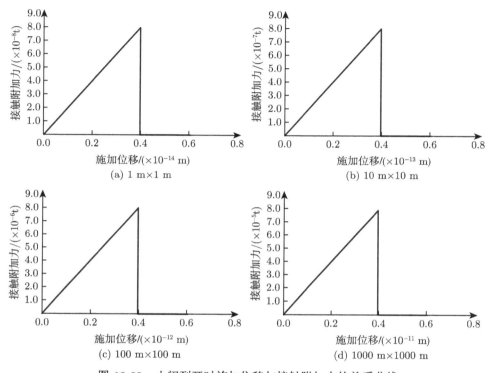

图 12-23 由闭到开时施加位移与接触附加力的关系曲线

表 12-24 由闭到开时不同尺寸模型的最大接触附加力

模型尺寸/m	w_0/m	接触判断阈值 $f_0 \cdot w_0$/hh/m	最大接触附加力/t
1	0.7875	3.9375×10^{-15}	7.88×10^{-8}
10	7.875	3.9375×10^{-14}	7.88×10^{-7}
100	78.75	3.9375×10^{-13}	7.88×10^{-6}
1000	787.5	3.9375×10^{-12}	7.88×10^{-5}

我们可以考虑对 DDA 开闭迭代控制阈值进行改进。由前述分析可知，原 DDA 程序中设定的开闭阈值折合为弹簧力为

$$-f_0 \cdot w_0 \cdot \text{hh} \sim f_0 \cdot w_0 \tag{12-46}$$

存在两点问题：①开和闭的阈值量纲不一致，由开到闭的量纲为力，单位与弹簧刚度的力的单位相同，而由闭到开的阈值为量纲的长度，单位为计算时长度的单位；②开闭阈值与块体大小无关，由于开闭阈值本质上是容差值相同的力作用于不

同大小的块体会有不同的效果, 作用的块越小加速度越大, 因此开闭阈值应与块体大小相关。鉴于如上考虑, 我们将开闭阈值作如下调整。

$$由闭到开: \delta \geqslant f_0 \cdot w_0/(n_1^\alpha \cdot hh)$$

$$由开到闭: \delta \leqslant -f_1 \cdot w_0/(n_1^\alpha \cdot hh)$$

式中, f_0、f_1 为两个人为给定的系数; w_0 为计算域的半高; n_1 为块体总数; hh 为弹簧刚度; α 为指数常数。f_0、f_1 可取为 $f_0=0.01$, $f_1=1.0$, α 可取为 0.5。

进行如上改进后, 算例 12-7 的计算结果与原计算结果的对比如表 12-25、表 12-26 所示。

表 12-25   改进前后的接触反力 (由开到闭)

模型尺寸/m	w_0/m	接触判断阈值/m		最小接触反力/t	
		改进前 $f_0 \cdot w_0$	改进后 $-f_1 \cdot w_0/(n_1^\alpha \cdot hh)$	改进前	改进后
1	0.7875	0.7875×10^{-7}	0.2784×10^{-7}	1.575	0.5568
10	7.875	0.7875×10^{-6}	0.2784×10^{-6}	15.75	5.568
100	78.75	0.7875×10^{-5}	0.2784×10^{-5}	157.5	55.68
1000	787.5	0.7875×10^{-4}	0.2784×10^{-4}	1575	556.8

表 12-26   改进前后的接触反力 (由闭到开)

模型尺寸/m	w_0/m	接触判断阈值/m		最大接触反力/t	
		改进前 $f_0 \cdot w_0$/hh	改进后 $f_0 \cdot w_0/(n_1^\alpha \cdot hh)$	改进前	改进后
1	0.7875	3.9375×10^{-15}	0.2784×10^{-9}	7.88×10^{-8}	5.568×10^{-3}
10	7.875	3.9375×10^{-14}	0.2784×10^{-8}	7.88×10^{-7}	5.568×10^{-2}
100	78.75	3.9375×10^{-13}	0.2784×10^{-7}	7.88×10^{-6}	5.568×10^{-1}
1000	787.5	3.9375×10^{-12}	0.2784×10^{-6}	7.88×10^{-5}	5.568

12.3   动力计算模式的参数取值

12.3.1   时间步长

由 12.2 节的式 (12-6) 和式 (12-8) 可以看出, 与静力模式相比, 动力模式多出一项惯性力 $\frac{2}{\Delta}[M]\{V(0)\}$, 该惯性力即是计算时步之初的加速度与质量的乘积, 即 $F_0=ma$(初加速度法)。所有的问题都可以通过动力模式计算, 当计算时间足够长时, 处于稳定状态的动态问题也可收敛于静力学解。但对于实际的动力问题, 如块体运动、块体系统的振动等, 计算参数会对计算过程及结果有直接影响。下面我们通过几个算例来看最大位移比和时间步长的影响。

例 12-8   常加速度问题 —— 块体自由落体。

取 1.0m×1.0m 块体见图 12-24，从 $t=0$ 时刻开始做自由落体运动，则 t 时刻的下落距离为 $S=\dfrac{1}{2}gt^2$，取 $g=9.8\mathrm{m/s}$，其他计算参数见表 12-27。

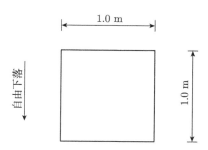

1.0 m

1.0 m

自由下落

图 12-24 块体自由落体

表 12-27 计算参数

计算参数		材料参数	
动力计算系数	1.0	弹性模量/Pa	$1\times10^9\mathrm{GPa\cdot m}$
总的计算步数	6500	泊松比	0.2
最大位移比	0.1	密度/(kg/m³)	2000
最大时间步长	0.001~0.1	x 向体积力/(kN/m³)	0
		y 向体积力/(kN/m³)	-19.62

图 12-25 为不同时间步长的 DDA 模拟结果和理论解的对比。可以看出，对于常加速度问题，DDA 的计算结果不受时间步长影响，即取不同的时间步长时，DDA 的计算结果完全一致，并且与理论解相吻合。

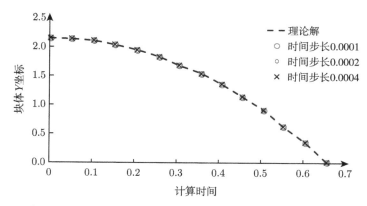

图 12-25 不同时间步长的 DDA 模拟结果和理论解的对比

取 $g=2.0\mathrm{m/s^2}$，将最大允许位移比取一个足够大的值，如 $g_0=100.0$，计算不同时间步长 $\Delta t=0.1\mathrm{s}$、$0.5\mathrm{s}$、$1.0\mathrm{s}$ 时的切体运动轨迹，各时刻计算位移值与理论解比

较见表 12-28。

表 12-28　常加速度 ($a=2.0\text{m/s}^2$) 时 Δt 对计算位移值与理论解的影响

(单位: m)

t/s	理论解	$\Delta t=0.1\text{s}$	$\Delta t=0.5\text{s}$	$\Delta t=1.0\text{s}$
0.0	0.0	0.0	0.0	0.0
1.0	1.0	1.0	1.0	1.0
2.0	4.0	4.0	4.0	4.0
3.0	9.0	9.0	9.0	9.0
4.0	16.0	16.0	16.0	16.0
5.0	25.0	25.0	25.0	25.0

由图 12-25 和表 12-28 可以看出, 对于加速度为常数的块体运动, 现有 DDA 能够给出精确的计算结果, 计算精度与时间步长无关。有关文献采用不同的 Δt 和最大位移比计算自由落体问题, 得出不同的结果是不正确的。

例 12-9　变加速度问题 —— 线性加速度。

计算模型同例 12-8, 去掉体积力, 在块体中心施加向下的集中力 F, 令 F 随时间线性变化, 即 $F=0.5t\text{kN}$, $m=1.0\text{t/m}^3$, 此时加速度 $a=0.5t$, 时间 t 时的运动距离为

$$S = \int_0^t \int_0^t a_t d_t = \int_0^t \int_0^t 0.5_t d_t = \frac{1}{12}t^2 \tag{12-47}$$

由式 (12-47) 计算的理论解和不同时间步长的 DDA 计算结果比较见表 12-29。

表 12-29　线性加速度 ($a=0.5t$) 时 Δt 对计算结果的影响

t/s	理论解/m	$\Delta t=0.05\text{s}$		$\Delta t=0.1\text{s}$		$\Delta t=0.5\text{s}$	
		S/m	误差/%	S/m	误差/%	S/m	误差/%
0.0	0.0	0.0	0.0	0.0	0.0	0.0	0.0
1.0	0.0833	0.0897	7.7	0.0963	15.5	0.1563	87.6
2.0	0.6667	0.6919	3.8	0.7175	7.6	0.9375	40.6
3.0	2.2500	2.3066	2.5	2.3638	5.1	2.8437	26.4
4.0	5.333	5.4338	1.9	5.5350	3.8	6.375	19.5
5.0	10.417	10.573	1.5	10.731	3.0	12.031	15.5

由表 12-29 可以看出, 对于线性加速度问题, 即使取 $\Delta t=0.05\text{s}$, 在计算时长 1.0s 时, 相对误差仍为 7.7%, 加大时间步长, 误差迅速扩大。进一步缩短步长, 计算 1.0s 以内的位移, 见表 12-30。

由如上计算结果, 当加速度不为常数, 为时间的线性函数时, Δt 的大小对计算结果影响显著, 计算误差随时间步长的缩短而减小, Δt 越大, 计算时长越小, 误差越大。当 $\Delta t=0.001\text{s}$, $t>0.15\text{s}$ 时, 相对误差小于 1%, 之后随计算总时间增大而

减小。由此可见，当加速度不是常数，而是随时间不断增长时，需要尽量小的计算时间步长才能保证计算精度。

表 12-30 线性加速度 $(a = 0.5t)$ 时 $\triangle t$ 对计算结果的影响

t/s	理论解	$\triangle t=0.1s$		$\triangle t=0.01s$		$\triangle t=0.001s$		$\triangle t=0.0001s$	
		S/m	误差/%	S/m	误差/%	S/m	误差/%	S/m	误差/%
0.1	0.08	0.25	200.00	0.10	15.50	0.08	1.50	0.08	0.15
0.2	0.67	1.25	87.50	0.72	7.62	0.67	0.75	0.67	0.08
0.3	2.25	3.50	55.56	2.36	5.06	2.26	0.50	2.25	0.05
0.4	5.33	7.50	40.63	5.54	3.78	5.35	0.38	5.34	0.04
0.5	10.42	13.75	32.00	10.73	3.02	10.45	0.30	10.42	0.03
0.6	18.00	22.75	26.39	18.45	2.51	18.05	0.25	18.00	0.03
0.7	28.58	35.00	22.45	29.20	2.15	28.64	0.21	28.59	0.02
0.8	42.67	51.00	19.53	43.47	1.88	42.75	0.19	42.67	0.02
0.9	60.75	71.00	17.28	61.77	1.67	60.85	0.17	60.76	0.02
1.0	83.33	96.25	15.50	84.59	1.51	83.46	0.15	83.35	0.02

例 12-10 斜坡上块体的滑动 —— 时间步长的影响。

采用如图 12-26 所示模型，研究不同时间步长对计算结果的影响。为了排除其他参数的影响，将除 $\triangle t$ 以外的其他参数都固定，见表 12-31。取 $\triangle t=0.001s$、$0.01s$、$0.1s$ 和 $0.25s$ 四个值计算。为了避免在 $t=0$ 时刻突然施加自重带来的冲击影响，采用 Gravity-turn-on 技术，即先将滑块在斜坡上锁定，按静力模式计算 $0.5s$，然后将接触处 φ 角恢复到设定值 $\varphi=20°$，计算其后的块体滑动。锁定滑块可用两种方式：

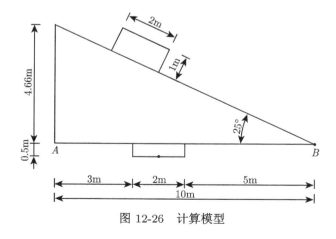

图 12-26 计算模型

表 12-31　斜坡上块体滑动计算参数

参数	取值
允许最大位移比 g_2	0.01
弹簧刚度 $K_n/(\text{N/m}^2)$	2.0×10^9
斜坡坡角 α	30°
接触粘聚力 $C/(\text{N/m}^2)$	0
摩擦角 φ	20°
滑块密度 ρ_1	$2 \times 10^3 \text{kg/m}^3$
下部块体密度 ρ_2	0.0
时间步长 $\Delta t/\text{s}$	0.001~0.25

(1) $t=0\sim0.5\text{s}$ 内接触面给定一个不致产生滑动的抗剪强度,计算稳定后恢复正常强度;

(2) 在滑块下部设置一个阻滑块,静力计算稳定后将阻滑块取走,允许滑块下滑。

本算例采用的是第一种方式,使在静力计算时滑块不致沿斜坡下滑。

直接施加动力,不同 Δt 时块体沿斜坡的下滑距离及与理论解的比较见表 12-32,不同 Δt 时计算位移的相对误差比较见图 12-27。由表及图可见,对于斜坡上滑动问题,当弹簧刚度一定时,时间步长越大,计算精度越高,并不会随 Δt 的增大出现计算精度降低的现象。时间步长一定时,滑动时间越长,相对误差越小。计算误差不随计算时间步长增大而增大,原因与例 12-9 相同,即此问题同样是等加速度问题。

对于等加速度问题,DDA 的解有足够的精度。计算长度越短误差越大,即滑动早期误差大,原因是在 $t=0$ 时刻突然施加自重,会使块体在施加自重初期在斜坡上弹跳,从而使沿斜坡的加速度不为常数。

图 12-28 为时间步长分别为 $\Delta t=0.001\text{s}$ 和 $\Delta t=0.01\text{s}$ 时的法向接触力变化过程,当 $\Delta t=0.001\text{s}$ 时,在计算早法向接触力在 -44.5kN 和 -25kN 之间弹跳,并在若干周期后稳定下来,稳定于理论解。当 $\Delta t=0.01\text{s}$ 时,接触力无加载早期的跳动现象。

为了消除 $t=0$ 时突然施加自重带来的冲击影响,我们采用 Gravity-turn-on 技术,即首先按静力模式施加自重,且设定一个大的 C 值和抗拉强度值以将滑块锁定,计算至 $t=0.5\text{s}$,然后恢复动力模式,给定真实抗剪抗拉强度,允许滑块开始滑动,不同时间步长时滑块的滑动位移见表 12-33。采用先静力后动力的模式避免了滑块在斜坡法向的跳动,使 $\Delta t=0.001\sim0.1\text{s}$ 的计算精度均有较大幅度的提高。但对 $\Delta t=0.25\text{s}$ 的计算精度影响不大。图 12-29 为 $\Delta t=0.001\text{s}$ 时两种自重施加方式的相对误差比较,可见采用先加静力的方式,计算精度有了很大提高。

表 12-32 滑坡上块体的滑动位移 —— 时间步长影响（直接施加动力）

时间/s	理论解/m	$\Delta t=0.001$s		$\Delta t=0.01$s		$\Delta t=0.1$s		$\Delta t=0.25$s	
		计算值/m	误差/%	计算值/m	误差/%	计算值/m	误差/%	计算值/m	误差/%
0.25	5.66×10^{-2}	5.68×10^{-2}	3.50×10^{-1}	5.68×10^{-2}	2.86×10^{-1}			5.66×10^{-2}	3.91×10^{-3}
0.50	2.26×10^{-1}	2.27×10^{-1}	1.75×10^{-1}	2.27×10^{-1}	1.43×10^{-1}	2.26×10^{-1}	1.29×10^{-2}	2.26×10^{-1}	5.29×10^{-3}
0.75	5.09×10^{-1}	5.10×10^{-1}	1.17×10^{-1}	5.10×10^{-1}	9.57×10^{-2}			5.09×10^{-1}	3.54×10^{-3}
1.00	9.05×10^{-1}	9.06×10^{-1}	8.75×10^{-2}	9.06×10^{-1}	7.17×10^{-2}	9.06×10^{-1}	6.65×10^{-3}	9.06×10^{-1}	2.60×10^{-3}
1.25	1.41	1.42	7.00×10^{-2}	1.42	5.73×10^{-2}			1.41	1.92×10^{-3}
1.50	2.04	2.04	5.82×10^{-2}	2.04	4.77×10^{-2}	2.04	4.57×10^{-3}	2.04	1.43×10^{-3}
1.75	2.77	2.77	4.98×10^{-2}	2.77	4.08×10^{-2}			2.77	1.04×10^{-3}
2.00	3.62	3.62	4.34×10^{-2}	3.62	3.56×10^{-2}	3.62	3.31×10^{-3}	3.62	6.89×10^{-4}
2.25	4.58	4.59	3.85×10^{-2}	4.59	3.15×10^{-2}			4.58	3.78×10^{-4}
2.50	5.66	5.66	3.45×10^{-2}	5.66	2.82×10^{-2}	5.66	2.42×10^{-3}	5.66	8.38×10^{-5}

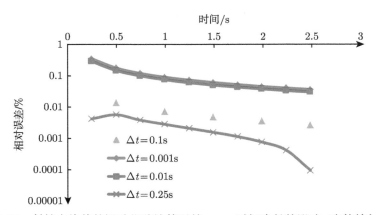

图 12-27　斜坡上块体的滑动位移计算误差 —— 时间步长的影响 (直接施加动力)

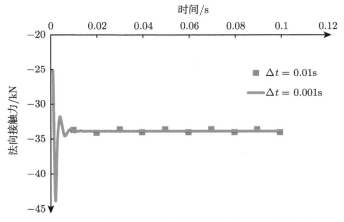

图 12-28　不同计算步长时法向接触力随时间的变化

图 12-30 为采用先静力后动力加载时法向接触力随时间的变化，可见当 Δt=0.001s 时方向应力动力施加初期仍在 $-36\sim-24$ kN 波动，分析原因认为在 t=0.5s 由静力转为动力模式时，同时突然放开了切向锁定，相当于在切向施加了一个冲击力，从而导致计算早期的波动，这个计算结果也应该是真实情况的反映。

例 12-11　双叠块正弦运动。

取与第 3 章例 3-8 相同的算例，计算模型同图 3-25。基本参数见表 3-19。此处变化时间步长 Δt，并将计算结果与理论解比较，研究时间步长对变化的加速度问题的影响。

取时间步长 Δt=0.05s、0.01s、0.005s 和 0.0025s，计算结果与理论解的比较见表 12-34，Δt=0.05s 和 0.01s 的计算结果与理论解的比较也画在了图 12-31 中，摩擦角 φ=30°。

表 12-33 斜坡上块体的滑动位移 —— 时间步长的影响（先静力后动力）

理论解/m	Δt=0.001s		Δt=0.01s		Δt=0.1s		Δt=0.25s	
	计算值/m	误差/%	计算值/m	误差/%	计算值/m	误差/%	计算值/m	误差/%
5.66×10^{-2}	5.66×10^{-2}	1.39×10^{-2}	5.66×10^{-2}	-3.68×10^{-2}			5.66×10^{-2}	-2.56×10^{-3}
2.26×10^{-1}	2.26×10^{-1}	7.23×10^{-3}	2.26×10^{-1}	-1.82×10^{-2}	2.26×10^{-1}	5.34×10^{-3}	2.26×10^{-1}	-1.13×10^{-3}
5.09×10^{-1}	5.09×10^{-1}	4.83×10^{-3}	5.09×10^{-1}	-1.21×10^{-2}			5.09×10^{-1}	-7.76×10^{-4}
9.05×10^{-1}	9.06×10^{-1}	3.58×10^{-3}	9.05×10^{-1}	-9.16×10^{-3}	9.06×10^{-1}	4.08×10^{-3}	9.05×10^{-1}	-1.68×10^{-3}
1.41	1.41	2.79×10^{-3}	1.41	-7.40×10^{-3}			1.41	-3.06×10^{-3}
2.04	2.04	2.24×10^{-3}	2.04	-6.26×10^{-3}	2.04	3.60×10^{-3}	2.04	-4.86×10^{-3}
2.77	2.77	1.82×10^{-3}	2.77	-5.47×10^{-3}			2.77	-7.37×10^{-3}
3.62	3.62	1.47×10^{-3}	3.62	-4.91×10^{-3}	3.62	2.42×10^{-3}	3.62	-1.02×10^{-2}
4.58	4.58	1.17×10^{-3}	4.58	-4.50×10^{-3}			4.58	-1.31×10^{-2}
5.66	5.66	9.07×10^{-4}	5.66	2.82×10^{-2}	5.66	1.13×10^{-3}	5.66	-1.57×10^{-2}

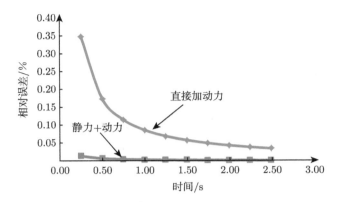

图 12-29　两种自重施加方式的计算相对误差比较 (Δt=0.001s)

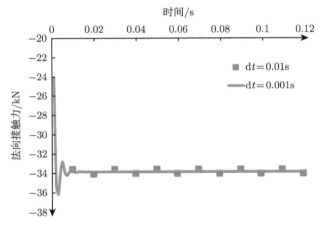

图 12-30　先静力后动力加载时法向接触力的变化过程

由表 12-34 可看出，加载早期计算误差较大，t=0.5s、Δt =0.05s 时的计算误差可达 33.7%，Δt=0.01s 时的误差也可达 6.52%，t=1.0s 以后的计算误差总体随 Δt 减小而减小，Δt=0.05s 误差最大，后期误差可达 13%左右。Δt=0.01s 时后期误差最小，随 Δt 的进一步减小，后期误差略微增大，但变化不大。

表 12-34　不同时间步长时、上部块体位移及与理论解的比较

时间	理论值	Δt =0.05s		Δt =0.01s		Δt =0.005s		Δt =0.0025s	
		位移/m	误差/%	位移/m	误差/%	位移/m	误差/%	位移/m	误差/%
0.50	0.184	0.246	33.70	0.196	6.52	0.190	3.26	0.186	1.09
1.00	1.322	1.151	−12.93	1.333	0.83	1.323	0.08	1.318	−0.30
1.50	1.760	1.582	−10.11	1.760	0.00	1.751	−0.51	1.746	−0.80
2.00	2.898	2.542	−12.28	2.894	−0.14	2.884	−0.48	2.879	−0.66
2.50	3.336	2.922	−12.41	3.325	−0.33	3.313	−0.69	3.309	−0.81
3.00	4.474	3.862	−13.68	4.458	−0.36	4.446	−0.63	4.440	−0.76

由图 12-31，$\Delta t=0.01s$ 时 DDA 结果与理论解吻合，而 $\Delta t=0.05s$ 的结果与理论解曲线有较大偏差。

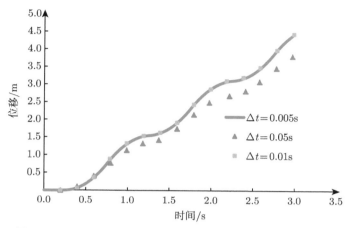

图 12-31　$\Delta t =0.05s，0.01s$ 时的 DDA 结果与理论解的比较

由本例可见，对于变加速度问题，DDA 计算误差随时间步长的减小并不是单调降低，而是 Δt 小到一个临界值后，进一步减小 Δt 误差不再减小，这一点与例 12-10 所示的加速度单调增的情况有所不同。

12.3.2　碰撞问题的参数取值

碰撞问题是离散数值方法经常要模拟的一类问题，如落石、边坡的垮塌、爆破等现象中常见有大量的碰撞问题。一般情况下碰撞可分为三个阶段：碰撞前的相对运动，碰撞后接触期间的相对运动和变形，接触分离后块体的运动。例如，自由落体的下落与回弹 (图 12-32)，初始状态 A 块自由，B 块固定，从 $t=0$ 时刻 A 块自由下落，在 A、B 两块接触前 A 块做自由落体运动，此为第一阶段；当 A、B 块接触后，由于两块体之间接触刚度的存在 (接触弹簧)，两块体之间产生贯入变形 (实际情况为两块体相接处的局部变形)，当贯入变形达到最大值后块体 B 向上运动，在接触到脱开之间为第二阶段；当两块体的接触脱离时，A 块以向上的初速度向上运动。

假定 A 块质量为 m，两块间距离为 h，重力加速度为 g。取块体 A 的下表面为 y 轴的 O 点，方向向下，即 $z = y - h$，块体 A 的初速度为 0。则如上述三阶段的运动可用五种方式求解。

一、理论解 (假定 A、B 块均为刚体)。

1) 第一阶段

本阶段为在 $t=0$ 时刻 A 块开始做自由落体运动，在 $t=0$ 时刻有

$$y = \frac{1}{2}gt^2$$
$$v = \frac{\mathrm{d}y}{\mathrm{d}t} = gt$$

(12-48)

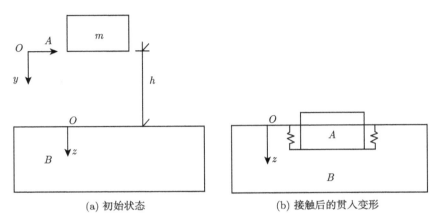

(a) 初始状态　　　　　　　　　(b) 接触后的贯入变形

图 12-32　自由落体的下落与回弹

块体 A 与块体 B 相接触所需的时间及接触时速度分别为

$$t_0 = \sqrt{\frac{2h}{g}}$$
$$v_0 = gt_0 = \sqrt{2gh}$$

(12-49)

2) 第二阶段

当块体 A 与 B 接触后，接触弹簧起作用，设弹簧刚度为 p，则块体 A 受到 B 的作用力为

$$F = -pz, \quad z \geqslant 0 \tag{12-50}$$

其中，z 为接触后 A 块的运动距离。

块体 A 的运动微分方程为

$$\frac{\mathrm{d}^2 z}{\mathrm{d}\tau^2} = g - \frac{p}{m}z \tag{12-51}$$

初始条件：

$$\begin{cases} z\,|_{\tau=0} = 0 \\ \dfrac{\mathrm{d}z}{\mathrm{d}t}\,|_{\tau=0} = v_0 \end{cases} \tag{12-52}$$

式中，$\tau = t - t_0$，m 为块体 A 的总质量。

求解方程 (12-51) 得

$$z = A \sin \left(\sqrt{\frac{p}{m}} \tau + \varphi \right) + \frac{mg}{p} \tag{12-53}$$

A 和 φ 根据初始条件计算:

$$
\begin{aligned}
z|_{\tau=0} = 0 &\Rightarrow A \sin \varphi + \frac{mg}{p} = 0 \\
\frac{\mathrm{d}z}{\mathrm{d}t}|_{\tau=0} = 0 &\Rightarrow \sqrt{\frac{p}{m}} A \cos \varphi = v_0
\end{aligned}
\tag{12-54}
$$

求得

$$
\begin{aligned}
\varphi &= \arctan \left(-\frac{g}{v_0} \sqrt{\frac{m}{p}} \right) = \arctan \left(-\sqrt{\frac{mg}{2ph}} \right) \\
A &= -\frac{mg}{p \sin \varphi}
\end{aligned}
\tag{12-55}
$$

弹簧力的变化过程:

$$p = pz = pA \sin \left(\sqrt{\frac{p}{m}} \tau + \varphi \right) + mg \tag{12-56}$$

速度变化过程:

$$v = A \sqrt{\frac{p}{m}} \cos \left(\sqrt{\frac{p}{m}} \tau + \varphi \right) \tag{12-57}$$

式 (12-53) 为 A、B 块体接触后 B 块体的运动轨迹, 典型的轨迹如图 12-33 所示。根据 B 块的运动方程, 块体运动速度 $v=0$ 时 z 达到最大值, 即贯入量取最大。由式 (12-57) 得, $v=0$ 时的时间为

$$\tau = \left(\frac{\pi}{2} - \varphi \right) \Big/ \sqrt{\frac{p}{m}} \tag{12-58}$$

代入式 (12-53) 即可得最大贯入量

$$z_{\max} = \frac{mg}{p} \left(\sqrt{1 + \frac{2ph}{mg}} + 1 \right) \tag{12-59}$$

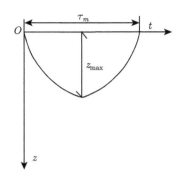

图 12-33　接触后 B 块的运动轨迹

块体 B 从接触贯入到弹出所需的总时间 τ_m 为

$$\tau_m = (\pi - 2\varphi)\Big/ \sqrt{\frac{p}{m}} = \left(\pi - 2\arctan\left(-\sqrt{\frac{mg}{2ph}}\right)\right)\Big/ \sqrt{\frac{p}{m}} \qquad (12\text{-}60)$$

经计算可知，一般情况下 φ 很小，可以忽略不计，则

$$\tau_m \approx \pi\Big/ \sqrt{\frac{p}{m}} \qquad (12\text{-}61)$$

弹出速度：

$$v_1 = -\sqrt{2gh} \qquad (12\text{-}62)$$

3) 第三阶段

块体弹出时，以初速度 $v_1 \approx \sqrt{2gh}$ 向上运动，此时块体向上运动，运动轨迹与下落时互为镜像。

二、中心加速度分解 (假定 A、B 块均为刚体)。

不同解法的第一、第三阶段没有区别，区别在第二阶段，即两块体接触阶段。

将式 (12-53) 中的时间 τ 分成若干时段 $\Delta\tau_i$, $i=1,2,\cdots,n$, 则第 i 时段的平均加速度 a_i 可以写成

$$a_i = g - \frac{p}{m}\left(z_{i-1} + \frac{\Delta z_i}{2}\right) \qquad (12\text{-}63)$$

则第 i 时步的位移增量 Δz_i 可以写成

$$\Delta z_i = v_{i-1}\Delta\tau_i + \frac{1}{2}a_i\Delta\tau_i^2 = v_{i-1}\Delta\tau_i + \frac{1}{2}\left[g - \frac{p}{m}\left(z_{i-1} + \frac{\Delta z_i}{2}\right)\right]\Delta\tau_i^2 \qquad (12\text{-}64)$$

由式 (12-64) 可得

$$\Delta z_i = \left(v_{i-1}\Delta\tau + \frac{1}{2}g\Delta\tau^2 - \frac{1}{2}\frac{p}{m}z_{i-1}\Delta\tau^2\right)\Big/ \left(1 + \frac{1}{4}\frac{p}{m}\Delta\tau^2\right) \qquad (12\text{-}65)$$

由式 (12-65) 可推导出贯入位移 z_i 的递推公式:

$$\Delta\tau_0 = 0, \quad z_0 = 0, \quad v_0 = v_0, \quad a_0 = g$$

$$\tau_1 = \tau_0 + \Delta\tau, \quad \Delta z_1 = \left(v_0\Delta\tau + \frac{1}{2}g\Delta\tau^2 - \frac{1}{2}\frac{p}{m}z_0\Delta\tau^2\right)\bigg/\left(1 + \frac{1}{4}\frac{p}{m}\Delta\tau^2\right)$$

$$z_1 = z_0 + \Delta z_1, \quad a_1 = g - \frac{p}{m}\left(z_0 + \frac{\Delta z_1}{2}\right)$$

$$v_1 = v_0 + a_1\Delta\tau = v_0 + a_1\Delta\tau = v_0 + \left[g - \frac{p}{m}\left(z_0 + \frac{\Delta z_1}{2}\right)\right]\Delta\tau$$

$$\cdots$$

$$\tau_i = \tau_{i-1} + \Delta\tau, \quad \Delta z_i = \left(v_{i-1}\Delta\tau + \frac{1}{2}g\Delta\tau^2 - \frac{1}{2}\frac{p}{m}z_{i-1}\Delta\tau^2\right)\bigg/\left(1 + \frac{1}{4}\frac{p}{m}\Delta\tau^2\right)$$

$$z_i = z_{i-1} + \Delta z_i, \quad a_i = g - \frac{p}{m}\left(z_{i-1} + \frac{\Delta z_i}{2}\right)$$

$$v_i = v_{i-1} + \left[g - \frac{p}{m}\left(z_{i-1} + \frac{\Delta z_i}{2}\right)\right]\Delta\tau$$

$$z_i \geqslant 0 \tag{12-66}$$

式 (12-66) 中的 v_0 见式 (12-49)，每一计算时步的 $\Delta\tau$ 可以不同，即 $\Delta\tau$ 可用 $\Delta\tau_i$ 代替。

如上推导中第 i 时段的平均加速度用该时段弹簧的平均变形量 $\left(z_{i-1} + \frac{\Delta z_i}{2}\right)$ 计算，因此称为中心差分法。

三、DDA 格式差分解 (常加速度法)(假定 A、B 均为刚体)。

根据图 12-33 所定义的坐标系，当贯入位移为 z 时，块体 A 受到块体 B 作用的弹簧力为

$$F_c = pz \tag{12-67}$$

方向向上。

根据 DDA 的定义，在 $z \geqslant 0$ 时，i 时刻块体的加速度 a 和速度 v 分别为

$$\begin{cases} a_i = \dfrac{2}{\Delta\tau^2}\Delta z_i - \dfrac{2}{\Delta\tau}v_{i-1} \\[3mm] v_i = \dfrac{2}{\Delta\tau}\Delta z_i - v_{i-1} \end{cases} \tag{12-68}$$

根据块体 A 在 i 时刻后的受力分析，参照 DDA 方程建立方法，可得块体 A 在 i 时刻的平衡方程:

$$\left(\frac{2m}{\Delta\tau^2} + p\right)\Delta z_i = \frac{2m}{\Delta\tau}v_{i-1} + mg - pz_{i-1} \tag{12-69}$$

由式 (12-69) 可得基于与 DDA 相同的差分方法的递推公式：

$$\Delta\tau_0 = 0, \quad z_0 = 0, \quad v_0 = v_0, \quad a_0 = g$$

$$\tau_1 = \tau_0 + \Delta\tau, \quad \Delta z_1 = \left(\frac{2m}{\Delta\tau}v_0 + mg - kz_0\right)\bigg/\left(\frac{2m}{\Delta\tau^2} + p\right)$$

$$z_1 = z_0 + \Delta z_1, \quad a_1 = a_0 + \frac{2}{\Delta\tau^2}\Delta z_1 - \frac{2}{\Delta\tau}v_0$$

$$v_1 = \frac{2}{\Delta\tau}\Delta z_1 - v_0$$

$$\cdots$$

$$\tau_i = \tau_{i-1} + \Delta\tau, \quad \Delta z_i = \left(\frac{2m}{\Delta\tau_i}v_{i-1} + mg - pz_{i-1}\right)\bigg/\left(\frac{2m}{\Delta\tau^2} + p\right)$$

$$z_i = z_{i-1} + \Delta z_i, \quad a_i = a_{i-1} + \frac{2}{\Delta\tau^2}\Delta z_i - \frac{2}{\Delta\tau}v_{i-1}$$

$$v_i = \frac{2}{\Delta\tau}\Delta z_i - v_{i-1}$$

$$z_i \geqslant 0 \tag{12-70}$$

四、基于 Newmark 法的 DDA 程序计算。

石根华的原始 DDA 及程序均采用常加速度法，用 Newmark 法对程序进行改进，可提高非常加速度问题的计算精度。

五、直接用 DDA 程序计算 (初加速度法)。

用如上五种方法，计算块体 B 的运动过程，以及块体 A 与块体 B 接触后块体 A 的变形过程，计算参数见表 12-35。鉴于理论解和差分解都将块体 A、B 视为刚体，在 DDA 程序计算时取块体 A、B 的弹性模量为 1.0×10^6GPa，为了消除块体 B 约束变形对块体刚度的影响，将下部约束弹簧刚度提高至 1.0×10^8GPa。

表 12-35　自由落体回弹计算参数

名称	取值	名称	取值
m_A/t	0.08	m_B/t	4×10^5
p/(MN/m)	100000	$\Delta\tau$	0.0005
H/m	1.0	g/(m²/s)	9.8

采用三种方法计算块体弹跳的全过程：理论解、DDA Newmark 法和 DDA 常加速度法，其中 DDA Newmark 法取 $\alpha=1/4$，$\beta=1/2$，即时段平均加速度法，三种方法得到的弹跳轨迹如图 12-34 所示。可以看出 DDA Newmark 法得到的轨迹与理论解吻合很好。而取相同的 Δt 的 DDA 常加速度法与理论解差距较大，速度衰减太快。DDA Newmark 法和原 DDA 法采用的常加速度法仅仅是时间插值方法不同，导致较大差异的结果，可以认为 DDA 中的 "数值阻尼" 主要来自于插值误差。

将理论解、中心差分法、初加速度差分和采用初加速度的 DDA 计算四种方法得到的第一次完整弹跳轨迹绘于图 12-35，由图可见，中心差分法与理论解基本一致，分析这种差分法格式可知，中心差分法与 DDA Newmark 法的差分格式一致，都是采用时段内平均加速度，加速度均采用初加速度与由时段位移增量得到的加速度增量之和得到。对比图中初加速度格式的差分法和 DDA 程序计算结果，虽然采用了相同的差分格式，但 DDA 程序计算结果比差分法结果衰减更快、阻尼更大，说明程序中仍存在其他阻尼。

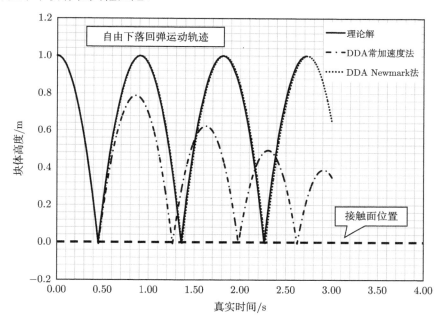

图 12-34　三种算法得到的块体弹跳轨迹

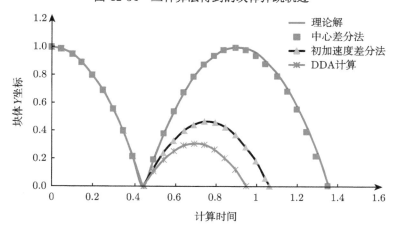

图 12-35　不同方法的弹跳轨迹

　　块体碰撞后弹跳的高度取决于弹出时的初速度, 回弹高度小于下落高度, 说明弹出速度小于入射速度, 即在整个运动的第二阶段发生了能量损失, 下边将第二阶段, 即碰撞后接触期间的变形轨迹进行分析。图 12-36(a) 和 (b) 分别为接触刚度为 $2.0\times10^5\mathrm{MN/m}$ 和 $2.0\times10^7\mathrm{MN/m}$ 时 A 和 B 块接触期间 A 块的运动轨迹, 取接触瞬间为时间 "0" 点, 贯入量为 "−"。根据式 (12-61) 可以得出, 这两个算例接触时长分别为 0.002s 和 0.0002s。由图可以看出, DDA 计算误差随时间步长增大而增大, 当步长足够小时, 计算结果逼近理论解。对于弹簧刚度为 $2.0\times10^7\mathrm{MN/m}$ 的工况, $\Delta t=\dfrac{1}{4}\tau_m$ 以内时, 计算接触时长与理论解接近, 变形轨迹仍有一定规律。

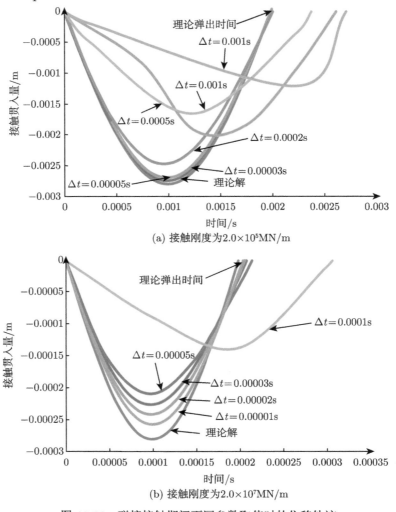

(a) 接触刚度为$2.0\times10^5\mathrm{MN/m}$

(b) 接触刚度为$2.0\times10^7\mathrm{MN/m}$

图 12-36　碰撞接触期间不同参数取值时的位移轨迹

进一步加大时间步长，如 $\Delta t=\dfrac{1}{2}\tau_m$，接触轨迹失真。对于 $p=2.0\times10^5\mathrm{MN/m}$ 的工况，$\Delta t=\dfrac{1}{4}\tau_m$ 时轨迹图形已失真，计算接触时长大于理论值，Δt 越大接触时长越大，且轨迹图形失真。

图 12-37 为不同时间步长时计算的弹出速度，理论弹出速度为 $v_0=4.427\mathrm{m/s}$。由图可以看出，当 $\Delta t<\tau_m/2$ 时，随时间步长增大，弹出速度 v_0 单调递减。$\Delta t>\tau_m/2$ 后，随 Δt 增大，弹出速度出现波动，无规律变化，由此可认为，Δt 的取值应小于理论接触时长的一半，时间步长过大可能得到不可预见的计算结果，如出现回弹高度大于起落高度等。

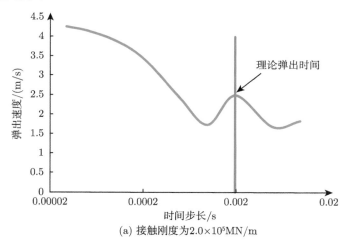

(a) 接触刚度为$2.0\times10^5\mathrm{MN/m}$

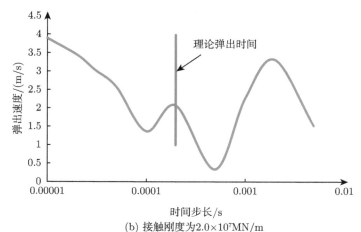

(b) 接触刚度为$2.0\times10^7\mathrm{MN/m}$

图 12-37 不同时间步长时的弹出速度

弹出速度小于入射速度，反弹高度小于落下高度，反映的是计算过程中的系统能量和阻尼，有人称之为 "数值阻尼"。如前所述，这种阻尼不是人为设定的，而是由插值格式的误差带来的 "误差阻尼"。

由本算例可以得出结论，对于碰撞回弹问题，若要得到有规律的结果，时间步长应根据块体质量的弹簧刚度取值，可按下式估算：

$$\Delta t < \frac{\tau_m}{2} = \pi \bigg/ \sqrt{\frac{p}{m}} \tag{12-71}$$

12.4   本 章 小 结

DDA 有九个人为给定参数，其中有六个在程序中给定，三个由输入数据文件输入。六个给定参数是石根华根据理论分析和大量的计算测试确定的，可以适用于大多数问题的求解，一般不需要调整。但对于一些特殊问题，为保证计算收敛和计算效率，个别参数需要调整。如用于定义最大允许贯入量的 h_5，当计算对象的应力大、弹簧软时，需要适当调大。

三个需要输入的参数为 g_2、g_1、g_0，分别是允许最大位移比、最大时间步长和接触刚度。

设定 g_2 的目的是为了保证在每一步计算中接触搜索的正确性，避免出现漏检和错检。为了达到这个目标，g_2 的取值需要在合理范围内。其下限与计算对象的规模、应力水平及接触刚度有关，其上限与最小块体的尺寸有关。本章给出了 g_2 的取值上下限的计算公式，可供参考。

g_1 是设定的最大计算步长，实际计算中根据每一步的计算位移和收敛情况不断调整。对于动力学问题，g_1 是真实时间。在静力模式下，这只是一个为了收敛而设定的参数，是为了保证含有自由块体计算对象方程有解而在 DDA 方程中额外给定的惯性项，此时为了得到收敛解且合理的受力和变形结果，需要经过一定时长的计算过程。结果的收敛速度与计算步长 Δt 成正比，即步长越大，收敛越快，因此静力计算应尽量取较大的时间步长。本章给出了静力计算所需的总的计算时间的估算方法。DDA 的时域积分格式为初加速度法，对于常加速度问题，该方法的计算精度与时间步长无关。对于变加速度问题，则 Δt 越小精度越高。本章提出了动力模式下时间步长的取值方法。

DDA 采用罚函数法模拟接触，即在接触处设定接触弹簧，g_0 给定接触弹簧的刚度。由于接触力的传递是通过接触变形实现的，因此接触面上会产生附加不连续变形，附加变形与接触刚度成反比，从计算精度的角度考虑应该给定足够大的 g_0，但这样会减缓收敛速度，降低计算效率。石根华建议取 $(10{\sim}100)E$，这是一个偏大的取值，对较大规模的实际问题，会收敛很慢。真实的断层、节理等，实际上是存在接触面处的弱化的，有一定的附加不连续变形也是合理的，因此实际计算时可以取较小的 g_0，比如 $(1\sim10)E$。

参 考 文 献

[1] 刘军，李仲奎. 非连续性变形分析方法中一些控制参数的设置. 成都理工大学学报 (自然科学版)，2004, 31(5): 522-526.

[2] 江巍，郑宏. 非连续性变形分析方法中人为常数的影响. 岩土力学，2007, 28(12): 2603-2606.

[3] 邬爱清，冯细霞，卢波. 非连续性变形分析中时间步长及弹簧刚度取值研究. 岩土力学，2015, 36(3): 891-897.

[4] Ishikawa T, Miura S, Ohnishi Y. Influence of input parameters on energy loss in free fall tests with DDA. Proceedings of ICDDA 7, Honolulu, Hawaii, 2005: 147-158.

[5] 李先炜. 岩体力学性质. 北京：煤炭工业出版社，1990.

[6] Dong P H, Osadam. Effects of dynamic friction on sliding behavior of block in DDA. ICDDA-8, Beijing China, 2007: 129-134.

[7] Kamai R, Hatzor Y H. Dynamic back analysis of structural failures in archeological site to obtain paleo-seismic parameters using DDA. ICDDA-7, Honolulu, Hawaii, Dec. 2005: 121-136.

[8] Hatzor Y H, Feintach A. The validity of dynamic block displacement prediction using DDA. Int. J. Rock Mech. Min. Sci. 2001, 38: 599-606.

[9] Tsesarsly M, Hazor Y H, Sitar N. Dynamic displacement of a block on an inclined plane: Analytical, experimental and DDA results. Rock Mechanics and Rock Engineering, 2005, 38(2): 153-167.

第13章 倾倒变形及破坏的模拟

13.1 引 言

岩质边坡的失稳是一种常见的地质现象，也是水利水电工程中常见的地质事故，其中倾倒变形和破坏是岩质边坡失稳破坏的典型形式之一。倾倒变形和破坏的必要条件是存在一组陡倾逆坡向节理裂隙，将岩体切割成柱状体，在持续的自重作用下柱状岩体反坡向发生弯曲变形，岩石断裂后发生倾倒破坏，当存在另一组顺坡向缓倾角裂隙时则会发生滑动和倾倒相结合的倾倒变形，这种情况下倾倒破坏更容易发生。倾倒变形和破坏可分为两种形式。

1) 弯曲性倾倒

逆坡向里的陡倾角裂隙发达，而顺坡向节理平缓，难以向坡外滑动，但在重力作用下对坡角形成挤压，使坡角压缩变形大，陡倾角节理切割而成的岩柱向外弯曲，进而产生倾倒变形，见图 13-1。当岩石偏软时，柱状岩体以弯曲变形为主，少有岩石开裂；硬岩情况下，弯曲倾倒变形会伴随着柱状的折断。弯曲性倾倒变形往往发展缓慢，首先从河谷底部开始变形，逐步向上、向里发展，岩柱呈现明显的弯曲变形。图 13-2 所示的锦屏水电站坝址区倾倒变形体即是典型的弯曲性倾倒变形。

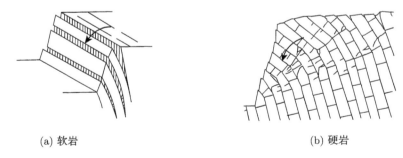

(a) 软岩   (b) 硬岩

图 13-1 弯曲性倾倒变形

2) 块体倾倒变形

对于陡倾向里的柱状岩体，当坡外存在倾倒空间或下部岩块沿顺坡缓倾构造滑动从而为上部岩坡创造变形空间时，上部岩柱折断，发生倾倒破坏，当坡外具有空间时会因块体倾倒变形过大而滚落，见图 13-3。

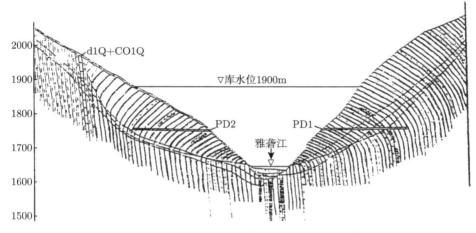

图 13-2　锦屏水电站坝址区弯曲性倾倒变形体

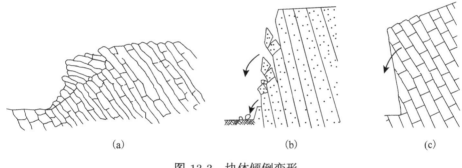

(a)　　　　　　　　　　　　(b)　　　　　　　　　　(c)

图 13-3　块体倾倒变形

　　图 13-4 为块体倾倒破坏的实例，从图中可以明显看出岩块的折断，岩块倾倒后后部抬起，前端接触，由于前端受力集中，会产生局部破碎。

　　出现倾倒变形的边坡会在上部顶端出现错台"翻边埂"等特征，见图 13-5。

　　除了极少数已处失稳状态的边坡外，倾倒形边坡的变形和破坏需要一个很长的过程，边坡受某种因素触发开始缓慢变形，经过长年累月的变形积累，才呈现出倾倒变形的空间形态，可以说"倾倒变形"是对变形形态的空间描述，而在形成的时间过程上，是一种时效变形，是一个时效蠕变过程。图 13-6 是某水电站右岸高边坡顶部实测变形曲线，由图可以看出，实测变形在 3 年内达到 23m，但变形仍是一个随时间不断增大的过程，同时边坡在几何特征上为倾倒变形，因此该变形可称为"蠕变倾倒变形"。从变形随时间的变化方面，变形增量逐渐变小，有收敛趋势，这也是蠕变倾倒变形的一个重要特点，即受某种因素触发的蠕变变形，如果边坡总体稳定，是会逐步收敛的。

(a)   (b)

图 13-4 块体倾倒的折断破坏

图 13-5 倾倒变形后顶部 "翻边埂"

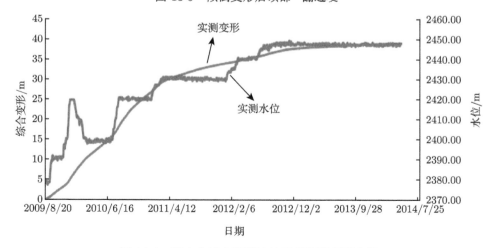

图 13-6 某水电站右岸高边坡顶部实测变形曲线

对于岩质边坡的倾倒变形，Goodman 和 Bray[1] 提出了一种基于刚体极限平衡的稳定分析方法，该方法将滑坡体用反倾向的结构面和顺坡向的结构面切割成矩形条块，各条块之间及各条块与底滑面之间满足 Mohr-Coulomb 准则，对每一个条块进行刚体极限平衡分析，从而可以分析出每一条块的稳定、滑动或倾倒状态。Goodman-Bray 法可以很方便地分析块体的稳定状态。但由于对模型作了过多的假定，该方法存在一些局限性。陈祖煜、汪小刚等 [2] 对 Goodman-Bray 法进行了一些改进，克服了方法的不足，与实际情况更接近了一些，但基于刚体极限平衡法的分析方法只能在简化模型上分析各个块体的平衡状态，难以反映复杂的情况，不能计算块体的变形、局部的破坏等。

DDA 作为一种模拟块体的离散型数值方法，对于块体倾倒变形的模拟具有优势，该方法可以正确地模拟每个块体的受力、变形和运动，以及块体在斜面上的滑动、倾倒与旋转等大变形。孙东亚 [3]、何传永 [4]、张国新 [5] 等采用 DDA 法对岩质边坡倾倒变形进行了数值模拟，验证了 DDA 法在模拟倾倒变形方面的正确性，分析了倾倒变形的基本规律，对于 Goodman 模型，用 Goodman 提出的刚体极限平衡解进行了验证。

扩展与改进的 DDA 除了可以模拟块体的变形外，还可以模拟块体的局部破碎、蠕变等对边坡变形和破坏的影响。

本章先简要介绍基于刚体极限平衡分析倾倒变形的 Goodman-Bray 法及陈祖煜等对 Goodman-Bray 法的改进，再用该方法和单块体理论解对 DDA 法倾倒模拟进行验证，然后用 DDA 法对中国水利水电科学研究院陈祖煜院士团队所做的几个倾倒变形离心机实验进行模拟。

13.2 DDA 模拟与 Goodman-Bray 法的比较

13.2.1 Goodman-Bray 法

Goodman 和 Bray 于 1976 年提出了边坡倾倒分析的刚体极限平衡法，该方法将边坡简化为如图 13-7(a) 所示的模型，由反倾向里的结构面和顺坡向结构面将边坡切割成几个宽度为 ΔL 的矩形条块，为了保证块体的底面为矩形，底滑面必须为台阶状。将所有块体分为三个区，即上部稳定区、中部倾倒区和下部滑动区，根据变形协调条件和块体平衡条件，各区块体需满足如下条件：

(1) 上部处于稳定区的块体，在自身重力和摩擦力作用下保持平衡。

(2) 最上部倾倒块体受自重、下部块体的支撑力和底部支撑力作用。

(3) 1 号块体受自重、底部接触力及上部块体接触力作用，接触部位的力满足 Mohr-Coulomb 准则。

(4) 其他块体在上部受上下相邻块的接触力和底部接触力作用，接触部位的力满足 Mohr-Coulomb 准则。

计算时从上部块体算起，处于稳定状态的块体自重和底部接触力平衡。第一个倾倒块右侧作用力为零，由块体平衡可求左侧接触力，其后各块为已知右侧作用力求左侧接触力，直到最下部的 1 号块。最上部倾倒块体的倾倒条件是块体有足够的高度，重心位于左下角点的外侧。

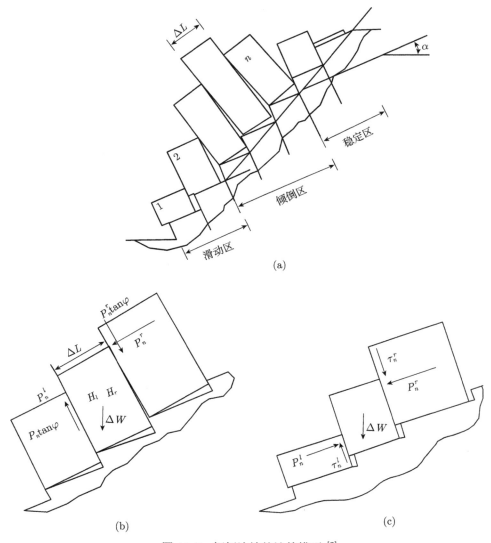

图 13-7　倾倒边坡的计算模型 [2]

已知某倾倒块体右侧的作用力的合力,可以根据平衡条件求得左侧的合力。对于倾倒块体,将各作用力对左下端点取矩可得 (图 13-7(b))

$$P_n^l = \frac{P_n^r \left(H_r - \Delta L \tan\varphi\right) + \dfrac{\Delta W}{2} \left(H\sin\alpha - \Delta L\cos\alpha\right)}{H_l} \qquad (13\text{-}1)$$

式中,P_n^r、P_n^l 分别为条块右侧和左侧界面上的法向作用力;ΔW 为岩块重;H、H_l、H_r 分别为岩块高度和岩块的左、右侧有效接触高度;ΔL 为岩块宽度;α 为节理倾角;φ 为面摩擦角。

对滑动块体,通过静力平衡可以得到 (图 13-7(c))

$$P_n^l = P_n^r - \frac{\Delta W \left(\tan\varphi\cos\alpha - \sin\alpha\right)}{1 - \tan^2\varphi} \qquad (13\text{-}2)$$

计算时按如下步骤进行:

(1) 判断上部块体的稳定性,当 $\dfrac{\Delta l}{H} < \tan\alpha$ 且 $\Delta l < \tan\alpha < \tan\varphi$ 时稳定。

(2) 从最上部的条块开始计算出第一个不满足上述原则而发生倾倒破坏的条块,自该块体开始根据 $P_n^l = P_{n-1}^r$ 的原则,通过式 (13-1)、式 (13-2) 向下计算每一个发生倾倒或滑动的条块破坏时传递的下推力 P_{n-1}^r 分别用 P_T 和 P_S 表示。

如果 $P_T \geqslant 0$ 且 $P_T \geqslant P_s$,则岩块处于倾倒状态,此时 $P_n^l = P_{n-1}^r = P_T$。

如果 $P_T \geqslant 0$ 且 $P_T < P_s$,则岩块处于滑动状态,此时 $P_n^l = P_{n-1}^r = P_s$。

13.2.2 对 Goodman-Bray 法的几点改进

Goodman-Bray 法使用简单,可以方便地划分各块体的稳定状态,并能求出保持下部块体不发生滑动的支撑力,但是由于做了若干假定和过度简化,该方法具有一定的局限性:①块体必须为矩形,因此顺坡滑面需为台阶状;②块体之间构造面贯通,只有摩擦力等。汪小刚等 [6] 针对 Goodman-Bray 法的局限性将方法进行了改进,使得改进后的分析方法可以分析结构面存在岩桥、任意形状块体及平直底滑面情况,且可以计算出保持倾倒变形稳定的安全系数。详细推导及计算方法请参考文献 [2]、[6]。

13.2.3 Hoek-Bray 算例的 DDA 模拟

图 13-8 为 Hoek 和 Bray(1977 年) 提供的一个算例。开挖边坡高 92.5m,坡角为 56.6°,坡顶面仰角为 4°,倾向坡内。岩体容重 $\gamma=25\mathrm{kN/m^3}$,条柱底面和侧面的摩擦角 φ 均为 38.15°。将破坏岩体分为 16 个岩块,编号 10 的岩块处于边的坡顶线上。条块底边与水平面夹角 $\alpha=30°$,考虑台阶后斜坡与水平面的夹角为 35.8°。DDA 模拟的典型破坏模式见图 13-9。

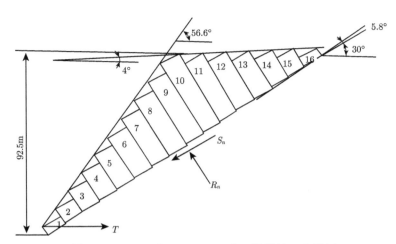

图 13-8　Hoek 和 Bray(1977 年) 提供的一个算例

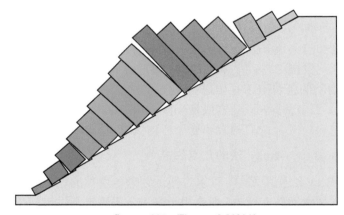

Step = 200　Time = 2.902949

图 13-9　DDA 模拟的典型破坏模式

　　根据文献 [2]，本算例为一个精心设计的按 Hoek-Bray 法计算处于临界稳定的算例。DDA 计算结果与 Hoek-Bray 法结果的比较见表 13-1，表中给出了两种方法的每个块体的稳定状态，4 号 ~16 号块体两方法结果相同，差别出现在 1 号 ~3 号块体，Hoek-Bray 法在 φ 取 40° 时下部块体即稳定，当 φ 取 41° 时，仍出现倾倒破坏，取 42° 时边坡才属于稳定。分析各块的受力及变形发现，由于 DDA 属于变形计算，自重作用下块体向下的变形会导致 10 号块以上的各块之间的接触出现脱离，各块之间的相互摩擦作用消失，加上各块向坡向的变形加大了下个块受到的挤压，因此整体减小了抗滑能力。从这个角度讲，Hoek-Bray 法由于假定各块为刚体，会高估边坡的稳定性。

表 13-1 计算块体状态及与 Hoek-Bray 法的比较

块号	$\varphi=37°$		$\varphi=38.15°$		$\varphi=40°$		$\varphi=41°$		$\varphi=42°$	
	G-B 法	DDA 法	G-B 法	DDA 法	G-B 法	DDA 法	G-B 法	DDA 法	G-B 法	DDA 法
16	稳定	稳定	稳定	稳定	稳定	稳定	稳定	稳定	稳定	稳定
15	稳定	稳定	稳定	稳定	稳定	稳定	稳定	稳定	稳定	稳定
14	稳定	稳定	稳定	稳定	稳定	稳定	稳定	稳定	稳定	稳定
13	倾倒	倾倒	倾倒	倾倒	倾倒	倾倒	倾倒	倾倒	倾倒	倾倒
12	倾倒	倾倒	倾倒	倾倒	倾倒	倾倒	倾倒	倾倒	倾倒	倾倒
11	倾倒	倾倒	倾倒	倾倒	倾倒	倾倒	倾倒	倾倒	倾倒	倾倒
10	倾倒	倾倒	倾倒	倾倒	倾倒	倾倒	倾倒	倾倒	倾倒	倾倒
9	倾倒	倾倒	倾倒	倾倒	倾倒	倾倒	倾倒	倾倒	倾倒	倾倒
8	倾倒	倾倒	倾倒	倾倒	倾倒	倾倒	倾倒	倾倒	倾倒	倾倒
7	倾倒	倾倒	倾倒	倾倒	倾倒	倾倒	倾倒	倾倒	倾倒	倾倒
6	倾倒	倾倒	倾倒	倾倒	倾倒	倾倒	倾倒	倾倒	倾倒	倾倒
5	倾倒	倾倒	倾倒	倾倒	倾倒	倾倒	倾倒	倾倒	倾倒	倾倒
4	倾倒	倾倒	倾倒	倾倒	倾倒	倾倒	倾倒	倾倒	稳定	稳定
3	倾倒	滑动	倾倒	倾倒	倾倒	倾倒	倾倒	倾倒	稳定	稳定
2	滑动	滑动	滑动	滑动	稳定	滑动	稳定	滑动	稳定	稳定
1	滑动	滑动	滑动	滑动	稳定	滑动	稳定	滑动	稳定	稳定

13.3 DDA 模拟与实验的比较

13.3.1 石膏模型离心机实验

中国水利水电科学研究院的汪小刚、陈祖煜等 [2] 1996 年采用二维石膏模型对倾倒变形与破坏进行了离心机模型实验,采用的实验模型见图 13-10。模型共有 11 个石膏块体,各块体的尺寸见表 13-2。所有块体的顶宽 L 均为 8.0cm,斜坡与底面的夹角为 26°,呈台阶状,台阶高 1.0cm。陡倾层面的倾角为 64°。石膏块与地面全部用乳胶粘接,侧面涂抹凡士林以模拟层间夹泥。经过实验得到石膏及粘接材料的力学特性指标,见表 13-3。离心机实验结果表明,当离心加速度为 78g 时,模型边坡发生倾倒破坏,破坏时最上部的 2 号块处于稳定状态,最下部一块发生滑动,模型边坡破坏后的照片见图 13-11[2]。

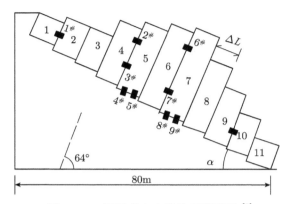

图 13-10　用于离心实验的石膏模型[2]

表 13-2　石膏离心模型石膏块几何尺寸

编号	宽度 ΔL/cm	高度 H/cm	厚度 Z/cm
1	8.0	7.9	10.0
2	8.0	12.82	10.0
3	8.0	17.3	10.0
4	8.0	22.0	10.0
5	8.0	27.0	10.0
6	8.0	28.0	10.0
7	8.0	24.0	10.0
8	8.0	19.4	10.0
9	8.0	14.8	10.0
10	8.0	10.2	10.0
11	8.0	5.0	10.0

表 13-3　材料的主要力学特性

材料	参数	数值
石膏	干容重/(kN/m³)	10
	抗拉强度/MPa	0.48
石膏乳胶结合面	抗拉强度/MPa	0.3
石膏接触面	凝聚力/MPa	0.002
	摩擦角/(°)	37
涂凡士林石膏接触面	凝聚力/MPa	0.005
	摩擦角/(°)	31.4

图 13-11   模型边坡破坏后的照片 [2]

选择部分块体接触处粘贴了裂缝测量片。根据裂缝片的测试结果，裂缝片的金属丝在低离心加速度时即有显著的断裂，此时离心加速度小于 $(10\sim20)g$，然后趋于平缓，直至所有金属丝拉断，观测结果反映了不同部位开裂的顺序和开度。

采用与实验相同的模型建立 DDA 模型，用本书改进的程序 iDDA 模拟离心机加载过程。实验中加载速率为 $1g/\min$，计算中考虑到总的计算时间，取加载速率为 $0.2g/s$，离心加速度增大过程采用按时间增大竖向体积力的方式模拟。为了参照实验监测各部位的开裂，在粘贴应变片的部位两侧块体内设置测点。

由于原文没有给出底面的石膏乳胶结合面处的摩擦角和粘聚力，取摩擦角与石膏接触面相同，凝聚力需要反演。鉴于此类边坡的稳定主要取决于下部块体的抗滑稳定，粘聚力 C 值对结果影响巨大。经多次计算，取底面的 C 值为 0.06MPa 时，各测点在离心加速度为 $81g$ 时张开，表明边坡垮塌 (见图 13-12)，因此计算中取 C=0.06MPa。垮塌后的破坏形态见图 13-13，对比实验结果 (图 13-11)，模拟结果与实验结果相近，表明 DDA 能够较好地模拟边坡的倾倒垮塌形态。

图 13-12 为跨缝应变片处测点的位移差，代表缝的开度。由图 13-11 可见，1-2 号缝始终没有张开，其他测点所在的缝与实验缓慢张开不同，都在离心加速度为 $80.7g$ 时突然张开，表明 DDA 模拟结果表现出较高的脆性。

原文中还给出了加锚索的实验结果。在 8 号块和底座之间，以近似水平的方向布设了自行车刹车线，以模拟锚索的效果，见图 13-14。图 13-15 为加锚筋后各应变片位置的接触面两侧测点之间的距离 (开度) 随离心加速度的变化，各测点的开度随着离心加速度的增大而逐步增大，但是变化量很小，基本处于弹性状态，表明结合面并未张开，说明锚筋对此类倾倒边坡稳定作用明显。

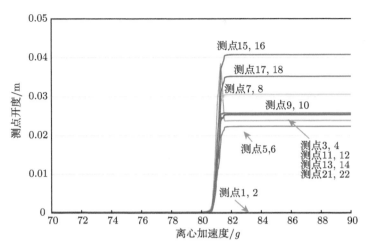

图 13-12   各应变片处离心加速度–开度曲线 (无锚筋)

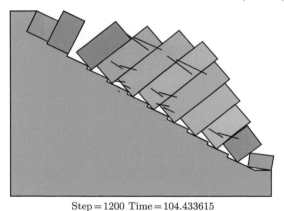

Step＝1200 Time＝104.433615

图 13-13   垮塌后的破坏形态

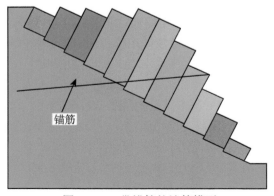

图 13-14   带锚筋的计算模型

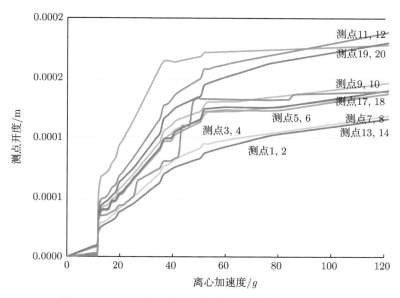

图 13-15   各应变片处离心加速度–开度曲线 (有锚筋)

13.3.2   塑料乐高块倾倒模型离心机实验

中国水利水电科学研究院陈祖煜院士团队，用塑料乐高块插接积木的方式制作倾倒模型进行了离心机模拟实验。构建模型采用的塑料块体积为 32mm×32mm×19mm(长 × 宽 × 高)，见图 13-16，单块质量为 6.58g，为增加块体的质量，每个塑料块中放入一个质量为 4.54g 的刚珠，使每个块体的总质量为 11.12g。

图 13-16   实验建模用的乐高块

经实验测试，塑料块侧面摩擦角为 16.11°，两块塑料块扣在一起抗拉强度平均值为 1999.5g。

将塑料块按图 13-17 的方式拼接装成一个边坡形状，边坡横向由 14 个乐高块平放和 3 个乐高块侧放组成，总长为 505mm，最高处由 12 个块平放组成，总高为 228mm。乐高块上下方向插接，因此水平缝强度为 1999.5g/块，竖缝无粘接强度。

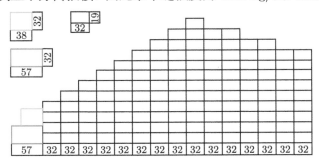

图 13-17   由乐高塑料块组成的边坡模型

实验步骤如下：

(1) 先将模型平放于离心机加载箱，进行离心加载至额定加速度；

(2) 待转速稳定后以模型左下端点为支点，逐步抬升右端，使边坡绕左下端点转动并逐渐向左倾斜，转动角速度为 1°/min；

(3) 转动过程中用传感器采集有关数据，并录制视频，以记录各时刻边坡的变形及破块状况；

(4) 边坡垮塌后停止实验。

共进行了 10g、20g、30g 和 40g 四组额定加速度实验，实测不同加速度时发生边坡倾倒垮塌的倾斜角，见表 13-4，破坏时的典型照片见图 13-18。

表 13-4   不同加速度时的边坡垮塌倾斜角

额定加速度	10g	20g	30g	40g
倾斜角	31°27′	24°12′	21°37′	21°10′

图 13-18   离心机实验典型破坏及变形形态 [7]

采用二维 DDA 对本实验进行模拟，首先将图 13-16 所示的乐高块概化成图 13-19 所示的二维块体。由图可知，每个块体的总面积为 6.38cm^2，以 cm 为单位，将厚度取为单位厚度 1cm，则单个块体的体积为 6.38cm^3。由每块的实际质量和实际体积可知，单位体积的质量为 $m=0.57\text{g}/\text{cm}^3$。

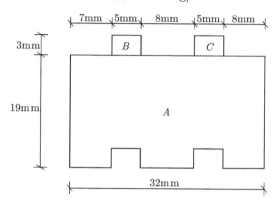

图 13-19　简化成平面块体的乐高块

由实测结果可知，两个块体扣在一起时能承受的拉力的平均值为 1999.5g。将块体间的抗拉能力折算的单位厚度为 1999.5/3.2=624.8(g/cm)。这个材料性质用 DDA 模拟有三种方式：①在接触面给定抗拉强度；②在突起 B、C 的外侧给定粘聚力 C；③在上块对下块的突起部位 B、C 施加握裹力，通过握裹部位的摩擦力实现两块之间的抗拉强度。实际两个块体力的传递是第三种方式。

此处我们采用第二种方式，即在 B、C 给定 C 值的方式模拟。为了提高块体间的抗拉拔力，适当提高 B、C 两侧的摩擦角至 23°。

为了确定块体突起部位 B、C 需要给定的 C 值，首先用两个块体做数值实验。采用模型如图 13-20 所示，由于两块之间的抗拉拔强度为 624.8g/cm，单位厚度的

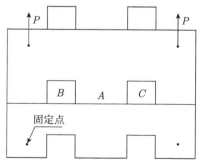

图 13-20　双块拉拔数值实验

自重为 3.475g/cm，将两块拉开所需的合力为 $2P=624.8+3.47=628.3(\text{g})$。数值实验采用的参数见表 13-5。经计算测试，当 $C=0.052\text{MPa}$ 时拉开两个块体所需要的力与实验结果相近。

表 13-5　双块数值实验采用的参数

参数	数值
弹性模量 E/GPa	0.5
泊松比 ν	0.2
罚函数/(GPa·m)	10.0
自重/(g/cm^3)	0.27

利用图 13-19 的块体，建立计算模型 (图 13-21)，整个模型由 130 个块体组成。最下层块体与底板粘接，左侧端两个块体之间粘贴了一层防滑胶布，经实测，摩擦角为 23°。左下角固定，右下角给定抬升位移，在位于最高点的块体形心布置一个测定，以便跟踪位移过程。

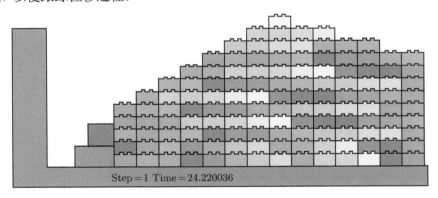

图 13-21　DDA 模拟模型

　　按照与实验相同的步骤进行 DDA 模拟，首先施加离心加速度，计算 10s 待变形稳定后开始抬升试件右下角，考虑总的计算时间加快了抬升速度，按每 3s 抬升 1° 的速度计算。四种离心加速度条件下得到的抬升角度和测点位移的关系曲线见图 13-22。各个离心加速度下的位移曲线形式接近，都是在抬升至一定角度后测点开始发生位移，随着抬升量加大位移速率加大，到某个临界值时边坡垮塌，离心加速度越大，垮塌时的抬升角越小。各个离心加速度时位移启动角度和垮塌角度的计算结果及与实验结果的比较见表 13-6。计算得到的垮塌规律与实验结果略有差异，加速度 $10g$ 时计算垮塌角度大于实验值，$20g$ 以上时计算垮塌角度小于实验结果。计算结果在垮塌之前各工况都有一个变形过程，加速度越小变形越大。

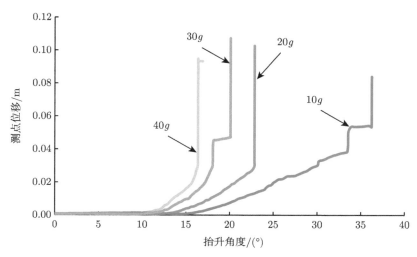

图 13-22　不同离心加速度时的抬升角度–测点位移曲线

表 13-6　位移启动角度和垮塌角度的计算结果及与实验结果的比较

离心加速度	位移启动角度/(°)	垮塌角度/(°)	实验垮塌角度/(°)
10g	16.0	33.2	31°27′
20g	13.1	22.5	24°12′
30g	11.8	18.4	21°37′
40g	11.0	16.4	21°10′

　　图 13-23 是不同离心加速度时的最终破坏形态，对比图 13-18 可以看出，计算的破坏形态与实验相近，各工况均表现出典型的倾倒破坏形态，低加速度时表现出更明显的弯曲倾倒变形。在试件内部都出现一个明显的折断–剪切带。从图中可以看出垮塌时抬升角度的差异。

　　这个算例实际上是用离心实验验证了 DDA 模拟的正确性，说明 DDA 模拟块体系统的变形与垮塌是有效的。

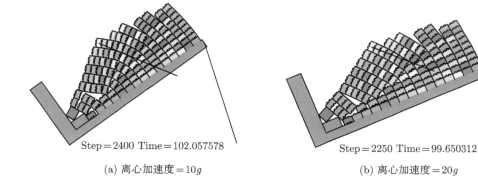

Step=2400 Time=102.057578　　　　　　　　　Step=2250 Time=99.650312

(a) 离心加速度=10g　　　　　　　　　　　　　(b) 离心加速度=20g

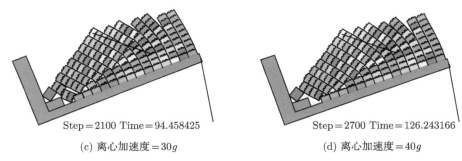

Step=2100 Time=94.458425

Step=2700 Time=126.243166

(c) 离心加速度=30g

(d) 离心加速度=40g

图 13-23 不同离心加速度时的最终破坏形态

13.4 考虑局部破碎的倾倒破坏 DDA 模拟

观察图 13-4 的天然岩石的倾倒破坏和图 13-11 的石膏模型倾倒破坏实验结果可以看出,块体在发生倾倒变形的同时往往伴随着下接触点的局部破碎 (图 13-24)。概化模型中假定岩石为刚体,块体下角点与基座岩体接触,以该下角点为支点产生倾倒旋转。原始一阶 DDA 模拟时将块体作为具有一阶位移函数的变形体,变形函数也不能反映接触点局部的变形破坏。

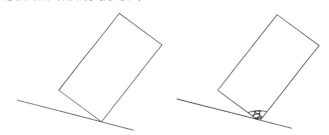

图 13-24 实际倾倒破坏中接触点局部破碎

DDA 模拟块体的破碎有两种方式:①96 版就已经具有的虚拟节理功能,将连续块体通过虚拟节理剖分成子块体,允许虚拟节理在应力达到强度时破坏从而使块体破碎;②本书扩展后的 iDDA 允许块体沿形心开裂的功能,一个完整块体当应力超过强度时自中心沿最大剪应力或拉应力方向开裂;③两种开裂相结合的混合开裂模式。

本节采用混合法,考虑块体局部的开裂与破碎,模拟 13.2 节、13.3 节介绍的倾倒破坏,并与不考虑局部开裂的结果进行比较。块体内部的虚拟节理设置采用 Voronoi 网格剖分法。计算参数采用表 13-3 所示的值,计算模型及不同离心加速度时的变形形态见图 13-25。

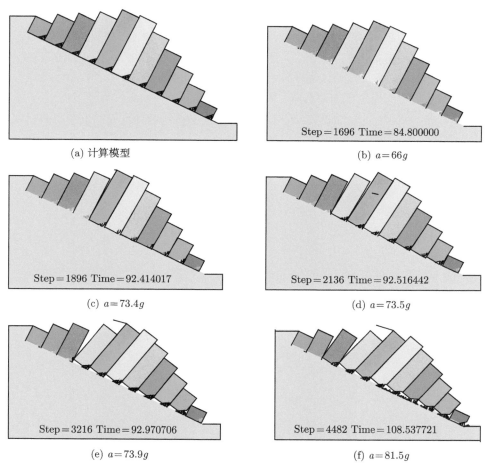

(a) 计算模型

(b) $a=66g$

(c) $a=73.4g$

(d) $a=73.5g$

(e) $a=73.9g$

(f) $a=81.5g$

图 13-25   虚拟节理模型及不同离心加速度时的变形形态

计算到离心加速度 $70g$ 以内时只有各块体侧面出现屈服，块体底部和块体内部节理均未出现屈服，离心加速度大于 $73g$ 时，在块体尖角处逐步出现屈服节理，块体底部和基座粘结处也因受拉逐渐出现脱离，离心加速度等于 $73.9g$ 时，4～11号块体尖角处的虚拟节理全部屈服，离心加速度等于 $80g$ 时 3 号块体也发生了倾倒。比较 13.3.1 节介绍的不考虑尖角破坏的结果，考虑尖角局部破坏后总体稳定性降低，保持稳定的离心加速度由 $80.7g$ 降低为 $73.0g$。

13.5   考虑岩桥开裂反倾倒破坏的 DDA 模拟及与实验的比较

前述研究都把岩质边坡概化为由典型形状的岩块构成，边坡的倾倒变形主要来自于岩块位置的变化，岩块本身的变形量很小，主要用于分析各块体的失稳模式和整个边坡的稳定性。即使考虑了岩桥的存在也仅仅是在块体接触面设置一定的抗拉抗剪强度实现。现实中的岩质边坡，无论是形状、构造面的分布还是连通情况都复杂得多，很难简化成规则又典型的倾倒模型，用 Goodman-Bray 法或改进的方法分析。图 13-26 是龙滩水电站左岸电站进水口附近的高边坡，岩层的风化分界面基本与边坡平行，泥板岩、砂岩、粉砂岩分层以 60° 倾向坡内，顺坡向可以分为不同的风化层但又难以找到贯通的构造面，即顺坡向分层都存在抗拉、抗剪强度。为了研究该边坡的倾倒变形特性及抗倾倒安全性，中国水利水电科学研究院陈祖煜[2] 团队采用人工材料模拟原型材料制作模型进行了离心机模型实验。

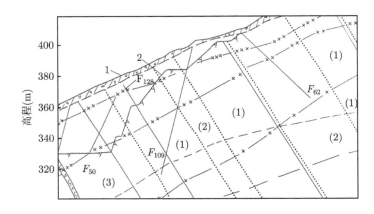

图 13-26　龙滩水电站左岸边坡地质剖面图

实验采用的"人工石"是水泥、砂、铁粉和水混合而成的，经多次实验选定配合比，经测定，人工石的力学参数见表 13-7。

表 13-7　实验用人工石的力学参数

参数	数值
弹性模量/MPa	2×10^3
容重/(kN/m³)	25.52
抗拉强度/MPa	4.81

按照概化的岩柱用人工石逐一制作成构成试件的条柱，为模拟顺坡向构造，在每个条柱上从上部一侧按 60° 倾角、4cm 间距下切，形成 70% 锯缝，模拟顺坡向节理和连通情况。采用加工的试件条柱形成图 13-27 所示的离心机模型，模型长 75.61cm、高 67.47cm。各条柱侧面用黄油涂抹，以模拟这些层面的夹泥。经测定，涂抹黄油的岩石接触面抗剪强度为 $c=0.065$MPa，$\varphi=37°$。

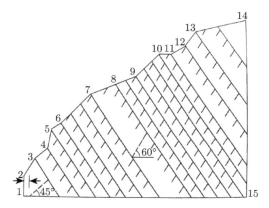

图 13-27 人工石二维离心模型剖面

离心实验表明，模型在 $130g$ 时发生破坏。破坏后的照片和开裂破坏的情况素描分别见图 13-28、图 13-29。从破坏情况看，岩桥折断多从切断处开始，与切口形成折线。最下部块体为滑动 + 倾倒，其上有 10 个岩柱折断、倾倒，再往上的岩柱未见明显破坏。

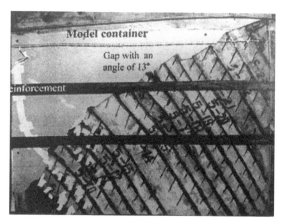

图 13-28 人工石二维离心模型破坏后的照片

利用与实验相同的模型可以切割 DDA 计算块体。如果将图 13-27 直接切割块体，则只能形成 18 个 DDA 块体，难以用于模拟带有裂缝扩展的边坡倾倒破坏。为此需要在条柱形块体内设置虚拟节理，将虚拟节理采用与原材料相同的强度粘接，计算时允许块体沿虚拟节理破坏。设置虚拟节理时，可采用 Voronoi 法或三角法，采用 Voronoi 法生成的 DDA 计算网格见图 13-30(a)。采用扩展开发后的程序 iDDA 进行模拟分析。计算采用的参数见表 13-7。计算结果表明，当离心加速度达到 $100g$ 时，局部出现开裂直至条块折断，随着离心加速度增大，裂缝增多，折断的条块增多，逐步形成一片贯通的破坏带，离心加速度为 $160g$ 时的破坏形态见图 13-30(b)。

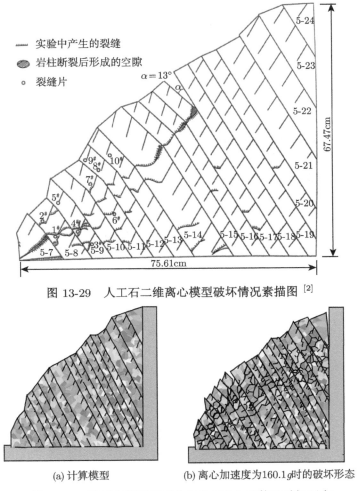

图 13-29 人工石二维离心模型破坏情况素描图 [2]

(a) 计算模型   (b) 离心加速度为160.1g时的破坏形态

图 13-30 采用虚拟节理剖分后的 DDA 网格及破坏形态

13.6 本 章 小 结

倾倒变形与破坏是岩质边坡常见的失稳破坏形式。Goodman、Bray 提出了基于刚体极限平衡的倾倒失稳分析方法，该方法考虑了块体间的相互作用，以每个块体的极限平衡作为基本条件，可用于分析每个块体的变形失稳形态和块体系统的临界失稳条件，方法实用，但只可以用于解决相对简单的问题，DDA 在考虑块体变形的同时,可方便地模拟复杂块体系统的倾倒变形失稳,强度折减或超载法可以分析边坡的安全系数。

本章用五个算例验证了改进后的 DDA 在分析岩质边坡倾倒破坏时的有效性。首先用 DDA 对经典的 Hoek-Bray 模型进行模拟分析,将结果与 Goodman-Bray 法结果进行了比较,然后用 DDA 对文献 [2] 中介绍的中国水利水电科学研究院做的几个倾倒破坏离心实验结果进行了模拟,并与实验结果进行了比较。这几个例子的模型、边界条件、力学参数都采用实验值,因此数值结果与 Goodman-Bray 法结果或实验结果有很好的可比性,尤其在模拟乐高块模型、考虑岩桥开裂的模型等复杂问题方面,DDA 表现出较强的模拟能力,不仅能再现实验所观察到的破坏形态,还能对边坡破坏的各阶段进行定量的分析。对于实际工程问题,当存在满足岩体倾倒条件的构造时,DDA 可以给出合理的分析结果。

实际边坡的倾倒变形往往表现出较强的时效性,即变形的发生要经历较长的时间过程,在这个过程中并没有明显的外部条件或荷载的变化,只是岩体在持续荷载作用下内部结构不断调整,外部的表现则是倾倒变形,甚至破坏,这种随时间的持续变形需用蠕变函数模拟。

参 考 文 献

[1] Goodman R E, Bray J W. Toppling of slope//Proceedings of the Specialty Conference on Rock Engineering for Foundations and Slopes. ASCE/Boulder, Colorado, 1976: 201-234.

[2] 陈祖煜, 汪小刚, 杨健, 等. 岩质边坡稳定分析 —— 原理 · 方法 · 程序. 北京: 中国水利水电出版社, 2005.

[3] 孙东亚, 彭一江, 王兴珍. DDA 数值方法在岩质边坡倾倒破坏分析中的应用. 岩石力学与工程学报, 2002, 21(1): 19-42.

[4] 何传永, 孙平, 吴永平, 等. 用 DDA 方法验证倾倒边坡变形的制动机制. 中国水利水电科学研究院学报, 2013, 11(2): 107-111.

[5] 张国新, 雷峥琦, 程恒. 水对岩质边坡倾倒变形影响的 DDA 模拟. 中国水利水电科学研究院学报, 2016, 14(3): 161-170.

[6] 汪小刚, 贾志欣, 陈祖煜, 等. 岩质边坡倾倒破坏的稳定分析方法. 水利学报, 1996, (3): 7-12.

[7] Chen Z Y, Zhang J H, Wang W X, et al. Centrifuge modeling for rock slope//Proceedings of the Sixth International Conference Physical Modeling Geotechnics. HongKong, London: Taylor & Francis Group, 2006: 19-28.

第14章 散粒体的数值模拟

14.1 砂性土的应力应变关系

14.1.1 应力应变关系

1999 年，从清华大学李广信教授处拿到一份承德砂的应力应变的平面应变实验资料，应力应变曲线和体积应变曲线呈现出非常好的规律性。从剪应力 $(\sigma_1 - \sigma_3)$ 和轴向应变 ε_a 的关系曲线看，加载过程中呈非线性，而体积变形呈现为先缩后胀的应变特性 (如图 14-1)，李教授认为，这种宏观的应力应变特性一定与砂粒在细观层面的相互位置的变化有关，笔者便着手 DDA 模拟砂土平面应变实验，作者与李广信等的成果发表在 2000 年的《清华大学学报 (自然科学版)》上 [1]。

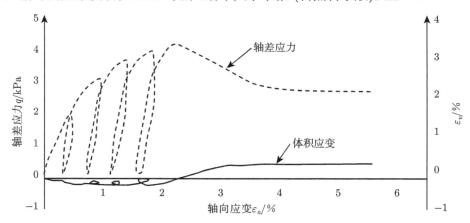

图 14-1 承德中密砂平面应变实验结果 (σ_3=100kPa)

土的应力应变关系的复杂性已经广为人知，诸如土变形的弹塑性、剪胀性、应变软化、卸载、再加载的滞回圈以及卸载体缩等现象。但对于其微观机理的认识还仅仅是定性的猜测，有些变形的现象还一直在困惑着土力学界的研究者 [1]。

造成土的复杂变形特性的主要原因是它的碎散性。在人们将物质形态分为气态、液态和固态之后，人们习惯于认为固体是连续的。目前大多数的数值计算都是将这种连续体离散化。尽管人们早就认识到应当从微观角度研究土的独特的应力变形性质，但是这种研究毕竟太复杂，因而很难建立宏观与微观的定量关系。Rowe 从砂土颗粒的受力和运动规律出发研究了土的剪胀性 [2]，得到很有意义的结果，但是存在较多的猜测成分，并且得到了土的剪胀不可恢复这一不正确的结论。

砂土在受力过程中的宏观变形基本来自于细观层面颗粒之间相对位置与排列的变化，颗粒自身的变形与宏观变形贡献极小。受力过程中颗粒旋转、移动、相互错动、位置发生变化，表现在宏观上即为试件的整体变形，当颗粒的排列更紧密时表现为体缩，更松散时表现为体胀。对这些从细观到宏观的变形特性进行数值模拟，正是 DDA 这种离散性数值方法的特性。

由于当时还未开发圆形颗粒单元，用正多边形近似圆形。经过多次试算，当正多边形的边数大于 11 时，计算结果几乎不再随边数的增加而变化。

如表 14-1 所示，试件中采用的承德砂的物理力学参数为：平均粒径 d_{50}=0.18mm，均匀性系数 C_u=2.8，砂粒的比重 G_s=2.63g/cm³，最小孔隙比 e_{min}=0.4，最大孔隙比 e_{max}=0.8，试样的相对密度 D_r=0.64，砂的主要成分为石英。

DDA 模拟时，将砂颗粒简化为横断面为 11 边正多边形 (近似圆) 柱，长度方向是平面应变方向。近似圆形断面的等效直径为 2.07cm，由 50 个圆柱组成宽 0.1m、高 0.2m 的长方形试件 (图 14-2)。试件的两侧面各有一平板提供侧向约束。顶部为一加压板，其上有五个立柱以便在加压过程中测量顶部竖向应力，两侧板的底部竖向约束。

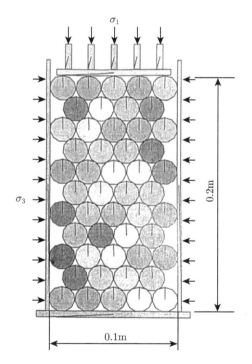

图 14-2　由近似圆形颗粒构成的试件

表 14-1 计算参数

参数名称	数值
颗粒间摩擦角	15°
颗粒与侧板摩擦角	0°
颗粒与顶、底部摩擦角	15°
颗粒弹性模量	10GPa
颗粒泊松比	0.25
比重	2.63g/cm^3
罚函数	100GPa·m
最大位移比	0.008
最大时间步长	0.01

实验中先采用等围压加载，即 $\sigma_1=\sigma_3$ 的加载方式对试件加压，当应力达到 $\sigma_1=\sigma_3=0.2$MPa 时，固结一段时间，再进行轴向加载，采用位移控制的方式反复加载–卸载，记录加卸载过程中的位移和应力。

DDA 计算模拟这个加卸载过程，在顶部均匀设置五个加载点，两侧各设 10 个加载点，首先对这 25 个加载点同步施加压力。每个点加压力到 4kN，即试件的两个方向的应力 $\sigma_1=\sigma_3=0.2$MPa。然后保持各点压力不变，对顶部五个加载点施加向下的位移，当位移加载到轴向应变为 0.5%、1.0%、1.5%、2.0%、3.0%、4.0%、5.0%、6.0% 和 7.0%，即轴向位移为 1.0mm、2.0mm、3.0mm、4.0mm、6.0mm、8.0mm、10.0mm、12.0mm 和 14.0mm 时卸载并重复加载。

14.1.2 受力与变形特性及细观机理

计算得到的测试块的平均竖向应力为 σ_1，横向应力为 σ_3，则剪应力为 ($\sigma_1-\sigma_3$)。将计算竖向位移除以试件原始高度得到轴向应变 ε_a。将剪应力–轴向应变关系曲线画出，见图 14-3。

对比图 14-1 和图 14-3 可以看出，两者加卸载曲线具有相似的形状，加载早期应力–应变曲线接近线性，随应变增大，应力出现峰值，峰值过后应力下降。在任何时刻卸载，早期应力应变呈线性关系，斜率与卸载早期相近，后期又变为非线性，与单调加载曲线相交后，沿单调加载曲线发展。

计算过程中，颗粒的受力和位置角度不断变化。图 14-4 为围压 $\sigma_1=\sigma_3=0.2$MPa 加载完毕后的应力分布与颗粒状态，颗粒内部应力、接触应力相对均匀，部分颗粒发生了少量移动。图 14-5 为峰值应力时的应力分布与颗粒形态，此时应力最大，试件最为密实。从应力分布可见，应力该以竖向为主。部分颗粒发生了转动，以使颗粒间保持紧密。随着顶部进一步向下加压，颗粒开始逐步向下、横向向外移动，颗粒间变得疏松，应力逐渐变小。顶部进一步施加向下的位移，这种现象越加明显，并逐步形成一条剪切带。分析图 14-3~图 14-6，可以得出如下认识。

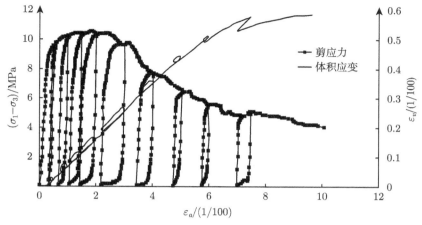

图 14-3 计算剪应力–轴向应变 $((\sigma_1 - \sigma_3)/-\varepsilon_a)$ 关系曲线

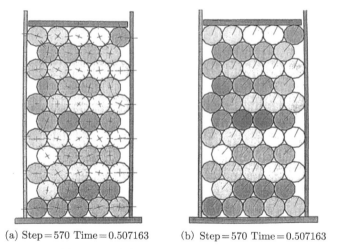

(a) Step=570 Time=0.507163   (b) Step=570 Time=0.507163

图 14-4 固结后的应力分布与颗粒形态

1) 弹塑性变形

在计算中假设颗粒材料的弹性模量为 1GPa, 实际上石英矿物的弹性模量在 10GPa 以上。两种情况下颗粒本身的弹性应变会在 ε_e=0.1% 左右。因而加载的变形绝大部分是不可恢复的塑性变形。这与图 14-3 的计算结果是一致的。在图 14-3 中, 卸载曲线的初始阶段基本是弹性回弹, 只有卸载到一定程度, 才发生颗粒相对移动, 产生 "卸载塑性变形", 从而形成滞回圈。

2) 剪胀性

在初始状态, 试样处于最紧密状态 (D_r=1.0), 其颗粒间呈正三角形分布 (图 14-5)。这时根据颗粒的排列和边界条件, 可以计算出 "土" 的孔隙率 n=19% 左右, 即最小孔隙比 $e_{\min}=0.24$ 左右。当试样破坏而达到残余强度时 (图 14-6), 如果试样处于最疏松状态, 颗粒间是呈正方形分布的。通过几何计算得到 $n=38\%$, 即最大孔隙比 $e_{\min}=0.46\%$。这样, 最大的剪胀体应变可以达到 19%。但是由于试样的端部摩擦及在一定围压下存在临界孔隙比, 不可能达到最疏松状态。在以上计算中, 最大的剪胀量是 12% 左右 (图 14-6)。

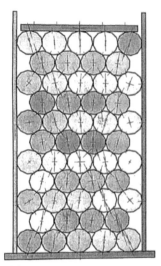 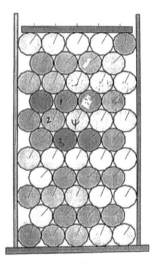

(a) Step=570 Time=1.05579   (b) Step=570 Time=1.00579

图 14-5   峰值应力时的应力分布与颗粒形态

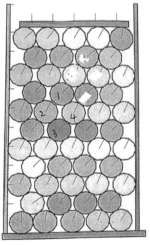 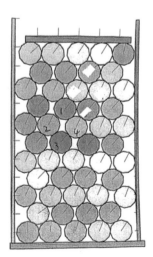

(a) Step=570 Time=1.84675   (b) Step=570 Time=1.91691

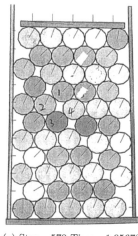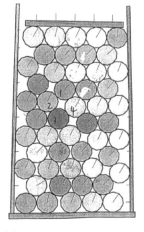

(c) Step=570 Time=1.95678　　　　(d) Step=570 Time=1.98867

图 14-6　峰值应力后的变形形态

3) 应变软化

试样在固结后和处于峰值强度应力状态时，处于最紧密的状态，其中的颗粒接近于等边三角形分布，这时试样中颗粒的圆心间连线的夹角是 60°；当试样处于残余强度应力状态时，在剪切带附近处于最疏松状态，颗粒组成了接近正方形的分布形式。圆心间连线的夹角是 45°。取图 14-5、图 14-6 中的 1~4 号四个颗粒进行分析。对于颗粒 1，认为作用在其上的水平分力相互抵消，设 P_1 是垂直合力，颗粒 2、4 已经脱离开，二者之间无作用力。

在颗粒 1 上，除了力 P_1 以外，颗粒 2 和 4 分别施加两个与接触点的法向夹角为 φ_r 的力 P_2。根据静力平衡条件 $\sum Y = 0$，得到

$$P_2 = P_1/2\cos(\alpha - \varphi_r) \tag{14-1}$$

根据颗粒 4 上的静力平衡条件 $\sum X = 0$，得到

$$P_3 = P_2/2\sin(\alpha - \varphi_r) \tag{14-2}$$

因此，

$$P_3 = P_1\tan(\alpha - \varphi_r) \tag{14-3}$$

式中，φ_r 为颗粒表面的摩擦角。

当 φ_r=15°，在试样处于峰值强度时，α=30°，P_1=3.732P_3；在试样处于残余强度时，α=45°，P_1=1.732P_3。其强度减少了 53.6%。这与 DDA 计算的试样应变软化以后的强度降低 52.4% 是一致的。

4) 卸载–再加载的滞回圈

从图 14-7(a) 可以看出，加载时，P_1 通过颗粒 1 向外主动推动颗粒 4，造成颗粒 4 向外移动。表现为试样宏观的垂直向下应变和剪胀。卸载时，P_1 减少，但是由于反向摩擦力的存在，水平力 P_3 不可能立即通过颗粒 4 将颗粒 1 向上推起。只有 P_1 减少到一定的水平时，颗粒 4 在 P_3 的推动下开始向内移动，使颗粒 1 上抬，试样发生明显的垂直向上的变形；再加载时，只有 P_1 增加到一定水平时，颗粒 4 才会又向外移动，试样发生垂直向下的变形。这样，这种 "回弹"–"再压缩" 不是立即发生的，形成了滞回圈。从图 14-7(c) 和 (d) 可以推导出如下关系：

加载时

$$P_1 = P_3 \cot\left(\alpha - \varphi_r\right) \tag{14-4}$$

卸载时，颗粒间的摩擦力方向相反，得到

$$P_1 = P_3 \cot\left(\alpha + \varphi_r\right) \tag{14-5}$$

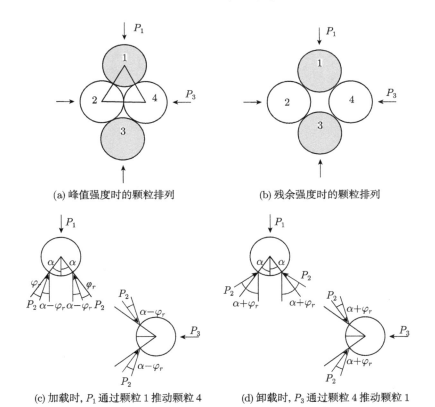

(a) 峰值强度时的颗粒排列　　　　　　　(b) 残余强度时的颗粒排列

(c) 加载时，P_1 通过颗粒 1 推动颗粒 4　　　(d) 卸载时，P_3 通过颗粒 4 推动颗粒 1

图 14-7　颗粒间的相互作用示意图

在内摩擦角 $\varphi_r=15°$ 时，可以计算出颗粒发生移动时轴向力 P_1 与水平力 P_3 间的关系，见表 14-2。

表 14-2　加卸载时轴向力 P_1 与水平力 P_3 间的关系

状态	$\alpha/(°)$	P_1/P_3	
		加载时	卸载时
初始状态–峰值强度	30	3.732	1.000
峰值强度稍后状态	35	2.748	0.839
残余强度状态	45	1.732	0.577

这些数据表明，由于水平力 P_3 基本是不变的，当轴向力 P_1 处于表中加、卸载的计算值之间时，颗粒不发生相对移动，只产生弹性变形。而当 P_1 大于加载值或者小于卸载值时，将会发生颗粒的相对运动，产生塑性变形。这样就产生了卸载–再加载的滞回圈。

5) 卸载体缩

从上述的分析可以发现，加载时，在垂直应力作用下，试样竖向受压变形，并伴随着土的体积膨胀，即剪胀。在试样开始卸载时，颗粒并不移动，主要是颗粒的弹性回弹，竖向应变向上，体积也是弹性膨胀 (见图 14-3)。在垂直应力减少到一定程度时，由于水平力 P_3 可以推动颗粒 4 向内移动，颗粒 1 向上移动。其结果是：试样向上变形，部分剪胀恢复 (亦即体缩)。这个过程与加载的变形相反。图 14-3 中的轴向应变与体应变的关系曲线的卸载段与加载段几乎是平行的，表明了卸载体缩是加载剪胀的恢复。

另一方面，颗粒沿着水平方向和沿着垂直方向的排列是不同的。在等向应力作用下，P_1 与 P_3 不等，$P_3 > P_1$，这表明试样的各向异性。

6) 剪切带的形成

在图 14-6 中，可以发现在试样达到残余强度以后，试样变疏松，并且在交叉方向出现了一条明显的剪切带。剪切带附近的土颗粒几乎达到最疏松状态。剪切带与水平方向夹角大约为 55°。这个角度相当于 $(\pi/4+\varphi/2)$，其中 φ 是计算的试样内摩擦角。

DDA 计算方法对于研究土体的变形机理是一种强有力的工具。可以通过颗粒间的受力位移分析得到试样宏观变形的微观机理。可以通过动画看到其变形过程。砂土的弹塑性、剪胀性、应变软化、卸载–再加载的滞回圈、卸载体缩、各向异性与剪切带的形成等变形特性，都是颗粒在不同应力条件下的相互移动的结果。颗粒间在加载时发生的相对移动不是不可恢复的，剪胀的可恢复性是卸载体缩的原因。

14.2   粗粒料大型三轴实验的 DDA 模拟

世界上绝大多数铁路为有砟轨道路基, 即先在地面上铺碎石, 碎石上铺枕木, 枕木上铺铁轨, 见图 14-8, 碎石路基在火车来回运行的荷载的反复作用下, 构成路基砟部的碎石会因位置的错动变形从而导致整个铁路轨道的塑性变形, 设计时需要对这种塑性变形有充分的估计, 一般数值方法难以做到。日本学者石川达也等通过大型三轴实验研究了粗粒料在往复荷载作用下的塑性变形, 并进行过有砟轨道的路基原型实验, 并进行了数值模拟, 本节介绍石川所做的研究工作。

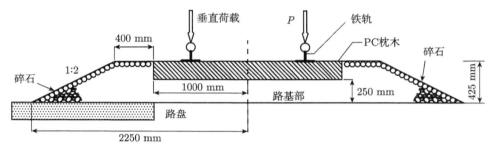

图 14-8   有砟轨道路基横剖面

14.2.1   模型

根据大型三轴实验设备的构成、加载特点、试件的受力特点等, 石川设计了图 14-9 所示的 DDA 计算模型。模型中部为宽 60cm、高 120cm 的粗粒料试件, 试件上下部各有一个被加载框架横向约束, 只能进行竖向位移的加载块, 试件的左右两侧被加载框架约束不能上下位移但可水平位移的条块 (侧压块), 以模拟三轴试件中可以施加围压、可以侧向变形的特性。试件中布置了 4 个观测断面, 以测量该四个部位在试件加卸载过程中的应力与变形。

计算采用的参数见表 14-3。侧压块只为试件提供侧压, 不限制变形, 因此侧压块之间的粘聚力和摩擦角 $(C、\varphi)$ 均取为 0。砟石的内摩擦角为 54.4°, 据此实验结果设置石子之间的摩擦角 φ_u, 一般情况下, 试件的内摩擦角与颗粒间的摩擦角不同, 具体设计方法会在后边讨论。

构成试件的颗粒料的力学参数根据实验结果取值, 外部框架上下加载块给定足够大的弹性模量, 侧压块应尽量对试件产生较小的侧向约束, 因而取较小的弹性模量, 加载块和侧压块弹性模量与试件颗粒各差一个量级。

为了反映试件颗粒的间隙与排列的随机性, 按照与实际试件成型基本相同的步骤, 形成试件的初始状态。

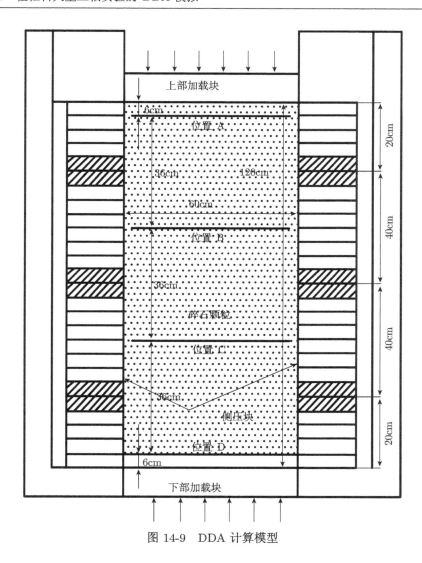

图 14-9 DDA 计算模型

表 14-3 计算参数

块种类	试件料	加载块	侧压块
单位体积重量 ρ	2.77t/m^3	1.00t/m^3	1.00t/m^3
弹性模量 E	20.0GPa	1000.0GPa	0.1GPa
泊松比 ν	0.1	0.1	0.1
粘聚力 C_u	0	0	0
摩擦角 φ_u	$50°$ 或 $55°$	0	0

试件的成型按如下步骤进行:

(1) 采用 Voronoi 方法根据图 14-10 和表 14-4 所示的粒径分布生成多边形块体, 共生成了三个数字试件, 分别为 case1~case3。

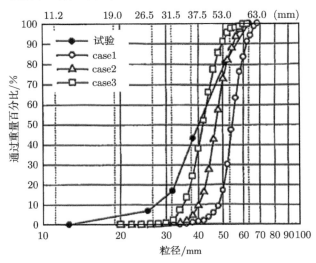

图 14-10　路基碎石的粒径分布 [2]

表 14-4　路基碎石的参数

解析模型	块体数		平均粒径 D_{50}	孔隙率 n	
case1	296	1.15	5.4mm	15.8%	4.82
case2	389	1.20	4.6mm	16.5%	4.35
case3	489	1.23	4.2mm	15.9%	4.56
试验	—	1.70	4.1mm	38.2%	—

(2) 在固定为侧压块和下部加载块的条件下, 让碎石从 30cm 的高度自由落下, 在试件空腔内堆积, 直到形成 120cm 高的试件。

(3) 通过加、减块的方式使试件上部平顺, 再让上部加载块自由落下。

14.2.2　计算条件

采用生成的三个模型, 进行了单调加载和反复加载的平面应变压缩模拟实验。计算条件见表 14-5。

计算时, 首先在上部加载块和侧压块同步施加压应力 σ_3, 使试件受力达到 "各向同性" 的初应力状态, 然后保持侧压不变。单调加载时, 在上部加载块施加向下的压力, 直至轴应变 $\varepsilon_1 = 2\%$。往复加载时, 在保持侧压力不变的条件下施加轴向压力至 $\sigma_{\max}$, 然后卸载到等应力状态 $\sigma_1 = \sigma_3$, 再加载—卸载反复进行五次, 加载频率为 0.25Hz。用于分析的加载轴压 σ_1 是由上部块的反力求得, 轴应变用上部块平均竖向位移求得。侧向应变采用上、中、下三部分左、右侧压块共六个位置的侧向变位计。

表 14-5   单调加载分析工况

编号	模型	侧限压力 σ_3/kPa	摩擦角 φ_u	$q_{\max}$/kPa
AML-11a	case1	19.6	50°	126.8
AML-11b	case1	19.6	55°	135.1
AML-12a	case1	39.2	50°	225.5
AML-12b	case1	58.9	55°	282.2
AML-13a	case1	58.9	50°	319.5
AML-13b	case1	19.6	55°	397.3
AML-21b	case2	39.2	55°	121.5
AML-22a	case2	39.2	50°	260.0
AML-22b	case2	58.9	55°	261.6
AML-23b	case2	19.6	55°	335.6
AML-31b	case3	39.2	55°	44.0
AML-32a	case3	39.2	50°	203.1
AML-32b	case3	39.2	55°	210.7
AML-33b	case3	58.9	55°	346.8

14.2.3   单调加载的 DDA 模拟及与实验结果比较

1. 颗粒间的摩擦角与试件宏观内摩擦角的关系

在进行 DDA 模拟时，需要给出各颗粒之间的摩擦角 φ_u，一般情况下，φ_u 与试件材料的宏观内摩擦角不同，日本的 Ishikawa 等 [3] 曾根据极限状态提出了材料内摩擦角 φ_{cv} 和粒子间摩擦角 φ_u 的关系：

$$\sin \varphi_{cv} = \frac{1.22 \tan \varphi_u}{\tan \varphi_u + 0.62} \tag{14-6}$$

利用式 (14-6) 可以从实验内摩擦角 φ_{cv} 推算颗粒间摩擦角 φ_u。根据大三轴实验，所用粗粒料的内摩擦角为 54.4°，代入式 (14-6)，可得 φ_u=51°。设定计算工况时取 φ_u=55°，50°，单调加载的模拟结果与实验结果的比较见图 14-11。由图可以看出，不管是 φ_u=50°，还是 φ_u=55°，计算强度均小于实验结果。将表 14-5 中各工况的实验结果通过 Mohr 图可以反求内摩擦角 (φ^* 和 C^*)，结果表明 C^* 几乎为 0，φ_u 为 55° 时 $\varphi^* \approx 51°$，φ_u 为 51° 时 $\varphi^* \approx 47°$，即 DDA 计算的宏观内摩擦角与颗粒间摩擦角的关系与式 (14-6) 相反。这一点与用圆形颗粒 DEM 计算结果不同。分析原因，颗粒的形状对计算结果影响较大，分析表明 DDA 配合 Voronoi 任意多边形网格，更适合粗粒料的细宏观特性模拟，并建议进行实际轨道路基的 DDA 模拟时采用 φ_u=55°。

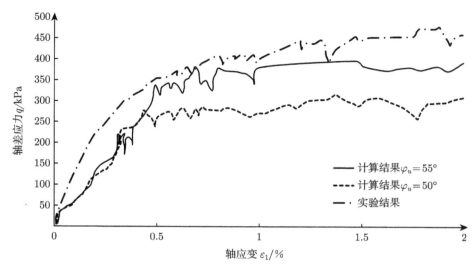

图 14-11　DDA 模拟结果与实验结果比较 [2]

2. 局部变形分析

Ishikawa 等 [2] 通过画出试件应力流、位移流分析了试件内部局部受力和变形，图 14-12 为围压 $\sigma_3=39.2\text{kPa}$，单调加载轴向应变 $\varepsilon_1=2\%$ 时的应力和位移矢量图，由图可以看出，颗粒的应力基本平行于加载方向，形成几条应力主链，位移则上部大，呈向下向外的分布，越往下部位移越小。利用布置在 A、B、C 三个位置的测点，提

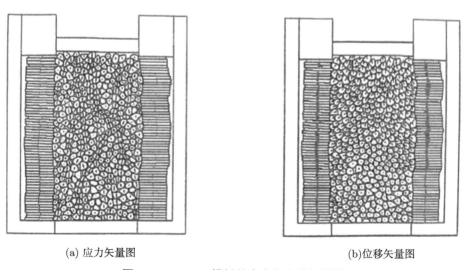

(a) 应力矢量图　　　　　　　　　　　　　　　(b) 位移矢量图

图 14-12　DDA 模拟的应力与位移矢量图

取了计算结果中应力随时间的变化，见图 14-13，并与实验结果进行了比较。结果表明，计算结果中的试件下部剪应力大于上部，两个模拟工况规律相同，且与实验结果的规律相同。

14.2.4　反复荷载作用下的分析结果及与实验的比较

采用 case1 的模型进行了反复加卸载模拟，共进行了五次加卸载。取 $\sigma_3=39.2\text{kPa}$，变化最大应力比 $(\sigma_1/\sigma_3)_{\max}$ 可得到加卸载 q-ε_1 关系曲线，见图 14-13(a)，并将第 1 次、第 5 次加卸载曲线与实验结果进行比较 (图 14-13(b))。图中可见每次加卸载都有部分不可恢复的残余变形，随加卸载次数增大，残余变形减小，滞回圈面积减小，弹性变形的比例增大。$(\sigma_1/\sigma_3)_{\max}=5$ 固定，变化 σ_3 也可以得到同样的规律，这个规律与实验得到的规律一致。从如上结果可以看出，尽管 DDA 模拟中未模拟塑性流动、能量损失等，但塑性变形、摩擦等能量损失已在 DDA 中能够反映。

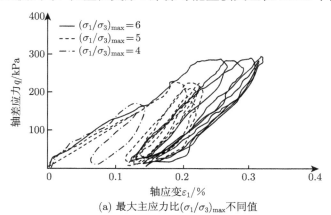

(a) 最大主应力比$(\sigma_1/\sigma_3)_{\max}$不同值

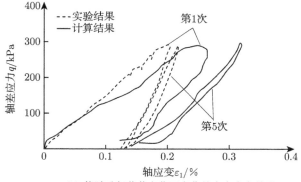

(b) 伴随重复荷载变化而变化的应力应变关系

图 14-13　反复加卸载时的应力应变关系

从计算应变与实验应变的比较可见两者具有良好的相关性 (图 14-14)。应力应变关系表明 DDA 对于碎石试件的模拟能给出合理的结果。

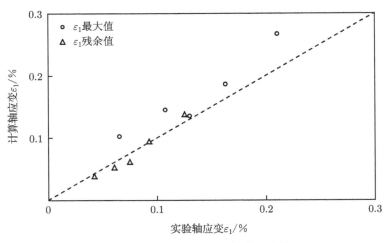

图 14-14　实验结果与分析结果比较

文中还分析了塑性变形与反复加载次数的关系，颗粒构造的变化，在加载阶段、卸载阶段接触力的方向变化等。

通过单调加载、反复加卸载模拟，并将结果与实验结果比较，论文认为：采用 Voronoi 多边形模拟颗粒，采用 DDA 模拟粗粒料的变形应力应变关系等，可以得到合理的结果，分析结果不管是变形、应力、塑性变形、接触等各方面都与实验结果吻合良好，可以较好地解释粗粒料宏观力学特性的一些细、微观机理。

14.3　铁路路基受力特性的模拟

14.3.1　计算模型和条件

Ishikawa 等 [4] 曾采用一段铁路路基的原型，进行反复加卸载实验，然后用 DDA 进行了数值模拟。考虑到 DDA 只能模拟二维，在三维实验模型中取纵横各一个断面，纵断面又采用两种粗径的碎石，构成了分析模型，见图 14-15 和图 14-16，其中纵向模型尺寸为 180cm×50cm，横向模型尺寸为 460cm×50cm。纵向模型又生成了两个不同粒度的模型 caseA 和 caseB。各分析模型的粒径分布见图 14-17，各粒度参数见表 14-6。根据表中的参数，用 Voronoi 法生成块石，用自重完成块石堆积，形成计算模型的初始状态。

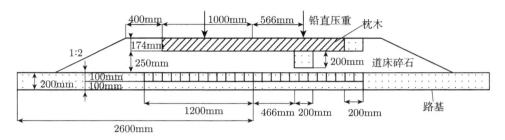

(a) 横断面(caseC)

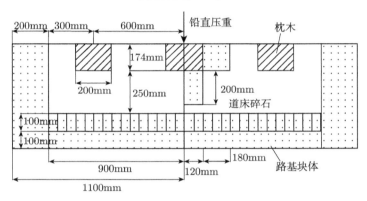

(b) 纵断面(caseA, caseB)

图 14-15 计算模型概略图

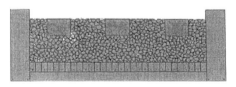

(a) 横断面分析模型caseA
(道床块体数为571)

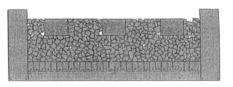

(b) 横断面分析模型caseB
(道床块体数为336)

(c) 横断面分析模型caseC (道床块体数为491)

图 14-16 DDA 分析模型：两个剖面、三个模型

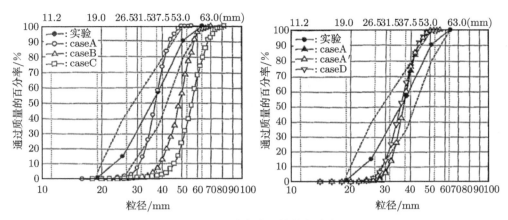

图 14-17　道床碎石的粒径分布

表 14-6　道床碎石的粒度参数

模型	分割数	U_c	D_{50}	n	$\overline{N_{2D}}$
caseA	571	1.24	37mm	15.4%	5.01
caseB	336	1.29	48mm	16.0%	5.04
caseC	479	1.26	56mm	15.0%	5.37
实验	—	1.70	36mm	40.4%~45.9%	—
caseA	571	1.24	37mm	15.4%	5.01
caseA$_3$	548	1.24	37mm	18.7%	4.52
caseA$'$	567	1.22	37mm	15.0%	5.01
caseA$'_3$	550	1.22	37mm	17.3%	4.52
caseD	616	1.28	36mm	15.2%	5.19
caseD$_3$	593	1.29	36mm	18.2%	4.68

　　分析了单调荷载和反复荷载两种情况路基的受力和变形特性，计算工况分别见表 14-7 和表 14-8。各种块体之间的粘聚力 C_μ 均设为 0，各块体之间的摩擦角 C_μ 见表 14-9。道床碎石的摩擦角 C_μ 用大型三轴实验结果 $C_\mu=55°$，枕木和碎石、基础碎石的 $\varphi_\mu=37°$，其他计算参数根据实验求得，见表 14-9。计算分析时按如下步骤进行：① 首先施加自重，并始终保持；② 单调加载时在铁轨处施加至位移到 0.5mm；③ 按表 14-8 的计算工况进行反复加卸载模拟五次，反复加载频率为 2Hz。

表 14-7　计算工况 —— 单调加载分析

断面方向	分析模型	分析 NO.	垂直荷载
纵向	caseA	ALM-A00	单调加载
	caseB	ALM-B00	单调加载
横向	caseC	ALM-C00	单调加载

表 14-8 计算工况 —— 反复加载分析

断面方向	分析模型	分析 NO.	垂直负荷 P_{max}	垂直负荷 P_{maxA}	垂直负荷 P_{maxB}	负荷比率
横向	caseA	ALC-A01	40.0kN	2.10kN/m	—	0.039
		ALC-A02	30.0kN	0.99kN/m	—	0.025
		ALC-A03	20.0kN	0.54kN/m	—	0.020
	caseB	ALC-A01	40.0kN	1.80kN/m	—	0.034
		ALC-A02	30.0kN	1.23kN/m	—	0.031
		ALC-A03	20.0kN	0.72kN/m	—	0.027
纵向	caseC	ALC-A01	40.0kN	—	—	—
		ALC-A02	30.0kN	—	—	—
		ALC-A03	20.0kN	—	3.5kN/m	0.042

表 14-9 分析参数一览

分析	要素种类		枕木	路基部	路盘部
DDA	要素	密度 ρ	$2.38t/m^3$	$2.77t/m^3$	$2.20t/m^3$
		纵弹性模量 E	30.0GPa	20.0GPa	75.0MPa
		泊松比 ν	0.20	0.10	0.40
	环境	粘聚力 C_μ	0	0	0
		摩擦角 φ	37°	55°	37°

14.3.2 反复荷载作用下的荷载–变形曲线

将 DDA 模拟的变形曲线与原型实验进行对比。图 14-18 比较了两个模型 ACL-A01 和 ACL-B01(见表 14-8) 的反复加载曲线,实验结果只给出了 1~2 次加卸载结果。由各图可见,在加卸载早期有较大的滞回圈,存在较大的残余位移表明呈明显的弹塑性特性,二次加卸载后滞回圈减小,塑性变形减小,后几次加卸载的滞回路径几乎重合。与实验结果相比较,变形特性类似,但计算结果比实验的变形小。一方面计算结果的加、卸载斜率在 $H=0.35\text{mm}$ 附近相近,但实验具有明显的卸载下凸特征。另外,计算结果在荷载达到 P_{max} 时变形小于实验结果,且两个模型结果不同,表明实验模型和计算模型的初始密实状态有差异。

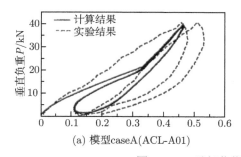
(a) 模型caseA(ACL-A01)

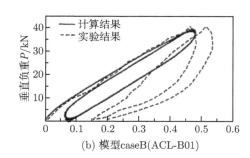
(b) 模型caseB(ACL-B01)

图 14-18 反复荷载作用下的荷载–变形曲线

14.3.3　反复加卸载时的塑性变形

反复加卸载到峰值应力时的最大位移 $u_{\max}$ 和残余竖向变形 u_{res} 的关系见图 14-19。此处的最大位移 $u_{\max}$ 即荷载达到峰值 $P_{\max}$ 时的弹塑性变形，u_{res} 是塑性变形。由图可以看出，第一回加卸载产生了较大的塑性变形，而此后的加卸载塑性变形急骤变小，其他的峰值荷载加卸载模拟结果类似。不同的 $P_{\max}$ 时，$P_{\max}$ 越大变形越大，其后的塑性变形占比越高。分析结果表明，假定道床碎石的粒径分布采用 DDA 模拟，尽管分析中并未考虑塑性流动法则、能量损失等，但分析结果中塑性变形、摩擦等引起的能量损失在计算中已有反映，可以比较简单地模拟颗粒材料的变形特性。从分析结果还可以看出，枕木下部孔隙和枕木侧面孔隙对变形幅度和塑性变形影响较大。由于用于 DDA 计算的颗粒构造与实验用的碎石不尽相同，结果存在一定差异，可以预见，如果计算的颗粒分布与实验相同，参数与实际参数相同，分析结果应更接近实验结果，表明 DDA 用于分析类似的问题非常适合。

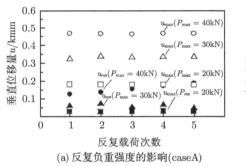
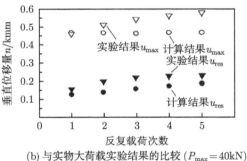

(a) 反复负重强度的影响(caseA)　　　(b) 与实物大荷载实验结果的比较 ($P_{\max} = 40\mathrm{kN}$)

图 14-19　垂直变形与反复荷载次数的关系

14.3.4　反复荷载作用下枕木的支撑状态

图 14-20 给出了枕木下面的竖向压应力 P_{tn} 和横向剪应力 P_{ts} 的分布 (caseC，$P_{\max}=20\mathrm{kN}$)，图中的计算结果为第一次加载至 $P_{\max}$ 时的应力分布结果，同时画出了实验结果及有限法 (FEM) 分析结果。由结果可见，枕木下应力不管是压应力还是剪应力，都呈不均匀分布，压应力中部大，两头小，剪应力由中部指向两侧，这

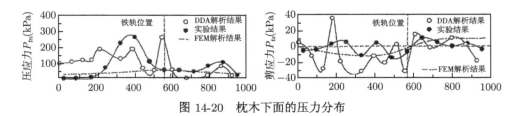

图 14-20　枕木下面的压力分布

些分布特征与实验结果一致，与 FEM 相比，DDA 结果更接近实验结果。另外，枕木多面均承担荷载，底部通过法向支撑，侧面则通过摩擦分载，表 14-10 给出了各面的分载比例，并与实验结果及 FEM 进行了比较。结果表明，DDA 能更好地反映枕木底部及侧面的支撑力。

表 14-10　枕木下面的应力分担比例

模型	DDA			FEM			实验结果
	caseA	caseB	caseC	三维	纵切面	横切面	
底面	74.2%	72.6%	91.9%	56.3%	60.7%	92.6%	76.6%
侧面	25.8%	27.4%	—	40.6%	39.3%		

14.3.5　反复荷载时道床石子的移动

工况 ACL-A01 第一次加载后的位移矢量图见图 14-21(a)，工况二 ACL-C01 第一次加载后的位移矢量图见图 14-21(b)。变形矢量图是从各块体形心的初始位置向变形后的块体形心画矢量，并将矢量适当放大。由图可见，枕木下部石子下沉变形，离枕木越远下沉变形越小，从枕木中心起石子的两端位移。枕木之间的道床表面会有上浮变形，因此，枕木下部呈压缩变形，而枕木之间道床表面则呈现远离枕木或向上的变形。反复加载后，在枕木下部出现一个集中力变形区，即枕木正下方变形最大，离枕木越远变形越小，卸载后枕木下方的变形也不能恢复，即枕木下部会形成塑性变形，塑性变形主要来自于石子的位置的重排列。加卸载次数越多，塑性变形区越大，但增量越来越小直至稳定。比较不同的模型结果可见，颗粒越小、块体越多的模型，其塑性变形越大。还分析了接触力大小、主方向与块体形状、排列的关系。

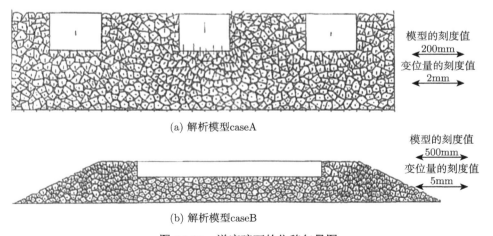

模型的刻度值
200mm
变位量的刻度值
2mm

(a) 解析模型caseA

模型的刻度值
500mm
变位量的刻度值
5mm

(b) 解析模型caseB

图 14-21　道床碎石的位移矢量图

通过大量计算分析，作者认为：

(1) 采用散粒体分析方法，如 DDA 可以很好地模拟铁路路基的受力和变形特性。

(2) 道床石子在不同的部位呈不同的位移特性，总体的位移或变形来自于石子的移动和重新排列。随反复加载次数的增多，塑性变形趋于稳定。

(3) 通过 DDA，可以了解细观层面石子间的受力、位移等，细观各向异性反映为宏观的变形特点，即枕木下部下沉，不可恢复的塑性变形最大，枕木之间或两端出现上浮变形。宏观变形来自于细观颗粒的转动、移动及重排列。

铁路路基实际的受力和变形是一个三维问题，用二维 DDA 模拟有许多局限性，如按横剖面计算忽略了纵向变形，按纵剖面计算则忽略了横向变形，使得 DDA 计算结果与实验结果存在差异。受计算能力限制，本节计算采用的碎石颗粒比实际颗粒大，块体数少于实际情况。实验表明，枕木的位移和受力受石子的形状、大小、块体的数目影响较大，因此提高 DDA 精度需要建立更接近实际的分析模型。

分析中发现，不管是三轴实验的模拟还是路基模型实验的模拟，变形与实测结果吻合时，所需施加的荷载较实验小很多。Ishikawa 分析认为原因来自于如下三方面：① DDA 颗粒间摩擦角的设定有待改进；② 三维效应，用二维 DDA 模拟不能反映实际存在的三维效应；③ 计算用颗粒与实际颗粒差异大，颗粒孔隙分布都与实际情况差异较大，影响计算结果。

14.4　落石的模拟

陡峻山坡表面的石块，在风吹日晒雨淋的自然力作用下，或在人或动物的扰动下，经常会沿山坡落下，称为落石。荒郊山野的落石一般不会带来什么危害，但盘山公路修建后滚落到公路上的石块经常会击中行人或过往车辆，造成生命或财产的损失。作者在往返于西南水电建设的途中曾目睹过公路落石，也有过很受尊重的老专家在行驶途中被飞石击中而殉职的惨痛教训。因此在坡陡的山区修建公路时，对山上可能的落石及落石轨迹进行评估，在可能因落石带来伤害的地方进行预先防护，是公路建设中的任务之一。数值模拟是研究可能落石轨迹，为防护设计提供依据的重要手段。以大西有三教授为代表的日本 DDA 团队在模拟落石方面做过大量研究工作。

DDA 是模拟块体运动的最优秀手段。在用 DDA 进行落石轨迹模拟时，最重要的工作是确定参数，有多个参数直接影响模拟结果。除了最大位移比、时间步长、弹簧刚度等几个在 Df 文件中输入的数据外，还要输入如回弹系数、阻尼系数、天然山坡的摩擦角等直接影响模拟结果的系数。由于落石不是一个完全弹性问题，大量能量需在石块滚落撞击过程中消耗掉，风的阻力、山上植被对石块运动的阻碍作用也会对石块的自由运动产生阻尼,影响石块运动轨迹及落点,实际落石问题千变万化,除了如上提到的一些影响因素外,还受块体大小、山坡的形状、坡度影响。因此采用 DDA 模拟落石,准确地预测落石轨迹实际上是一个困难的工作。

模拟精度取决于参数。参数的取得一般有三种手段:室内实验、现场实验、现场观测。日本的岛内哲哉等采用野外实验、实时录像、图像分析的方法研究了落石过程中的速度 (能量) 比和回弹比。选择了三个野外边坡,对边坡清理过程中或开挖过程中的落石轨迹进行了录像。三个边坡落石的观测情况见表 14-11。其中边坡 A 表面为聚乙烯防护网,B、C 边坡表面为天然碎石。

表 14-11 落石观测录像边坡的特性

边坡编号及观测次数	边坡高/m	边坡长/m	平均落石直径/m	平均重量/kN	形状及落石特点
A,5	25	10	0.4~1.1	0.4~4	边长比 1:2~5,凝灰岩
B,17	42	20~25	1.0~2.0	3~23	边长比 1:1.5,凝灰岩
C,10	63	115	1.5~3.0	17~74	边长比 1:2,安山岩

文献 [5] 在分析落石轨迹、反演参数时按如下步骤进行:

(1) 实际录像中有一些小石块在滚落过程中会因碰撞而破碎,这些石块的轨迹复杂,参数不易反演。选择的石块具备如下条件:① 石块足够大,以便追踪石块的详细轨迹;② 石块的长细比 (长边和短边之比) 要大于 1:1,且选取不同长细比的石块追踪分析;③ 录像中易分辨石块的跳跃、旋转、滑动等。

(2) 按如图 14-22 流程对石块进行分类、排列、分析。

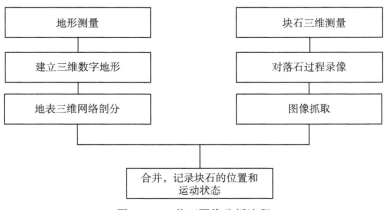

图 14-22 落石图像分析流程

在 A、B 两个边坡,使静止摄像机的视线与落石轨迹垂直,落石轨迹素描图见图 14-23。

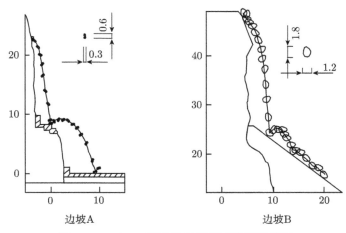

图 14-23   A、B 两个边坡的落石轨迹素描图

论文分析了落石与边坡碰撞后的动能比 γ (碰撞后的回弹动能和碰撞前的动能之比)，以及法向和切向回弹系数 (COR) Rn，Rt，同时尝试分析了石块下落过程中的线性动能和旋转动能的关系。

动能比 γ 和回弹系数 Rn，Rt 按下式计算：

$$\gamma = \frac{\frac{1}{2}mV_2^2}{\frac{1}{2}mV_1^2} = \frac{V_2^2}{V_1^2}$$

$$Rn = \frac{V_2 \cos \beta}{V_1 \cos \alpha} \tag{14-7}$$

$$Rt = \frac{V_2 \sin \beta}{V_1 \sin \alpha}$$

式中，V_1 为碰撞前速度，V_2 为碰撞后速度，α 为入射角，β 为反射角 (见图 14-24)。每个边坡都观测分析了各个块石的下落、反弹、落点等，见图 14-25。计算的回弹系数见表 14-12。

根据观测和分析结果，回弹模式和各项参数与入射角 α 关系密切。当 $\alpha < 45°$ 时，回弹模式见 a_1、a_2、b_1；当 $\alpha > 45°$ 时，回弹模式见 b_2、b_3、c_1、c_2。动能比 γ 受入射角的影响显著，$\alpha < 45°$ 时的动能比小于 0.2，而 $\alpha > 45°$ 时的动能比可为 $\alpha < 45°$ 时的 2~3 倍。回弹系数与 α 的关系也与动能比类似，当 $\alpha < 45°$ 时 ROC 小，当 $\alpha > 45°$ 时 ROC 大，剪切回弹系数这个规律更明显。

岩块的重量对入射角、反射角、回弹系数及动能系数都有较大的影响，块体越重反射角越大。当 $\alpha > 45°$ 时，入射角与反射角的差距较小，且撞击前后速度较小。动能和回弹系数随石块的增大有增大趋势。回弹系数受坡面材料性质影响显著，论文研究认为回弹系数在石块跌落过程中是变化的。

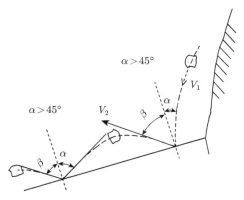

图 14-24 回弹系数计算示意图

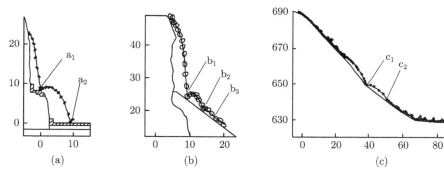

图 14-25 各边坡实测回弹点

表 14-12 各边坡能量比和回弹系数计算结果

块体号	落点编号	动能比		回弹系数 R_n		回弹系数 R_t		注
		平均值	标准差	平均值	标准差	平均值	标准差	
A	a_1	0.10	0.06	0.23	0.02	—	—	$\alpha < 45°$
	a_2	0.17	0.13	0.38	0.05	0.39	0.23	
B	b_1	0.11	0.02	0.23	0.10	0.34	0.13	
	b_2	0.47	0.17	0.35	0.04	0.68	0.04	
	b_3	0.67	—	0.51	—	0.83	—	$\alpha > 45°$
C	c_1	0.43	0.20	0.40	0.10	0.67	0.13	
	c_2	0.57	0.09	0.19	0.13	0.77	0.09	

　　论文分析了石块运动过程中的线动能和转动能的变化,发现虽然在块体旋转和碰撞过程中总能量变化较大,但转动能变化不大,且在接近运动终点时,随总能

量减小，转动能增大。

14.5　本 章 小 结

　　DDA 作为一种离散型分析方法，在模拟散粒体材料的力学行为方面有较大优势。当采用多边形块体时，可以得到合理且和实验结果相吻合的模拟结果。本章介绍的几个例子都是多边形块体的算例，实际的离散材料，尤其是几个算例中的实验材料本身就是多面体，用多边形单元模拟更切合实际，而利用圆形颗粒模拟时，难以得到理想的结果。文献 [2] 分析介绍了 DDA 模拟散粒材料时存在的不足：① 模拟峰值应力小于实验值；② DDA 计算结果在较大程度上受计算参数的影响，如接触刚度、法向与切向刚度的比值、允许贯入量等参数，同时颗粒的大小和形状也对结果有影响，因此这些参数应该通过反演得到。

参 考 文 献

[1] 张国新, 李广信, 郭瑞平. 不连续变形分析与土的应力应变关系. 清华大学学报, 2000, 40(8): 108-110.

[2] Ishikawa T, Ohnishi Y, Namura A. DDA applied to deforacation analysis of coarse granular materials (ballast). Proceedings of ICADD-2 The second International Conference on Analysis of Discontinuous Deformation, Kyoto, Japan, 1997: 253-262.

[3] Ishikawa T, Ohnishi Y. Analysis of cyclic plastic deformation of railroad ballast by DDA. Proceeding of ICADD-3 Third International Conference on Analysis of Discontinuous Deformation—from Theory to Practice, Vail, Colorado, 1999: 107-116.

[4] IshiKawa T, Sekihe E, Ohnishi Y. Application of DDA to mechanical behavior of granulan base-subgrade system. Proceedings of International Mini-symposium for Numerical Discontinuous Analysis, Hawaii. 2008: 41-52.

[5] Shimauchi T, Sakai N, Ohnishi Y. Fundamental study of mechanical behaviors for rockfalls based on imaging analysis. Proceedings of Icadd-4 The Fourth International Conference on Analysis of Discontinuous Deformation, Glasgow, Scotland, UK, $6^{th} \sim 8^{th}$, June, 2001: 473-483.

第15章 边坡稳定分析及失稳模拟

15.1 引　言

边坡稳定及重力坝深层抗滑稳定分析目前一般采用刚体极限平衡法,通过人为切割或自然存在的断层、节理、裂隙等不连续构造面将分析对象划分成条块,分析每个条块的静力平衡,进而分析每条块及整体的稳定性。刚体极限平衡分析的代表性方法是 1974 年由 Sarma 提出的 Sarma 法。Sarma 法力学模型相对严密,考虑了侧滑面上的作用力,其滑裂面可以是任意折线,且对条块形状没有特殊要求,既可采用直条分,亦可根据实际工程地质情况采用斜条分的形式。由于其本质仍是极限平衡原理,满足静力平衡条件及 Mohr-Coulomb 强度准则,所以其计算成果可直接与规范安全系数接轨,可为工程设计提供直观的判断依据。陈祖煜 [1] 提出了边坡稳定分析的塑性力学上限解,该求解方法仍然采用极限平衡法,但从变形协调出发通过虚功原理推导。陈祖煜还从理论上证明了 Sarma 法和塑性力学上限解的等效性。

DDA 是一种数值方法,方程建立的过程中同时考虑了变形协调和静力平衡,接触面满足 Mohr-Coulomb 破坏准则,与塑性力学上限解和 Sarma 法相比更能反映真实情况,但是由于 DDA 计算中在构造面屈服后抗拉强度和凝聚力完全软化,计算得到的稳定安全系数会低于如上两种方法的结果。

本章首先简单介绍 Sarma 法的基本原理和计算公式,然后通过典型算例将 DDA 和 Sarma 法进行比较,对比分析两者的关系,探讨 DDA 用于边坡稳定安全性分析的适应性,最后介绍 DDA 用于边坡稳定分析和失稳破坏模拟的几个算例。

15.2 Sarma 法简介

Sarma 在 1974 年提出了任意条块分割的边坡刚体极限平衡稳定分析方法 [2],后被称为 Sarma 法。E. Hoek[3] 对此法进行了改进,使该方法可用于具有折线、圆弧形、非圆弧形等的组合滑面,同时可以考虑接触面水压作用、不同的抗剪强度等情况,国内有学者也对此法进行了改进,但经本书作者复核似乎多有这样那样的问题,此处介绍 E. Hoek 的方法,本部分文字主要来自文献 [3]。

Sarma 法计算简图及所使用的符号见图 15-1。边坡一般情况下是稳定的,即自然状态下是稳定的,自然状态下安全系数大于 1,稳定分析的目的就是要求出当前状态的安全系数。数值分析方法，如有限元非线性分析方法，安全系数的求法有两种，即超载法和强度折减法，DDA 也可以用同样的方法求解，第 8 章中介绍了 DDA 的超载法和强度折减法。

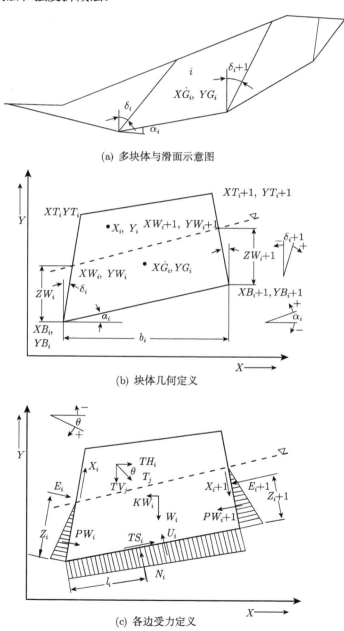

(a) 多块体与滑面示意图

(b) 块体几何定义

(c) 各边受力定义

图 15-1　Sarma 法计算简图及所使用的符号

对于刚体极限平衡法, Sarma 建议对每一个块体 i 在朝向边坡处的方向施加一个水平力 KW_i, W_i 为块体 i 的重力, K 为外加水平力系数。求安全系数有两种方法: ① 超载法, 即不断增大 K 使 $K = K_c$ 时边坡处于临界状态, 则 K_c 即为边坡安全系数; ② 降强法, 对强度进行折减, 即将抗剪强度值 $\tan\phi$ 和 C 值逐步减小为 $\tan\phi/F$ 和 C/F, 并计算边坡处于临界状态的 K 值, 当 $K = K_c = 0$ 时所需要的折减系数 F 值即为强度折减安全系数。

图 15-1(b) 为 Sarma 法中块体的几何定义, 以 i 块体为例, 取 i 块为四边形块, 块的左侧边编号为 i, 右侧边编号为 $(i+1)$, 计算中以角点坐标 XT_i、YT_i、XB_i、YB_i、XT_{i+1}、YT_{i+1} 和 XB_{i+1}、YB_{i+1} 等描述。地下水位面由其与条块体各边交点的坐标 XW_i、YW_i 和 XW_{i+1}、YW_{i+1} 表示。块体形心用 XG_i、YG_i 表示, 两侧边与竖向 (Y 向) 的夹角分别为 δ_i、δ_{i+1}, 顺时针为正, 边长分别为 d_i、d_{i+1}。底边边长为 b_i, 与水平线的夹角为 α_i。

图 15-1(c) 为块体受力示意图, X、E 分别为两侧边的作用于条块的切向力和法向力, Z 为合力作用点的高度。PW_i、PW_{i+1} 为两侧边水压, U_i 为底边水压力。W_i 为自重, KW_i 为求解临界稳定时施加的向外附加力。N_i、TS_i 为底边的法向力和切向力, TH_i、TV_i 为水压力作用于块体形心的合力在水平向和铅直向的合力。

1. 几何计算

图 15-1(b) 为块体的几何定义, X 坐标从块脚开始指向坡顶方向为正, Y 轴向上为正。假设 d_i、δ_i 及侧边水压作用高度 ZW_i 可以由以前的块体 $(i+1)$ 求出, 则

$$d_{i+1} = [(XT_{i+1} - XB_{i+1})^2 + (YT_{i+1} - YB_{i+1})^2]^{1/2} \tag{15-1}$$

$$\delta_{i+1} = \arcsin[(XT_{i+1} - XB_{i+1})/d_{i+1}] \tag{15-2}$$

$$b_i = XB_{i+1} - XB_i \tag{15-3}$$

$$\alpha_i = \arctan[(YB_{i+1} - YB_i)/b_i] \tag{15-4}$$

$$W_i = (1/2)\gamma_r |(YB_i - YT_{i+1})(XT_i - XB_{i+1}) + (YT_i - YB_{i+1})(XT_{i+1} - XB_i)| \tag{15-5}$$

$$ZW_{i+1} = YW_{i+1} - YB_{i+1} \tag{15-6}$$

式中, γ_r 为容重, W_i 为条块体重量。

2. 水压力计算

为了考虑所有可能的地下水的存在条件，包括边坡的任意部分浸入水中，必须对图 15-2 所示的四种情况加以分析。在这四种情况中，作用于条块底部的扬压力 U_i 可由下式给出：

$$U_i = (1/2)\gamma_w \left| (YW_i - YB_i + YW_{i+1} - YB_{i+1})b_i / \cos\alpha_i \right| \tag{15-7}$$

式中，γ_w 为水的容重。

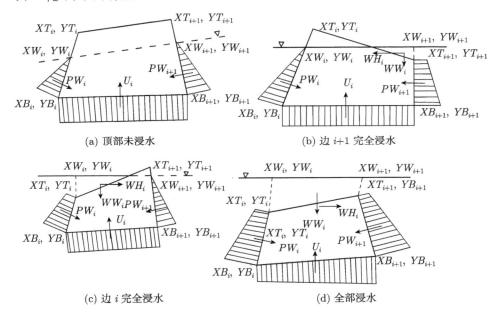

(a) 顶部未浸水　　　　　　　　　　　(b) 边 $i+1$ 完全浸水

(c) 边 i 完全浸水　　　　　　　　　　(d) 全部浸水

图 15-2　水压力分布类型

第一种情况：条块体顶部没有浸水时

$$YT_i > YW_i, \quad T_{i+1} > YW_{i+1} \tag{15-8}$$

$$PW_i = (1/2)\gamma_w \left| (YW_i - YB_i)^2 / \cos\delta_i \right| \tag{15-9}$$

$$PW_{i+1} = (1/2)\gamma_w \left| (YW_{i+1} - YB_{i+1})^2 / \cos\delta_{i+1} \right| \tag{15-10}$$

第二种情况：仅边 i 完全浸水时

$$YT_i < YW_i, \quad T_{i+1} > YW_{i+1} \tag{15-11}$$

$$PW_i = (1/2)\gamma_w \left| (2YW_i - YT_i - YB_i)(YT_i - YB_i) / \cos\delta_i \right| \tag{15-12}$$

$$PW_{i+1} = (1/2)\gamma_w \left| (YW_{i+1} - YB_{i+1})^2 / \cos\delta_{i+1} \right| \tag{15-13}$$

$$WW_i = (1/2)\gamma_w \left| (YW_i - YT_i)^2 (XT_{i+1} - XT_i)/(YT_{i+1} - YT_i) \right| \tag{15-14}$$

$$WH_i = (1/2)\gamma_w (YW_i - YT_i)^2 \tag{15-15}$$

式中，WW_i 和 WH_i 分别为由于条块体的一部分浸入水中而施加于条块体表面的垂直水压力和水平水压力。注意，当 $YT_{i+1} > YT_i$ 时水平水压力 WH_i 沿正方向作用，而当 $YT_{i+1} < YT_i$ 时改为沿负方向作用。

第三种情况：仅边 $(i+1)$ 完全浸水时

$$YT_i > YW_i, \quad T_{i+1} < YW_{i+1} \tag{15-16}$$

$$PW_i = (1/2)\gamma_w \left| (YW_i - YB_i)^2 / \cos\delta_i \right| \tag{15-17}$$

$$PW_{i+1} = (1/2)\gamma_w \left| (2YW_{i+1} - YT_{i+1} - YB_{i+1})(YT_{i+1} - YB_{i+1})/\cos\delta_{i+1} \right| \tag{15-18}$$

$$WW_i = (1/2)\gamma_w \left| (YW_{i+1} - YT_{i+1})^2 (XT_{i+1} - XT_i)/(YT_{i+1} - YT_i) \right| \tag{15-19}$$

$$WH_i = (1/2)\gamma_w (YW_{i+1} - YT_{i+1})^2 \tag{15-20}$$

第四种情况：条块体全部浸水时

$$XT_i < XW_i, \quad T_{i+1} < XW_{i+1} \tag{15-21}$$

$$PW_i = (1/2)\gamma_w \left| (2YW_i - YT_i - YB_i) \right| (YT_i - YB_i)/\cos\delta_i \right| \tag{15-22}$$

$$PW_{i+1} = (1/2)\gamma_w \left| (2YW_{i+1} - YT_{i+1} - YB_{i+1})(YT_{i+1} - YB_{i+1})/\cos\delta_{i+1} \right| \tag{15-23}$$

$$WW_i = (1/2)\gamma_w \left| (YW_i - YT_i + YW_{i+1} - YT_{i+1})(XT_{i+1} - XT_i) \right| \tag{15-24}$$

$$WH_i = (1/2)\gamma_w \left| (YW_i - YT_i + YW_{i+1} - YT_{i+1})(XT_{i+1} - XT_i) \right| \tag{15-25}$$

用以上所列的方程计算出的作用于第一个条块体第一条边上的水压力 PW_1 和作用于第 $(n+1)$ 条边 (可能是一条拉裂纹) 上的水压力 PW_{n+1}，通常并不直接用于临界加速度的计算。当坡脚浸水或当拉裂纹充水时，这些力对稳定性分析可能很重要，而将这些力引入分析计算的最简单的方法，是将它们看作外力。其垂直分量和水平分量分别为

$$TV_1 = PW_1 \sin\delta_1 \tag{15-26}$$

$$TH_1 = PW_1 \cos\delta_1 \tag{15-27}$$

$$TV_n = PW_{n+1} \sin\delta_{n+1} \tag{15-28}$$

$$TH_n = PW_{n+1} \cos\delta_{n+1} \tag{15-29}$$

式中，n 为分析中包含的条块体的总数。

3. 临界加速度 K_c 及安全系数的计算

使边坡达到极限平衡条件所需要的临界加速度 K_c 由下式给出：

$$K_c = AE/PE \tag{15-30}$$

式中

$$AE = a_n + a_{n-1}e_n + a_{n-2}e_ne_{n-1} + \cdots + a_1e_ne_{n-1}\cdots e_3e_2 \tag{15-31}$$

$$PE = p_n + p_{n-1}e_n + p_{n-2}e_ne_{n-1} + \cdots + p_1e_ne_{n-1}\cdots e_3e_2 \tag{15-32}$$

$$a_i = Q_i[(W_i + TV_i)\sin(\varphi_{Bi} - \alpha_i) - TH_i\cos(\varphi_{Bi} - \alpha_i) + R_i\cos\varphi_{Bi}$$
$$+ S_{i+1}\sin(\varphi_{Bi} - \alpha_i - \delta_{i+1}) - S_i\sin(\varphi_{Bi} - \alpha_i - \delta_i)] \tag{15-33}$$

$$P_i = Q_iW_i\cos(\varphi_{Bi} - \alpha_i) \tag{15-34}$$

$$e_i = Q_i[\cos(\varphi_{Bi} - \alpha_i + \varphi_{Si} - \delta_i)/\cos\varphi_{Si}] \tag{15-35}$$

$$Q_i = \cos\varphi_{Si+1}/\cos(\varphi_{Bi} - \alpha_i + \varphi_{Si+1} - \delta_{i+1}) \tag{15-36}$$

$$S_i = c_{Si}d_i - PW_i\tan\varphi_{Si} \tag{15-37}$$

$$S_{i+1} = c_{Si+1}d_{i+1} - PW_{i+1}\tan\varphi_{Si+1} \tag{15-38}$$

$$R_i = c_{Bi}b_i/\cos\alpha_i - U_i\tan\varphi_{Bi} \tag{15-39}$$

如上各式中，c_{Si}、φ_{Si} 分别为第 i 侧边的凝聚力和摩擦角，c_{Bi}、φ_{Bi} 分别为第 i 底边的凝聚力和摩擦角。

对于临界加速度 K_c 不等于零的边坡，可同时减小所有滑动面上的抗剪强度，直到由方程 (15-30) 计算出的加速度 K_c 减小为零，即可计算出静力安全系数，即在方程 (15-33)~(15-39) 中代入下列抗剪强度值：

$$c_{Bi}/F, \quad \tan\varphi_{Bi}/F, \quad c_{Si}/F, \quad \tan\varphi_{Si}/F, \quad c_{Si+1}/F, \quad \tan\varphi_{Si+1}/F \tag{15-40}$$

则 $K_c=0$ 时的 F 即为边坡的强度折减安全系数，F 值可以逐渐减小，试算求得。

4. 解的合理性校验

由 Sarma 法得到的合理解需要满足两个条件：① 条块间法向应力不能出现拉应力；② 各块体需满足力矩平衡条件。

1) 条块间法向应力校验

对给定的安全系数确定 K 值后，即可从已知条件 $E_1=0$ 开始，由下列方程的渐进递推解求出作用在每一个条块体各边和底部上的力：

$$E_{i+1} = a_i - p_i K + E_i e_i \tag{15-41}$$

$$X_i = (E_i - PW_i) \tan \varphi_{si} + c_{si} d_i \tag{15-42}$$

$$N_i = (W_i + TV_i + X_{i+1} \cos \delta_{i+1} + X_i \cos \delta_i - E_{i+1} \sin \delta_{i+1} + E_i \sin \delta_i$$
$$+ U_i \tan \varphi_{Bi} \sin \alpha_i - c_{Bi} b_i \tan \alpha_i) \cos \varphi_{Bi} / \cos(\varphi_{Bi} - \alpha_i) \tag{15-43}$$

$$TS_i = (N_i - U_i) \tan \varphi_{Bi} + c_{Bi} b_i / \cos \alpha_i \tag{15-44}$$

作用于条块底部和各边上的有效法向应力可算得如下:

$$\sigma'_{Bi} = (N_i - U_i) \cos \alpha_i / b_i \tag{15-45}$$

$$\sigma'_{Si} = (E_i - PW_i) / d_i \tag{15-46}$$

$$\sigma'_{Si+1} = (E_{i+1} - PW_{i+1}) / d_{i+1} \tag{15-47}$$

为了使解合理可用,所有有效法向应力必须为正。

当某条块法向应力不为压时,必须改变条块的几何形状或地下水的状态条件,直到所有法向应力都为正。

2) 力矩平衡条件校验

最后校验各条块体是否满足力矩平衡条件[1]。参照图 15-1 对条块的左下角取矩,有

$$N_i l_i - X_{i+1} b_i \cos(\alpha_i + \delta_{i+1}) / \cos \alpha_i - E_i Z_i + E_{i+1} [Z_{i+1} + b_i \sin(\alpha_i + \delta_{i+1}) / \cos \alpha_i]$$
$$- W_i (XG_i - X_{Bi}) + K_c W_i (YG_i - Y_{Bi}) - TV_i (X_i - XG_i) + TH_i (Y_i - YG_i) = 0 \tag{15-48}$$

式中,XG_i、YG_i 为条块体重心的坐标,X_i、Y_i 为力 T_i 的作用点的坐标。

正确的解应满足式 (15-48) 的力矩平衡条件,如果此条件不能满足,则需对数据进行认真检查。

15.3　典型算例 —— DDA 与 Sarma 法的比较

例 15-1　某露天煤矿边坡的稳定分析。

该算例来自于 E. T. 布朗的著作[3]。图 15-3 表示的是某大型露天煤矿的一个边坡的几何形状。薄煤层由软弱凝灰岩覆盖,边坡已沿煤层发生滑动,坡角已穿过凝灰岩向外突出。附近还有水库,使地下水位抬高,导致边坡出现如图所示的高地下水位。由实验室试验和对现有破坏的反分析,得出煤层的摩擦角为 18°,粘聚力

为零。穿过软弱凝灰岩的破坏面的摩擦角为 30°，凝聚力为 0.02MPa。凝灰岩的容重为 $2.1t/m^3$，水的容重为 $1.0t/m^3$。

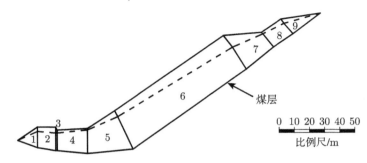

图 15-3   露天煤矿边坡的几何形状

1) Sarma 法结果

表 15-1 为文献 [3] 中程序直接打印的结果，由表可得到图 15-3 中的各控制点的坐标和力学参数及计算结果。由表可见，本边坡高水位状态下的安全系数为 $F=1.17$。排水灵敏度分析表明，排水 50%（将水的容重减小到 $0.5t/m^3$）时可使安全系数增加到 1.41，而完全排水边坡的安全系数可增加到 1.65。本边坡的实际情况即是通过排水的方式提高安全度，保证了边坡的安全。

表 15-1   露天煤矿的稳定性

边号	1	2	3	4	5	条块号	1	2	3	4	5
坐标 XT	4.00	17.00	29.00	30.00	50.00	岩石容重	2.10	2.10	2.10	2.10	2.10
坐标 YT	17.00	26.00	26.00	24.00	25.00	摩擦角	30.00	30.00	30.00	30.00	30.00
坐标 XW	4.00	17.00	29.00	30.00	50.00	粘聚力	2.00	2.00	2.00	2.00	2.00
坐标 YW	17.00	23.00	22.00	22.00	24.00	力 T	0.00	0.00	0.00	0.00	0.00
坐标 XB	4.00	17.00	29.00	30.00	50.00	角 θ	0.00	0.00	0.00	0.00	0.00
坐标 YB	17.00	12.00	10.00	10.00	8.00	有效正应力					
摩擦角	0.00	30.00	30.00	30.00	30.00	底部	29.91	37.07	22.52	29.22	44.54
粘聚力	0.00	2.00	2.00	2.00	2.00	边	0.00	23.69	41.25	48.08	60.63
边号	6	7	8	9	10	条块号	6	7	8	9	
坐标 XT	68.00	140.00	165.00	178.00	204.00	岩石容重	2.10	2.10	2.10	2.10	
坐标 YT	37.00	88.00	90.00	99.00	103.00	摩擦角	30.00	30.00	30.00	30.00	
坐标 XW	70.00	146.00	166.00	180.00	204.00	粘聚力	2.00	2.00	2.00	2.00	
坐标 YW	33.00	80.00	89.00	96.00	103.00	力 T	0.00	0.00	0.00	0.00	
坐标 XB	80.00	155.00	173.00	186.00	204.00	角 θ	0.00	0.00	0.00	0.00	
坐标 YB	11.00	65.00	80.00	89.00	103.00	有效正应力					
摩擦角	18.00	18.00	18.00	18.00	0.00	底部	27.92	18.89	11.90	6.64	
粘聚力	0.00	0.00	0.00	0.00	0.00	边	63.72	14.41	11.11	3.25	

注：加速度 K_c=1.008; 安全系数 F=1.17

2) DDA 法结果

按与 Sarma 法计算相同的块体切割方式，经计算域划分成 10 个块体，采用 DDA 计算，计算模型见图 15-4。为了反映水对稳定性的影响，在水面线与构造面相交的地方设置了顶点，并给定顶点的水位。计算采用的参数见表 15-2。计算过程为：① 给定构造面较大的抗剪强度 (锁定状态)，计算边坡在自重和水压作用下的变形，直至计算稳定 (15s 即可稳定)；② 采用摩擦系数和凝聚力同步折减的方式，即 $C(t) = c_0/F$，$\varphi(t) = \varphi_0/F$，逐步加大 F，直至破坏；③ 画出 1 号块的总位移 u 与时间 t 的关系曲线，即 $u \sim t$ 曲线，见图 15-5，位移曲线出现拐点的部位即可认为是边坡屈服达到极限平衡状态的部位。根据如上步骤分析可知，DDA 模拟的边坡稳定安全系数为 1.28，与 Sarma 法的结果 1.17 接近但略大，说明 DDA 强度折减法用于分析边坡的稳定安全是有效的。

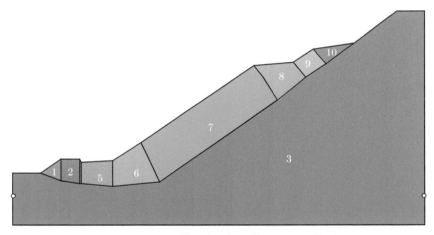

图 15-4 露天煤矿稳定性计算的 DDA 模型

表 15-2 露天煤矿稳定性计算参数

参数	数值
弹性模量 (凝灰岩)/MPa	15.0
弹性模量 (凝灰岩)/MPa	4.0
泊松比 ν	0.2
罚函数/(GPa·m)	20.0
容重/(kN/m³)	21.0
最大位移比	0.002
最大时间步长/s	0.02

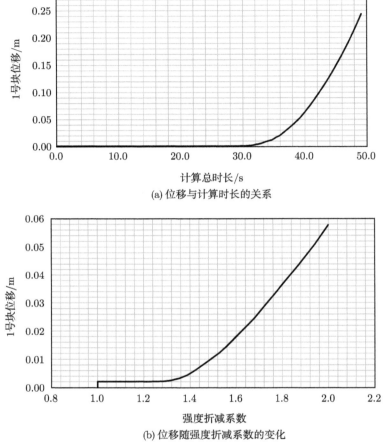

图 15-5　露天煤矿稳定性 DDA 模拟结果 (考虑地下水作用)

同时用 DDA 计算了不考虑渗透压力的情况得到的安全系数是 1.75，略大于 Sarma 法的结果。

两种工况的 DDA 结果均大于 Sarma 法结果，分析认为可能是和 7 号块下角点与 3 号块凹角接触存在卡阻力有关。

例 15-2　部分浸水的堆石边坡。

文献 [3] 在介绍 Sarma 法时给出的第二个算例是部分浸水的堆石边坡的稳定性分析，某堆石边坡见图 15-6，按垂直条分法将边坡分成了 8 块，地下水位为 15m，1~3 号坝体的全部处于水位以下，4~6 号坝体部分位于水下，7~8 号坝体位于水上，1~3 号坝体的底部位于沙基之中，**摩擦角为 33°**。

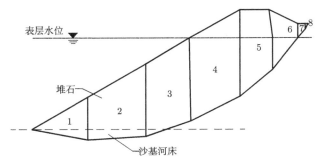

图 15-6 沙基上部浸水的堆石边坡

1) Sarma 法结果

Sarma 法计算输出的数据见表 15-3,表中给出了全部几何数据和力学参数。表中给出了 Sarma 法得到的安全系数是 $F=1.91$,同时给出了给定参数下临界状态需施加的地震加速度为 $K_c=0.2106$。

表 15-3　沙基上部分浸水堆石边坡稳定性分析

边号	1	2	3	4	5	条块号	1	2	3	4	5
坐标 XT	2.30	10.00	18.00	24.00	31.00	岩石容重	19.70	19.70	19.70	19.70	19.70
坐标 YT	2.00	6.60	11.30	15.00	19.00	摩擦角	33.00	33.00	33.00	40.00	40.00
坐标 XW	2.30	10.00	18.00	24.00	31.00	粘聚力	0.00	0.00	0.00	0.00	0.00
坐标 YW	15.00	15.00	15.00	15.00	15.00	力 T	0.00	0.00	0.00	0.00	0.00
坐标 XB	2.30	10.00	18.00	24.20	31.00	角 θ	0.00	0.00	0.00	0.00	0.00
坐标 YB	2.00	0.50	1.00	3.20	6.70	有效正应力					
摩擦角	0.00	35.00	40.00	40.00	40.00	底部	40.96	91.27	96.99	110.22	91.68
粘聚力	0.00	0.00	0.00	0.00	0.00	边	0.00	27.62	36.13	30.73	24.83
边号	6	7	8	9		条块号	6	7	8	9	
坐标 XT	35.00	39.00	40.00	40.00		岩石容重	19.70	19.70	19.70		
坐标 YT	19.00	17.00	17.00	17.00		摩擦角	40.00	40.00	33.00		
坐标 XW	35.50	39.00	40.00	40.40		粘聚力	0.00	0.00	0.00		
坐标 YW	15.00	15.00	16.20	17.00		力 T	0.00	0.00	0.00		
坐标 XB	35.50	39.00	40.00	40.40		角 θ	0.00	0.00	0.00		
坐标 YB	10.50	15.00	16.20	17.00		有效正应力					
摩擦角	40.00	40.00	33.00	0.00		底部	41.96	14.67	3.51		
粘聚力	0.00	0.00	0.00	0.00		边	16.23	6.75	2.01		

注:加速度 $K_c=0.2106$;安全系数 $=1.91$

2) DDA 结果

根据表 15-3 的数据建立 DDA 模型,见图 15-7,DDA 计算参数见表 15-4。采用位移拐点法求安全系数。块体 1 的位移随时间和强度折减系数的变化分别见图 15-8 和图 15-9,由该图可得 DDA 计算的安全系数为 $F=2.20$,大于 Sarma 法的结果。

　　从如上两个算例来看, DDA 用于分析求解边坡稳定安全系数是可行的。Sarma 法按界面的极限承载能力进行计算, 即按理想弹塑性状态计算。DDA 计算时为了模拟这种极限状态, 界面屈服后按 c 值不软化处理, 即界面状态由粘接到滑移时, c 值仍然保留。

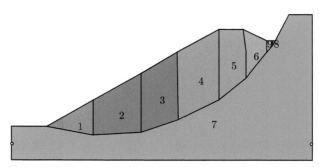

图 15-7　DDA 计算块体

表 15-4　沙基上堆石边坡的计算参数

参数	数值
弹性模量 (岩石)/GPa	15.0
弹性模量 (沙基)/GPa	4.0
泊松比 ν	0.2
1-2、7-8 条块之间摩擦角/(°)	33
其他条块之间摩擦角/(°)	40
条块之间凝聚力/MPa	0.0
1~3、8 号条块与基础之间摩擦角/(°)	33
其他条块与基础之间摩擦角/(°)	40
罚函数/(GPa·m)	20.0
容重/(kN/m³)	19.7
最大位移比	0.002
最大时间步长/s	0.02

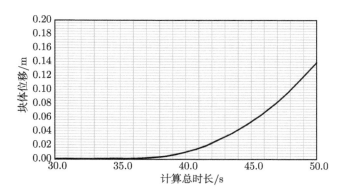

图 15-8　块体位移与计算时长关系

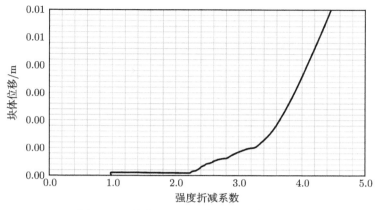

图 15-9　块体位移与强度折减系数的关系

15.4　三峡大坝三号坝段深层抗滑稳定分析
—— Sarma 法与 DDA 的比较

15.4.1　Sarma 法计算结果 [1]

　　三峡大坝三号坝段基础内存在倾向下游的构造面，见图 15-10，通过地质勘探已查明该坝段基础下面存在长大节理组合，形成如图 15-10 中所示 12345678 的潜在滑裂面。由于大坝的纵缝位于⑥和⑦坝块之间，靠近 7 点，故可认为界面 7 是一个

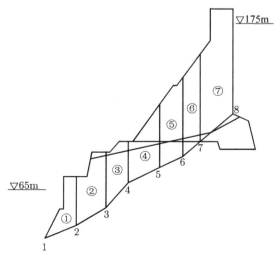

图 15-10　三峡大坝深层抗滑稳定

具有物理意义的缝。由于 7、8 段滑裂面穿过混凝土坝的⑦坝块，考虑剪断一部分混凝土坝即 7~8 段，然后沿 1234567 滑动的模式。在计算中，1~7 点的底滑面采用表 15-5 中的 2 号材料的指标，7 和 8 点采用 1 号材料的指标。

表 15-5　设计材料参数和接触面抗剪强度参数

材料号	材料名	容重/(t/m³)	摩擦系数	摩擦角/(°)	凝聚力/MPa
1	混凝土	2.45	1.10	47.73	3.00
2	节理岩体	2.70	0.7	35.0	0.20

由于三峡坝段存在一组基本垂直的陡倾节理，故采用垂直条分。同时，界面 7 与大坝的纵缝接近，故界面 7 可以认为是一个物理上确实存在的界面。陈祖煜等 [1] 对此界面采用混凝土的强度指标，即表 15-5 中混凝土材料 1。至于其他控制点的垂直界面，采用节理岩体指标，但通过混凝土坝部分的强度指标则赋予混凝土指标。经综合分析，界面 2~6 采用表 15-5 第 2 种材料的强度指标。

文献 [1] 采用 Sarma 法程序对图 15-10 所示的模型进行了安全系数计算，由于各滑面及条块间强度指标变化剧烈，条块间的力的方向出现了两种不同的情况，综合考虑这些情况，文献 [1] 进行了三种方案的计算：

方案 1：采用表 15-5 的参数，考虑了两种力的方向的可能性；

方案 2：对计算参数进行了调整，保证界面受拉时 $c=0$, $\varphi=0$；

方案 3：对于两种力的方向的可能情况，将界面 4 和 7 的 c 值取为零。

三种方案的计算参数和计算结果见表 15-6。

表 15-6　Sarma 法三种计算方案的参数的取值和结果

方案	工况	内力,强度指标	土界面编号							F
			2	3	4	5	6	7	8	
1	1. 考虑两种可能性	c/kPa	200	200	200	200	200	3000	0	2.966 参数 1
		φ/(°)	35.0	35.0	35.0	35.0	35.0	47.73	0	
	2. 不考虑两种可能性	c/kPa	200	200	200	200	200	3000	0	2.048 参数 1
		φ/(°)	35.0	35.0	35.0	35.0	35.0	47.73	0	
2	1. 考虑两种可能性	c/kPa	200	200	200	200	200	3000	0	2.912 参数 2
		φ/(°)	0	0	0	0	0	47.73	0	
		E(×9.8kN)	1320.5	917.0	395.0	−95.0	−516.1	3231.6	2112.6	
	2. 不考虑两种可能性	c/kPa	200	200	200	200	200	3000	0	1.966 参数 3
		φ/(°)	35.0	35.0	35.0	35.0	35.0	0	0	
		E(×9.8kN)	2219.5	2073.4	1544.1	1402.6	1250.8	−3267.4	2112.6	
3	1. 考虑两种可能性	c/kPa	200	200	200	200	200	0	0	2.419 参数 4
		φ/(°)	0	0	0	0	0	0	0	
	2. 不考虑两种可能性	c/kPa	200	200	0	200	200	0	0	2.455 参数 5
		φ/(°)	35.0	35.0	35.0	35.0	35.0	0	0	

不同方案的安全系数有较大的差距，最大值为 $F=2.966$，最小值为 $F=1.966$，表 15-7 给出 3 种各条底不同方案时的法向应力分布，方案 1、2 的 6 号条底出现了拉应力；而方案 3 均为压应力，因此两种考虑方式的结果接近，也与其他方法的结果接近，说明方案 3 更合理。

表 15-7   三次计算 (情况 1) 条底法向应力 (负为拉)   (单位: $9.8kN/m^2$)

计算次序	条柱编号						
	1	2	3	4	5	6	7
1	14.79	52.96	20.45	88.8	105.3	−441.8	302.6
2	26.7	45.6	11.4	90.0	101.0	−428.2	301.5
3	12.4	51.1	13.8	90.6	103.5	73.2	33.3

15.4.2   DDA 计算结果

1. 基于 DDA 应力结果的刚体极限平衡法

根据图 15-10 所示的 Sarma 法计算模型，进行 DDA 块体切割，得到 DDA 模型见图 15-11，模型中保留了图 15-10 中的所有界面，添加了下部基础岩体，整个模型材料分为三种: 坝体混凝土、拟定滑裂面上部岩体和下部岩体。水压力作用在坝体部分混凝土的上游面。

Sarma 法计算中考虑的界面 (12345678) 在 DDA 计算中一律给定一个足够大不可能破坏的强度，其他界面按表 15-8 取值，计算出接触面的应力分布，进一步采用极限平衡法计算单个块体及整体安全系数，以与 Sarma 法结果比较。

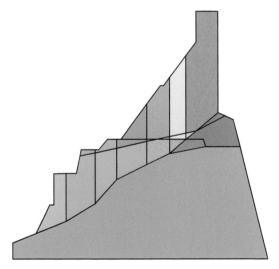

图 15-11   三峡三号坝段 DDA 计算模型

首先假定各块体独立作用, 按刚体极限平衡法计算各块体及整体安全系数, 见表 15-8, 由表见各条块独立作用时, 在自重作用下安全系数除 1 号、7 号大于 3 外, 其他均小于 2, 尤其 6 号块仅有 0.98, 整体安全系数为 2.55。

表 15-8　单块独立刚体极限平衡法结果 (只有自重)

块体号	体积 /m³	自重 /kN	坡角度 /(°)	法向分 力/kN	切向分 力/kN	摩擦角 /(°)	凝聚力 /kPa	底长 /m	安全 系数
1	437.0	10500.0	20.6	9829.3	3692.6	35.00	200	22.2	3.07
2	810.0	21400.0	31.9	18173.4	11299.9	35.00	200	24.2	1.55
3	585.0	15500.0	48.6	10242.3	11633.8	35.00	200	24.2	1.03
4	834.0	21500.0	25.6	19394.0	9280.2	35.00	200	21.0	1.92
5	873.0	21600.0	24.7	19631.2	9009.8	35.00	200	18.1	1.93
6	721.0	17500.0	44.6	12465.8	12282.3	35.00	200	16.6	0.98
7	1810.0	43500.0	41.0	32840.0	28526.9	47.73	3000	31.5	4.58
总体安全系数									2.55

利用图 15-11 所示的 DDA 模型, 只考虑自重荷载, 假定各条块之间摩擦角和凝聚力均为 0, 将假定滑动面 12345678 的摩擦角和凝聚力均给一个大值令其不致屈服, 用 DDA 计算滑动面的法向和切向应力分布, 进一步利用抗剪力和剪切力的比值 (式 (9-3)) 计算各条块和整体安全系数, 与单坝块刚体极限平衡法比较, 结果见表 15-9。对比表 15-9、表 15-8 可以看出, 基于 DDA 计算结果的安全系数与刚体极限平衡结果规律一致, 单块安全系数最大为 7 号坝, 均为 4.0 以上, 安全系数最小的条块均小于 1。综合安全系数分别为 2.55 和 2.5, 相对误差小于 2%。表 15-8 的刚体极限平衡法计算时未考虑条块间相互作用力, 这是和 DDA 数值计算基本假定的区别, 使得两者结果中各条块力的分布和安全系数结果有些差别。

在自重计算结果的基础上将水位抬高至正常蓄水 175.0m, 计算各块底部的法向应力与切向应力分布, 进一步计算各块和整体安全系数, 见表 15-10。在水压力作用下上部块, 即 3~7 块的剪切力增大, 安全系数减小, 下部块受下游水压作用向下游方向的剪切力减小, 局部安全系数增大。整体安全系数由无水时的 2.50 下降到 2.20。

利用表 15-6 所示的参数计算各正常水位工况下的各条块整体安全系数, 见表 15-11。计算中允许各条块之间屈服且 c 值软化, 底滑面的强度给一个很大的值避免屈服, 等计算稳定后得到法向力和切向力, 可以算出各滑块和沿滑动面整体安全系数。

由表 15-11 可以看出, 五套参数得到的总体安全系数基本一致, 说明本问题沿滑动面的总法向力和切向力与条块间的剪切力关系不大, 条块间传力更多靠法向接

表 15-9　只有自重荷载时（未蓄水）局部与整体安全系数 DDA 结果

边号	点号	x 坐标 /m	y 坐标 /m	摩擦角 /(°)	凝聚力 C/MPa	法向应力 /MPa	剪应力 /MPa	接触长 /m	法向力 /MN	切向力 /MN	抗剪力 /MN	安全系数 F
1	1	-1.49×10^{-5}	2.08×10	35.00	0.20	-0.26	0.44	0.00	0.00	0.00	3.95×10^{-6}	0.86
	2	-1.49×10^{-5}	2.08×10	35.00	0.20	-0.28	-0.17	5.64	1.58	0.94	2.23	2.38
	3	1.06×10	2.46×10	35.00	0.20	-0.42	-0.14	5.64	2.36	0.79	2.78	3.51
	4	1.06×10	2.46×10	35.00	0.20	-0.41	-0.15	5.46	2.22	0.79	2.65	3.33
	5	2.08×10	2.86×10	35.00	0.20	-0.81	-0.23	5.46	4.44	1.28	4.20	3.28
	6	2.08×10	2.86×10	35.00	0.20	-0.69	-0.29	1.00	0.69	0.29	6.87×10^{-1}	2.37
	合计							23.19	11.30	4.10	12.55	3.06
2	1	2.08×10	2.86×10	35.00	0.20	-0.74	-0.21	1.00	0.74	0.21	7.19×10^{-1}	3.40
	2	2.08×10	2.86×10	35.00	0.20	-0.63	-0.26	12.08	7.66	3.15	7.78	2.47
	3	4.14×10	4.14×10	35.00	0.20	-0.75	-0.30	12.08	9.01	3.67	8.73	2.38
	4	4.13×10	4.14×10	35.00	0.20	-0.52	-0.37	1.00	0.52	0.37	5.62×10^{-1}	1.51
	合计							26.17	17.92	7.41	17.78	2.40
3	1	5.73×10	5.96×10	35.00	0.20	-0.31	-1.22	9.75	3.02	11.85	4.06	0.34
	2	4.45×10	4.48×10	35.00	0.20	-0.39	-0.36	2.37	0.92	0.85	1.12	1.31
	3	4.45×10	4.48×10	35.00	0.20	-0.36	-0.36	9.75	3.53	3.55	4.42	1.25
	4	4.13×10	4.14×10	35.00	0.20	-0.60	-0.18	1.00	0.60	0.18	6.18×10^{-1}	3.50
	5	4.13×10	4.14×10	35.00	0.20	-0.46	-0.23	2.37	1.08	0.55	1.23	2.23
	合计							25.24	9.15	16.98	11.45	0.67
4	1	8.07×10	7.09×10	35.00	0.20	-1.16	-0.63	10.48	12.16	6.61	1.06×10	1.60
	2	6.18×10	6.18×10	35.00	0.20	-0.70	-0.25	10.48	7.33	2.67	7.23	2.71
	3	6.18×10	6.18×10	35.00	0.20	-0.68	-0.26	2.50	1.71	0.65	1.69	2.59
	4	5.73×10	5.96×10	35.00	0.20	-0.43	-0.11	2.50	1.07	0.26	1.25	4.73
	合计							25.96	22.27	10.19	20.78	2.04

续表

边号	点号	x 坐标 /m	y 坐标 /m	摩擦角 /(°)	凝聚力 C/MPa	法向应力 /MPa	剪应力 /MPa	接触长 /m	法向力 /MN	切向力 /MN	抗剪力 /MN	安全系数 F
5	1	8.07×10	7.09×10	35.00	0.20	−0.56	−0.26	9.05	5.10	2.39	5.38	2.25
	2	9.71×10	7.84×10	35.00	0.20	−1.35	−0.58	9.05	12.21	5.22	1.04×10	1.99
	合计							18.10	17.31	7.61	15.74	2.07
6	1	1.09×10²	9.00×10	35.00	0.20	−0.64	−0.79	8.28	5.33	6.53	5.39	0.82
	2	9.71×10	7.84×10	35.00	0.20	−0.37	−0.40	8.28	3.09	3.34	3.82	1.14
	合计							16.55	8.41	9.87	9.20	0.93
7	1	1.16×10²	9.61×10	47.71	3.00	−1.26	−1.25	11.14	14.08	13.91	4.89×10	3.52
	2	1.33×10²	1.11×10²	47.71	3.00	−0.81	−0.60	11.14	9.06	6.70	4.34×10	6.48
	3	1.16×10²	9.61×10	47.71	3.00	−1.19	−1.28	4.61	5.48	5.91	1.98×10	3.36
	4	1.09×10²	9.00×10	47.71	3.00	−0.85	−0.97	4.61	3.91	4.47	1.81×10	4.05
	合计							31.49	32.52	30.98	130.22	4.20
整体										87.15	217.74	2.50

表 15-10　考虑水荷载附局部与整体安全系数 DDA 结果 (参数 1)

边号	点号	x 坐标	y 坐标	摩擦角/(°)	凝聚力 C/MPa	法向应力/MPa	剪应力/MPa	接触长/m	法向力/MN	切向力/MN	抗剪力/MN	安全系数 F
1	1	-1.49×10^{-5}	2.08	35.00	0.20	-0.84	1.46	0.00	0.00	0.00	8.24×10^{-6}	0.54
	2	-1.49×10^{-5}	2.08	35.00	0.20	-0.88	0.36	5.64	4.96	-2.05	4.60	2.24
	3	1.06×10	2.46	35.00	0.20	-0.69	0.16	5.64	3.91	-0.87	3.87	4.42
	4	1.06×10	2.46	35.00	0.20	-0.71	0.15	5.46	3.85	-0.80	3.79	-4.74
	5	2.08×10	2.86	35.00	0.20	-0.80	-0.17	5.46	4.36	0.94	4.14	4.39
	6	2.08×10	2.86	35.00	0.20	-0.69	-0.29	1.00	0.69	0.29	6.87×10^{-1}	2.37
	合计							23.19	17.77	-2.49	17.08	6.85
2	1	2.08×10	2.86	35.00	0.20	-0.80	-0.12	1.00	0.80	0.12	7.61×10^{-1}	6.37
	2	2.08×10	2.86	35.00	0.20	-0.73	-0.18	12.08	8.87	2.12	8.63	4.07
	3	4.13×10	4.14	35.00	0.20	-0.71	-0.31	12.08	8.63	3.77	8.46	2.24
	4	4.13×10	4.14	35.00	0.20	-0.48	-0.38	1.00	0.48	0.38	5.37×10^{-1}	1.42
	合计							26.17	18.78	6.38	18.38	2.88
3	1	5.73×10	5.96	35.00	0.20	0.12	-1.54	9.75	-1.20	15.04	1.11	0.07
	2	4.45×10	4.48	35.00	0.20	-0.39	-0.39	2.37	0.92	0.93	1.11	1.20
	3	4.45×10	4.48	35.00	0.20	-0.36	-0.40	9.75	3.49	3.87	4.39	1.13
	4	4.13×10	4.14	35.00	0.20	-0.67	-0.13	1.00	0.67	0.13	6.67×10^{-1}	5.06
	5	4.13×10	4.14	35.00	0.20	-0.56	-0.20	2.37	1.32	0.47	1.40	2.98
	合计							25.24	5.18	20.44	8.68	0.42
4	1	8.07×10	7.09	35.00	0.20	-0.37	-1.04	10.48	3.84	10.94	4.78	0.44
	2	6.18×10	6.18	35.00	0.20	-1.08	-0.10	10.48	11.34	1.06	1.00×10	9.50
	3	6.18×10	6.18	35.00	0.20	-1.07	-0.11	2.50	2.68	0.28	2.38	8.49
	4	5.73×10	5.96	35.00	0.20	-1.11	0.18	2.50	2.77	-0.46	2.44	-5.33
	合计							25.96	20.63	11.82	19.64	1.66

续表

边号	点号	x 坐标	y 坐标	摩擦角 /(°)	凝聚力 C/MPa	法向应力 /MPa	剪应力 /MPa	接触长 /m	法向力 /MN	切向力 /MN	抗剪力 /MN	安全系数 F
5	1	8.07×10	7.09	35.00	0.20	−1.37	−0.23	9.05	12.41	2.11	1.05×10	4.99
	2	9.71×10	7.84	35.00	0.20	−1.27	−0.95	9.05	11.49	8.56	9.86	1.15
	合计							18.10	23.90	10.67	20.36	1.91
6	1	1.09×10^{2}	9.00	35.00	0.20	−0.87	−0.89	8.28	7.20	7.41	6.70	0.90
	2	9.71×10	7.84	35.00	0.20	−0.57	−0.60	8.28	4.68	4.98	4.93	0.99
	合计							16.55	11.88	12.38	11.63	0.94
7	1	1.16×10^{2}	9.61	47.71	3.00	−1.28	−1.53	11.14	14.25	17.03	4.91×10	2.88
	2	1.33×10^{2}	1.11	47.71	3.00	0.85	−0.47	11.14	−9.52	5.20	2.29×10	4.41
	3	1.16×10^{2}	9.61	47.71	3.00	−1.14	−1.50	4.61	5.26	6.91	1.96×10	2.84
	4	1.09×10^{2}	9.00	47.71	3.00	−1.04	−1.17	4.61	4.77	5.38	1.91×10	3.54
	合计							31.49	14.76	34.52	110.69	3.21
整体										93.72	206.46	2.20

触,条块间剪切力传力主要影响各块的局部安全系数。各坝块底部的局部安全系数差距较大,最下部的 1 号坝块由于受下游水压向上游的推力作用,抵消了部分向下游的下滑力,且上部各块传下来的推力较小,其安全系数最大为 6.66~6.85。最上部的 7 号坝块底部由于位于混凝土内部,抗剪参数高,安全系数较大,为 2.96~3.21。而 3 号坝块和 6 号坝块底部坡度大,自重引起的剪切力大,水推力作用引起的法向力减小量大,因此安全系数均小于 1,最小为 3 号块,仅为 0.42。可以想象实际受力过程中 3 号块底部首先屈服,6 号块次之。

取滑动面真实参数计算时 3 号、6 号底部均可能在正常荷载作用下出现屈服,屈服后凝聚力 c 的软化程度将影响整体安全系数,取两种极端情况:① 完全软化,即屈服后 c 值为 0;② 不软化,即屈服后 c 值保持不变,进行计算。结果见表 15-12、表 15-13。当某块体底部屈服时,会引起各块体应力重分布,各块的局部安全系数发生变化,当 c 值不软化时,由于沿滑动面整体抗剪能力不会因局部屈服而减小,因此整体安全系数不会有较大幅度变化 (见表 15-12)。当考虑 c 值软化时,软化部位的 c 值在屈服后丧失,会损失部分抗剪能力,因此沿滑面整体抗剪能力会有所减小 (见表 15-13),对比表 15-11~表 15-13,考虑 c 值软化后各参数条件下整体安全系数减小 10% 左右。

表 15-11　滑面锁死 —— 条块间取不同参数时安全系数计算表

参数	块号	法向力/MN	切向力/MN	抗滑力/MN	安全系数
1	1	17.77	−2.49	17.08	6.85
	2	18.78	6.38	18.38	2.88
	3	5.18	20.44	8.68	0.42
	4	20.63	11.82	19.64	1.66
	5	23.90	10.67	20.36	1.91
	6	11.88	12.38	11.63	0.94
	7	14.76	34.52	110.69	3.21
	整体	112.91	93.72	206.46	2.20
2	1	17.77	−2.56	17.08	6.66
	2	18.76	6.40	18.37	2.87
	3	4.80	20.11	8.41	0.42
	4	18.89	11.40	18.42	1.61
	5	26.29	10.65	22.03	2.07
	6	11.40	12.60	11.29	0.90
	7	14.87	34.81	110.81	3.18
	整体	112.79	93.40	206.42	2.21
3	1	17.79	−2.55	17.09	6.69
	2	18.78	6.38	18.38	2.88
	3	5.18	20.44	8.68	0.42
	4	20.63	11.82	19.64	1.66

续表

参数	块号	法向力/MN	切向力/MN	抗滑力/MN	安全系数
3	5	23.90	10.67	20.36	1.91
	6	11.88	12.38	11.63	0.94
	7	14.76	34.52	110.69	3.21
	整体	**112.92**	**93.66**	**206.47**	**2.20**
4	1	17.74	−2.54	17.06	6.72
	2	18.76	6.43	18.37	2.86
	3	5.00	19.94	8.55	0.43
	4	18.97	11.23	18.47	1.65
	5	25.25	10.27	21.30	2.07
	6	6.74	8.60	8.03	0.93
	7	20.16	39.41	116.63	2.96
	整体	**112.61**	**93.34**	**208.41**	**2.23**
5	1	17.75	−2.53	17.07	6.74
	2	18.78	6.42	18.38	2.86
	3	5.24	20.17	8.72	0.43
	4	21.81	11.88	20.46	1.72
	5	22.39	10.07	19.30	1.92
	6	6.60	8.09	7.93	0.98
	7	20.31	39.28	116.79	2.97
	整体	**112.87**	**93.38**	**208.65**	**2.23**

表 15-12　滑面不软化 —— 条块间取不同参数时安全系数计算表

参数	块号	法向力/MN	切向力/MN	抗滑力/MN	安全系数
1	1	17.45	−0.50	16.86	33.98
	2	17.44	13.47	17.25	1.28
	3	14.24	7.66	15.02	1.96
	4	21.68	12.66	20.37	1.61
	5	23.22	12.80	19.88	1.55
	6	10.03	8.70	10.33	1.19
	7	13.98	39.53	109.84	2.78
	整体	**118.05**	**94.31**	**209.55**	**2.22**
2	1	17.33	0.44	16.78	38.48
	2	15.66	10.87	16.00	1.47
	3	16.74	9.56	16.77	1.75
	4	16.96	11.26	17.06	1.52
	5	23.79	12.36	20.28	1.64
	6	10.05	8.23	10.35	1.26
	7	14.64	42.58	110.56	2.60
	整体	**115.16**	**95.29**	**207.79**	**2.18**

参数	块号	法向力/MN	切向力/MN	抗滑力/MN	安全系数
3	1	17.45	−0.50	16.86	33.98
	2	17.44	13.47	17.25	1.28
	3	14.24	7.66	15.02	1.96
	4	21.68	12.66	20.37	1.61
	5	23.22	12.80	19.88	1.55
	6	10.03	8.70	10.33	1.19
	7	13.98	39.53	109.84	2.78
	整体	**118.05**	**94.31**	**209.55**	**2.22**
4	1	21.09	3.08	19.21	6.23
	2	20.01	9.93	19.04	1.92
	3	11.07	5.56	9.90	1.78
	4	16.77	10.56	16.93	1.60
	5	21.23	13.58	18.49	1.36
	6	8.00	6.75	8.91	1.32
	7	17.54	42.85	113.75	2.65
	整体	**115.71**	**92.31**	**206.23**	**2.23**
5	1	17.55	−0.64	16.92	26.58
	2	18.20	13.06	17.78	1.36
	3	13.34	8.36	14.39	1.72
	4	20.99	12.52	19.89	1.59
	5	21.46	11.77	18.64	1.58
	6	5.91	6.60	7.45	1.13
	7	18.23	42.25	114.51	2.71
	整体	**115.68**	**93.93**	**209.58**	**2.23**

表 15-13 滑面软化 —— 条块间取不同参数时安全系数计算表

参数	块号	法向力/MN	切向力/MN	抗滑力/MN	安全系数
1	1	18.66	1.94	13.06	6.73
	2	19.43	6.15	13.60	2.21
	3	13.74	8.23	9.62	1.17
	4	19.19	10.93	13.44	1.23
	5	23.82	15.04	18.49	1.23
	6	8.48	3.95	5.94	1.50
	7	13.48	43.77	109.28	2.50
	整体	**116.79**	**90.01**	**183.43**	**2.04**
2	1	17.94	1.73	12.56	7.25
	2	19.49	6.75	13.65	2.02
	3	14.02	7.96	9.81	1.23
	4	19.25	10.06	13.48	1.34
	5	18.73	11.97	14.93	1.25
	6	8.51	5.48	5.96	1.09
	7	14.54	46.43	110.45	2.38
	整体	**112.47**	**90.38**	**180.83**	**2.00**

续表

参数	块号	法向力/MN	切向力/MN	抗滑力/MN	安全系数
	1	18.66	1.94	13.06	6.73
	2	19.43	6.15	13.60	2.21
	3	13.74	8.23	9.62	1.17
3	4	19.19	10.93	13.44	1.23
	5	23.82	15.04	18.49	1.23
	6	8.48	3.95	5.94	1.50
	7	13.48	43.77	109.28	2.50
	整体	**116.79**	**90.01**	**183.43**	**2.04**
	1	18.22	5.18	12.76	2.46
	2	17.89	6.09	12.53	2.06
	3	14.30	6.91	10.01	1.45
4	4	19.30	10.37	13.51	1.30
	5	18.58	12.29	13.01	1.06
	6	0.26	0.18	0.18	1.00
	7	16.06	43.86	112.12	2.56
	整体	**104.61**	**84.88**	**174.13**	**2.05**
	1	19.02	5.20	13.32	2.56
	2	19.64	8.45	13.75	1.63
	3	12.49	2.64	8.75	3.31
5	4	20.20	12.14	14.14	1.16
	5	23.92	15.05	16.75	1.11
	6	1.47	0.96	1.03	1.07
	7	17.03	43.14	113.19	2.62
	整体	**113.76**	**87.58**	**180.92**	**2.07**

2. DDA 强度折减法

强度折减法是以一定的时间次序施加荷载直至额定荷载，然后按一定的速度对抗剪强度进行折减，即摩擦角 φ 和凝聚力 c 按式 9-22 折减后进行计算，观测记录代表点的位移–强度折减系数曲线，在曲线出现拐点处，即为破坏临界点。本算例自重、水压荷载的加载及强度折减如图 15-12 所示。即计算之初自重为 0.5 倍，逐步增加到 15s 时施加到一倍自重；初始水压为 0，到 50s 时将水压升高到正常水位；计算之初设定强度系数为 1，计算到 100s 时开始对强度进行折减，到 300s 时强度折减至 0.1 倍。

取图 15-10 中的底滑面 1~7 段的抗剪参数为表 15-5 中的第二种，7-8 段采用表 15-5 中的第一种。垂直界面的参数取值按表 15-6 共 5 套参数。计算中考虑了 c 值不软化和全软化两种情况，共计算 10 个工况。取 7 号坝块的形心作为代表点，画出位移–时间、位移–强度折减倍数过程线，典型过程线见图 15-13。在本算例中每个计算工况都可以得到一组图 15-13 所示的曲线, 曲线中都有非常明显的变形拐点, 可以得到各工况的强度折减安全系数, 见表 15-14。

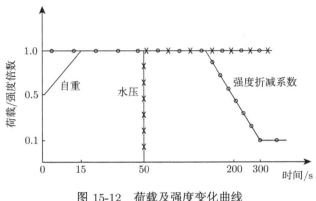

图 15-12 荷载及强度变化曲线

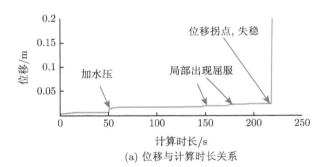

(a) 位移与计算时长关系

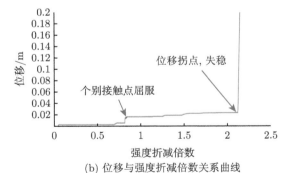

(b) 位移与强度折减倍数关系曲线

图 15-13 典型工况 (参数 5, 不软化) 上游块形心位移曲线

对比表 15-12~表 15-14, DDA 强度折减法的结果与 Sarma 法规律一致, 都是 2 号参数安全系数最小, 各参数的安全系数的数值接近。

图 15-14 为参数 2, 允许 c 值软化条件下采用强度折减计算的屈服过程和破坏

表 15-14　不同参数 DDA 降强计算安全系数

参数编号	降强	
	软化	不软化
1	2.12	2.32
2	1.74	2.15
3	2.10	2.26
4	2.05	2.18
5	2.10	2.21

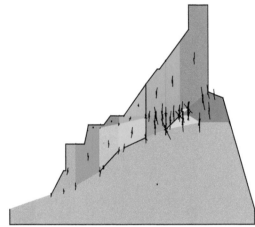

Step=1000 Time=23.354716

(a) 自重压应力矢量

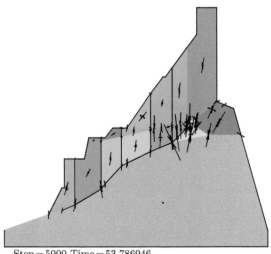

Step=5000 Time=53.786946

(b) 自重+水压应力矢量

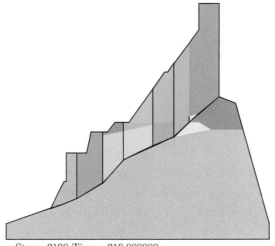

Step＝2190 Time＝219.000000

(c) 强度折减倍数为2.16时底面全部屈服

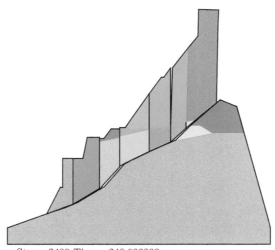

Step＝2480 Time＝248.000000

(d) Step＝2480时的变形形态

图 15-14 参数 2 —— 软化工况应力分布及典型变形图

过程。在自重作用下，3 号、4 号和 6 号块底部出现局部屈服，这个结果和表 15-9 的结论一致。施加水压荷载后 2 号 ~6 号块底部均有局部屈服出现。进行强度折减计算，$F=2.16$ 时屈服贯通整个坝底，此时 2.16 可以看作整体强度折减安全系数。

15.5　武都水库大坝深层抗滑稳定分析

15.5.1　大坝及基础构造面

武都水库位于四川省江油市境内的涪江干流上，是涪江流域规划确定的以防洪、灌溉为主，结合发电，兼顾城乡工业生活及环境供水等综合利用的大 (1) 型水利工程。武都水库总库容为 5.72 亿 m³，调节库容 3.5 亿 m³，正常蓄水位 658m，死水位 624m，属不完全年调节水库，汛期限制水位 645m，装机容量 150MW。

大坝的坝顶高程 661.34m，坝顶长度 727.0m，建基面最低高程 541.0m，最大坝高 120.34m，坝体设计为 RCC 碾压混凝土重力坝，除溢洪道的溢流面混凝土、闸墩、导墙混凝土以及一些不能碾压到的部位为常态混凝土外，基础垫层以及廊道周边混凝土为变态混凝土，其余部位均为碾压混凝土。

武都水库坝址区位于龙门山褶断带前山构造带的北段，处于 F5 与 F7 断层之间。坝基岩体中存在断层、裂隙等结构面，影响坝基深层抗滑稳定，其中 18#坝段最为典型。大坝剖面及基础构造见图 15-15。影响坝基深层抗滑稳定的构造面主要为如下几个。

1. 断层

18#坝段的坝基中与深层抗滑稳定有关的断层主要有 F31、F31-1、10f2、f114、f115 等，其中 f115 与 f114 是坝址区规模最大的一条缓倾角断层。断层 F31、10f2 在前期的地质勘探中已有发现，其余为随坝基开挖和技施阶段补充地勘工作所揭示的断层。各断层空间分布及性状特征如下。

1) F31 断层

F31 断层是发育在坝区规模较大的断层之一，断层的总体走向为北东向，断层起伏弯曲，断层产状 N44°～65°E/SE<60°～85°，倾下游偏左岸。破碎带主要由糜棱岩、断层泥、角砾岩和压碎岩组成，宽 0.8～4m。在坝基开挖范围内，该断层斜跨 19#～23#段，沿 F31 破碎带及两侧发育 9#溶蚀带及少量的落水洞，溶蚀带内岩体溶蚀风化严重，黏土充填物多。在桩号坝 0+463 以右，高程 570m 以上，性状为泥夹岩屑型；在桩号坝 0+463 以左，泥夹岩屑型已开挖清除，高程 570m 以下，破碎带性状为岩屑夹泥型。

2) F31-1 断层

F31-1 断层分布在 18#～23#坝段，位于 F31 断层，产状为 N61°～22°E/SE<34°～38°，向左至 19#坝段与 10f2 断层斜交，倾向下游偏左岸，长度约 90m，破碎带厚度 5～30cm，局部 50cm，由断层泥、岩屑、破碎岩块组成，下盘断层面光滑较平整，该断层破碎带性状以夹泥岩屑型为主。

3) 10f2 断层

10f2 断层分布于 13#～21#坝段内。顺河方向,自坝轴线上游 20m 到坝轴线下游 90m,产状为 N40°～60°E/SE<45°～50°,倾向下游偏左岸,与坝轴线交角为18°～38°。该断层的总体特征是:破碎带组成物质不均匀,在 543～531m 高程以上的浅表部位,断层破碎带由断层角砾岩、岩屑夹泥、破碎岩次生黏土等物质组成;在上述高程以下,多数地段的断层破碎带由断层角砾岩组成,主要为岩块岩屑型。破碎带厚度 0.1～0.98m,断层面起伏变化较大。

4) f115 断层

f115 断层分布于 17#～20#坝段及下游一带,地表开挖揭露长度 65m。总体产状 N15°～35°E/NW<22°～25°,倾向上游右岸,断层面波状起伏,变化较大,局部倾角达 40°,断层带厚度 0.01～0.1m。断层在平面上于 17#坝段与 f101 断层连结成一条断层。F115 断层破碎带物质组成与 f101 类似,同样具有不均匀性、不连续性。断层破碎带在高程 545m 以上为泥夹岩屑型,545m 高程以下则为岩屑夹泥型。

5) f114 断层

f114 断层分布范围主要在 17#～20#坝段桩号坝纵 0+109 以后的下游抗力体地段。在 19#坝段下游的右岸护岸基坑开挖部位,高程 557～565m 见 f114 断层出露,破碎带呈褐黄色,厚 3～5cm,主要由岩屑夹泥组成,局部风化或充填次生泥质物,厚度达 12cm,产状为 N56°,E/NW<41°,断层交于 f115 下盘。F114 断层性状在高程 545m 以上以岩屑夹泥型为主,以下以岩块岩屑型为主。

2. 裂隙

在揭露的各组裂隙中,两组缓倾角裂隙最为发育,其中产状分别为 N55°E/SE<30°、N14°E/NW<17°,两组陡倾角裂隙的产状分别为 N57°W/NE<70°、N57°E/SE<85°。统计裂隙中面壁特征总体上以波状粗糙为主。对坝址区基体裂隙充填及张开情况的调查表明,绝大部分呈闭合状态。测量区裂隙的迹长总体上较短小,主要集中在 2～10m,长度小于 10m 的裂隙占总裂隙数的 77.3%,迹长大于 10m 的裂隙约占总裂隙数的 22.7%。各坝段裂隙间距以大于 1.0m 为主,其次为 0.5～1.0m,极少数区段裂隙间距小于 0.5m。

3. 深层抗滑稳定抗剪断强度指标

(1) 连通率。

除 15#坝段 Hy13 和 16#坝 Hy5、Hy12 的浅埋部分按连通率为 100%考虑外,其他缓倾角裂隙均按连通率为 50%考虑。断层、层面错动带按 100%连通率考虑。

(2) 坝基内各滑动面的综合抗剪断强度指标取值。

详见表 15-15 和表 15-16。

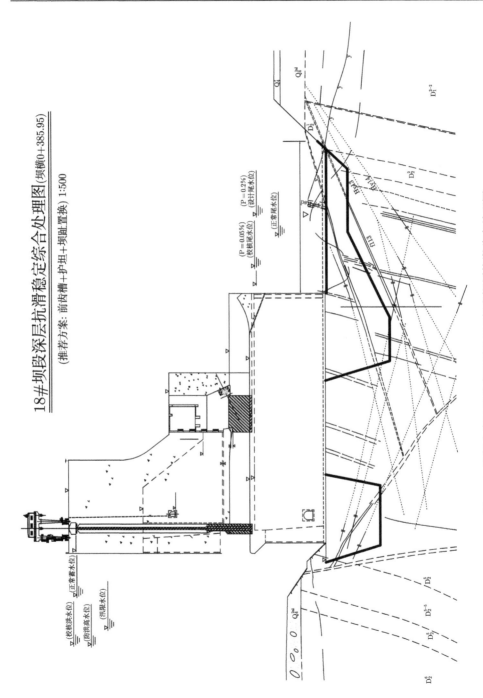

18#坝段深层抗滑稳定综合处理图(坝横0+385.95)

(推荐方案: 前齿槽+护坦+坝趾置换) 1:500

图15-15　武都水库工程总布置图及18#坝段深层抗滑稳定处理图

表 15-15　坝址区岩体物理力学参数表

类别	层位	岩性	风化状态	颗粒密度 ρ_s (g/cm³)	块体干密度 (g/cm³)	孔隙率 (%)	岩石单轴抗压强度 干 (MPa)	岩石单轴抗压强度 湿 (MPa)	软化系数	岩体抗剪强度 f	混凝土/岩石抗剪断强度 f'	混凝土/岩石抗剪断强度 c' (MPa)	岩石/岩石抗剪断强度 f'	岩石/岩石抗剪断强度 c' (MPa)	岩体变形强度 弹性模量 (GPa)	岩体变形强度 变形模量 (GPa)	泊松比	允许承载力 (MPa)	开挖边坡 临时边坡	开挖边坡 永久边坡
A Ⅲ 2	D_2^5	白云岩	弱	2.83	2.79	1.22	87.2	75.6	0.87	0.65	0.8~1.0	0.7~0.8	0.8~1.0	0.8~0.9	7.2~11.2	5.5~6.5	0.26	4.0	1:0.4	1:0.75
A Ⅲ 1	D_2^7	白云岩	微	2.84	2.81	1.00	89.8	79.2	0.88	0.70	0.9~1.1	0.8~1.0	1.0~1.2	1.0~1.1	12.3~19.8	6.5~10	0.25	5.0	1:0.3	1:0.5
A Ⅲ 2	D_2^4 / D_2^6	灰岩	弱	2.72	2.70	0.89	101.6	65.3	0.64	0.60	0.8~1.0	0.7~0.8	0.8~1.0	0.8~0.9	12~13	5.5~6.5	0.28	4.0	1:0.4	1:0.75
A Ⅲ 1	D_2^8 / D_2^{5-5}	灰岩	微	2.73	2.70	0.82	102.2	92.1	0.90	0.65	0.9~1.1	0.8~1.0	1.0~1.2	1.0~1.1	14.0	7.0	0.23	5.0	1:0.3	1:0.5
B Ⅳ	D_2^{5-6}	微层泥灰岩	弱 / 微	2.65	2.71	2.20	98.4	34.8	0.35	0.45 / 0.50	0.6 / 0.7	0.2 / 0.3	0.65	0.45	5.0	3.0	0.3	1.2	1:0.75	1:1.0
A Ⅲ 2	D_2^1 / D_2^3	结核灰岩	弱	2.72	2.68	1.47	70	65.8	0.94	0.55	0.8	0.7~0.8	0.80	0.7~0.8	8.0	5.0	0.23	3~4	1:0.4	1:0.75
A Ⅲ 1	D_2^{3-1} / D_2^{4-1}	白云岩 / 介壳灰岩	微	2.75	2.72	1.09	85.8	68.6	0.8	0.60	0.9	0.8~0.9	0.9	0.9~1.0	11	5.5	0.22	5.5	1:0.4	1:0.75

续表

类别	层位	岩性	风化状态	颗粒密度 ρ_s (g/cm³)	块体干密度 (g/cm³)	孔隙率 (%)	岩石单轴抗压强度 干 (MPa)	岩石单轴抗压强度 湿 (MPa)	软化系数	岩体抗剪强度 f	混凝土/岩石抗剪断强度 f'	混凝土/岩石抗剪断强度 c' (MPa)	岩石/岩石抗剪断强度 f'	岩石/岩石抗剪断强度 c' (MPa)	弹性模量 (GPa)	岩体变形强度 变形模量 (GPa)	泊松比	允许承载力 (MPa)	开挖边坡 临时边坡	开挖边坡 永久边坡
A Ⅲ 1	D_1	石英砂岩	微	2.75	2.72	1.09	112.8	89.6	0.79	0.65			1.0~1.2	1.0~1.1	14	7	0.23	5	1:0.4	1:0.5
C Ⅳ	D_2^{4-1}	粉砂质泥岩介壳灰岩	弱	2.70	2.54	5.92	43.3	18.3	0.42	0.40	0.55	0.10	0.6	0.2	1.5	1	0.35	0.8	1:0.5	1:75
A Ⅲ 2		薄~中厚层状沥青质白云岩	弱	2.81	2.76	1.78	64.2	54.3	0.85		0.8	0.7	0.8	0.8	10	5	0.25	4	1:0.4	1:0.75
A Ⅲ 1	D_2^{5-1}	中厚层~块状沥青质白云岩	微	2.81	2.78	1.18	118.1	84.6	0.72		0.9	0.8	1.0	1.0	12	6	0.24			
A Ⅳ		碎裂~镶嵌状沥青质白云岩		2.71	2.35						0.75	0.5	0.75	0.5	6	3	0.30	2.5		

表 15-16　坝基构造结构面物理力学参数表

名称	结构面类型	干密度 /(g/cm³)	抗剪 (断) 强度			变形模量 /GPa
			f	f'	c'/MPa	
断层带	泥型		0.22	0.22~0.24	0.005	
	泥夹岩屑型		0.30	0.35	0.03	
	岩屑夹泥型		0.39	0.45	0.06	
	岩屑夹块含泥型		0.42	0.50	0.06	
	岩块岩屑型		0.46	0.55	0.10	
层间错动带	岩块岩屑型 (A)	2	0.46	0.55	0.10	0.2~0.3
	岩屑夹泥型 (B)	1.8	0.39	0.45	0.15	0.1~0.2
	泥夹岩屑型 (C)	1.65	0.30	0.35	0.03	0.05~0.1
缓倾角裂隙	闭合 (A)		0.65	0.70	0.15	
	微张无填充 (A′)		0.60	0.65	0.12	
	微张有填充 (B)		0.39	0.45	0.06	
	张开 (C)		0.30	0.35	0.03	
溶蚀带		2.0	0.30	0.35	0.03	0.05~0.1

(3) 当滑面穿过混凝土齿槽、混凝土洞塞时,按混凝土/混凝土的抗剪断强度取值,即 $f'=1.1$,$c'=1.5$MPa。

(4) 当滑面沿置换混凝土与基岩面附近时,按混凝土与岩体间的抗剪断强度取值。

15.5.2　Sarma 法计算结果简介

18#坝段以坝横 0+385.95 为典型代表断面,由裂隙面和断层面组成的不利滑面组合共有 35 组,滑面组合 28 即以断层 10f2+f115 组合面是最不利的组合面。以18#坝段滑面组合 28 为计算对象,采用 Sarma 法及基于有限元结果的刚体极限平衡法分别进行了计算。

考虑到 18#坝段滑面组合 28 即 10f2+Hy11(f115) 为特殊双滑面模式,假定 D 点附近坝缝把坝体分为上下游两滑块,同时考虑坝趾附近存在另一组侧滑面 EF,下游坝块沿 EC 面滑出,整个滑动模式为三滑面模式,见图 15-16。计算采用的抗剪断参数见表 15-17,其他参数见表 15-18,计算的荷载工况见表 15-19。

进行基础处理时基于 Sarma 法的抗滑稳定计算结果如表 15-18 所示。从计算结果可以看出,基本组合最小安全系数为 1.39(正常蓄水位工况),特殊组合 1(校核水位工况) 的安全系数为 1.38,特殊组合 2(正常蓄水位 +8 度地震工况) 的安全系数为 1.11,坝基深层抗滑稳定安全系数均不满足规范要求,必须进行加固处理。

采用加固处理前齿槽 + 护坦 + 坝趾置换方案见图 15-17,加固处理后的不利组合面的抗剪断参数见表 15-19。

采用加固处理后的抗剪断参数进行深层抗滑稳定结果见表 15-20。计算结果表明,通过现有的加固处理措施,滑面组合 28 的抗滑稳定安全系数均能够满足规范要求。

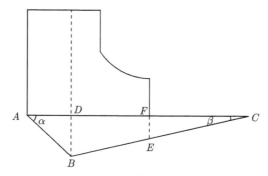

图 15-16　坝体抗滑稳定条块划分示意图

表 15-17　坝段不利组合面 28 的抗剪断参数

不利组合面		综合抗剪断参数	
		f'	c'/MPa
一滑面	10f2	0.5266	0.0766
二滑面	Hy11(f115)	0.4158	0.0498

表 15-18　滑面组合 28(10f2+Hy11(f15)) 计算结果 (坝基不处理)

计算工况	安全系数
正常蓄水位	1.39
设计洪水位	1.43
校核洪水位	1.38
正常蓄水位 +8 度地震	1.11

表 15-19　不利组合面抗剪断参数 (加固处理后)

不利组合面		综合抗剪断参数	
		f'	c'/MPa
一滑面	10f2(剪断砼齿槽 19m)	0.8126	0.7683
二滑面	F115(置换长 67m)	0.5556	0.4048

表 15-20　坝基处理后抗滑稳定计算结果

计算工况	Sarma 法
正常蓄水位	3.06
设计洪水位	3.18
校核洪水位	3.07
正常蓄水位 +8 度地震	2.41

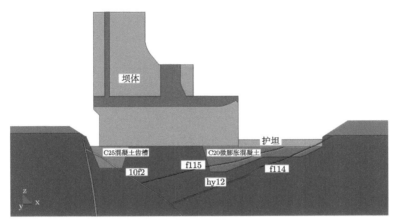

图 15-17 二维有限元计算模型

15.5.3 基于有限元应力的刚体极限平衡法的计算结果

考虑到刚体极限平衡法的要求, 有限元计算采用二维模型。考虑到以裂隙为组合的滑移面在天然状态下是安全的, 不是主要不利结构面, 坝基内的断层 (f31, 10f2, f115, f114) 对坝体深层抗滑稳定均有不利影响等, 主要模拟了由断层组合的滑移面。图 15-18 为有限元计算模型。计算参数见表 15-21。

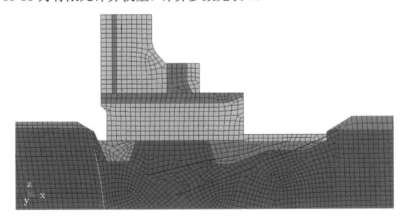

图 15-18 有限元计算网格划分

表 15-21 有限元计算用的材料力学参数

	容重/(kN/m³)	弹性模量/GPa	泊松比
混凝土	24.2	25.5	0.167
岩体	27.0	8.43	0.23
覆盖层	19.0	0.029	0.19
断层	22.0	3.95	0.28

利用非线性分析程序 SapTis，采用前述计算参数的模型，计算了基础处理前、加固处理后两种模型，表 15-22 所示的四种荷载组合的坝体及基础应力。

表 15-22   计算荷载组合 (有限元)

组合		上游水位/m	下游水位/m
基本组合	增长蓄水位	658.0	572.5
	设计洪水位	656.96	581.81
特殊组合	校核洪水位	659.43	582.66
	正常水位 +8 度地震	658.0	582.66

有限元计算中，断层采用薄层单元模拟。从有限元计算结果中可以取出薄层单元的高斯点应力，进一步计算沿断层法向和切向的应力。各工况沿 10f2 和 f115 滑面基础处理前后的法向和切向应力分布见图 15-19。采用沿滑动面积分的方式，可

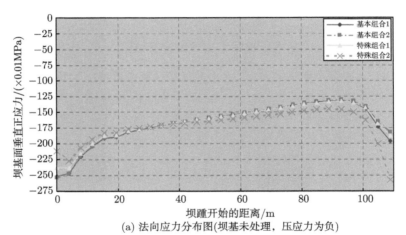

(a) 法向应力分布图(坝基未处理，压应力为负)

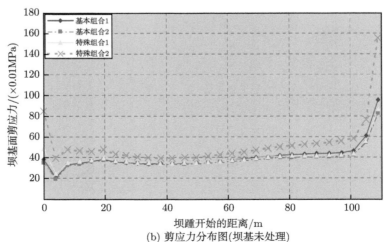

(b) 剪应力分布图(坝基未处理)

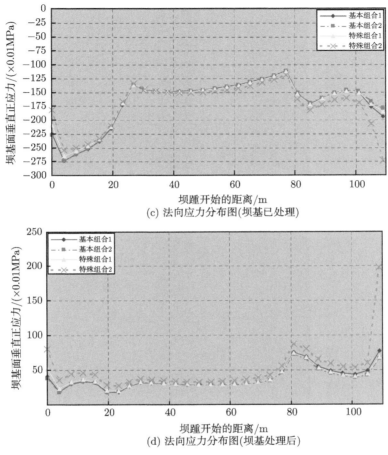

(c) 法向应力分布图(坝基已处理)

(d) 法向应力分布图(坝基处理后)

图 15-19 滑面基础处理前后的法向和切向应力分布

以求出各滑面的法向合力和切向合力,见表 15-23 和表 15-24。按照 Mohr-Coulomb 准则可以求出坝基处理前后各种荷载组合条件下的整体抗滑稳定安全系数,见表 15-25。

表 15-23 沿滑动面荷载分配 (坝基未处理)

坝基面荷载		基本组合 1 正常蓄水位	基本组合 2 设计洪水位	特殊组合 1 校核洪水位	特殊组合 2 正常蓄水位 +8 度地震
垂直力/MN	一滑块	73.29	73.64	71.98	68.68
	二滑块	123.32	122.91	124.56	132.91
	合力	196.61	196.55	196.54	201.59
剪力/MN	一滑块	15.70	15.44	16.51	21.09
	二滑块	41.28	38.59	39.90	50.97
	合力	56.98	54.03	56.41	72.06

表 15-24　沿滑动面荷载分配 (坝基已处理)

坝基面荷载		基本组合 1 正常蓄水位	基本组合 2 设计洪水位	特殊组合 1 校核洪水位	特殊组合 2 正常蓄水位 +8 度地震
垂直力/MN	一滑块	76.01	76.27	74.64	71.73
	二滑块	120.78	120.63	122.28	130.25
	合力	196.79	196.90	196.92	201.98
剪力/MN	一滑块	14.34	14.25	15.37	19.54
	二滑块	42.85	39.98	41.24	52.83
	合力	57.19	54.23	56.61	72.37

表 15-25　沿潜在滑动面 (10f2+f115) 的整体抗滑稳定安全系数

计算工况	基于有限元结果的刚体极限平衡方法	
	坝基未处理	坝基处理
正常蓄水位	2.00	4.05
设计洪水位	2.09	4.26
校核洪水位	2.04	4.18
正常蓄水位 +8 度地震	1.63	3.28

15.5.4　DDA 计算结果

1. 双滑面单块计算结果

取双滑面组合 10f2+f115, 见图 15-16, 将坝体和滑块分别视为一个独立块体, 建立 DDA 模型见图 15-20。按基础处理前后两种参数见表 15-17、表 15-19, 考虑屈服面 c 值软化、不软化两种情况进行 DDA 计算, 荷载取基本组合 1(表 15-22),

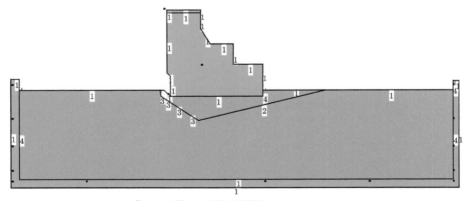

Step＝1 Time＝528.413705

图 15-20　双滑面单块计算模型

采用超载和强度折减法及位移曲线拐点法求曲线安全系数，超载计算时典型工况的受力、变形形态和位移曲线见图 15-21。加固前后各种计算方式的抗滑稳定安全系数见表 15-26，表中降强计算未得到计算结果，是由滑面折角处卡阻所致，未能算出滑动破坏。

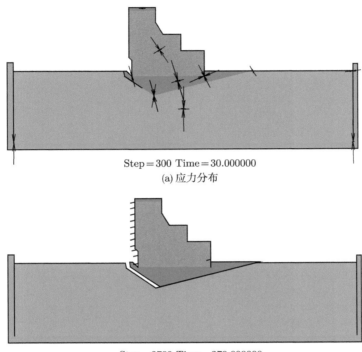

Step＝300 Time＝30.000000
(a) 应力分布

Step＝2700 Time＝270.000000
(b) 变形形态

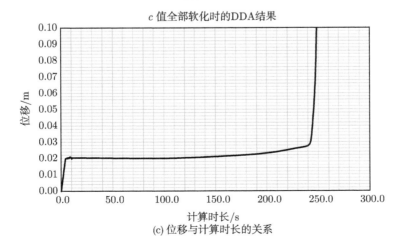

c 值全部软化时的DDA结果

(c) 位移与计算时长的关系

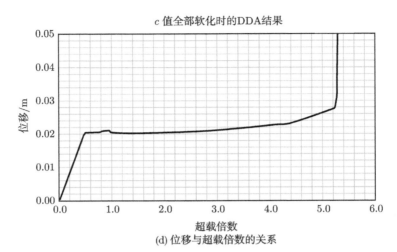

图 15-21   单滑块典型计算结果

表 15-26   单块抗滑稳定 DDA 计算结果

加固情况	加载方式	c 值软化	安全系数	
			滑裂面贯通	位移曲线拐点
加固前	超载	软化	3.36	3.36
		无软化	3.40	3.40
	降强	软化	1.78	无结果
		无软化	1.78	无结果
加固后	超载	软化	4.44	4.65
		无软化	4.44	5.26
	降强	软化	4.31	无结果
		无软化	4.31	无结果

2. 双滑面 Sarma 分块方式计算结果

按图 15-16 所示的 Sarma 法计算分块方式进行块体切割，见图 15-22，采用与

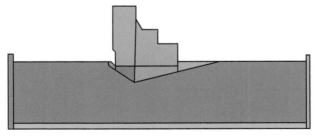

图 15-22   按 Sarma 法分块的 DDA 计算模型

单块计算相同的参数,按超载、降强、考虑 c 值是否软化等因素,计算加固前后整体安全系数,块体间竖向接触面的抗剪参数参照 Sarma 法的取值,取 $\varphi=15°$,$c=0$。计算结果见表 15-27。

表 15-27　Sarma 模型 DDA 计算结果

加固情况	加载方式	c 值软化	安全系数	
			滑裂面贯通	位移曲线拐点
加固前	超载	软化	1.84	2.23
		无软化	1.70	2.90
	降强	软化	1.39	无结果
		无软化	1.45	无结果
加固后	超载	软化	2.20	3.00
		无软化	2.90	3.94
	降强	软化	1.83	无结果
		无软化	1.85	无结果

3. 考虑坝基断层、节理分布的 DDA 计算成果

由 15.5.1 节可知,坝基础均含有 F31、F31-1、10f2、f115、f114 等断层,同时分布有大量的裂隙,裂隙主要分为两组,倾角小于 10f2 倾向上游的和向下游缓倾的裂隙。前述各项计算均是假定坝基按 10f2 和 f115 切割的块体滑动而进行。本节我们综合考虑坝基础的实际断层、节理构造,建立相对更接近实际情况的几何模型,采用与前述相同的方式计算整体抗滑稳定。处理前后的力学参数见表 15-17、表 15-19,基础处理后的抗剪强度值考虑了基础灌浆及混凝土回填的影响,进行了等效概化。基础处理前后的计算模型见图 15-23。

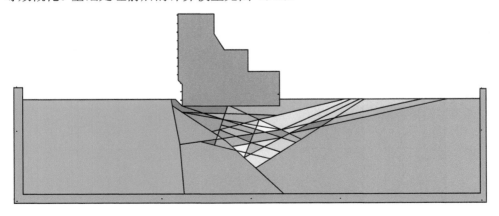

(a) 处理前计算模型

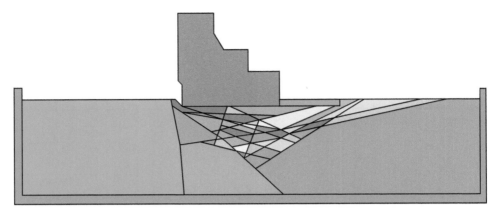

(b) 加固后计算模型

图 15-23　考虑实际断层、节理，基础处理前后的 DDA 计算模型

安全系数的计算仍按两种方式：① 滑裂面贯通，观察每一步计算的接触状态，当沿滑裂面接触状态均从粘接变为接触或张开时，滑裂面贯通；② 位移时间曲线或位移安全系数曲线出现拐点。加固后超载计算的位移曲线见图 15-24。

基础处理前后的典型应力分布和破坏形态见图 15-25。

各计算工况不同计算方式得到的安全系数见表 15-28。加固前，不管用哪种方法计算，安全系数均小于 2。加固后安全系数明显提高，考虑软化时安全系数均小于 2.8，而不考虑软化时最小安全系数提高至 3.44。

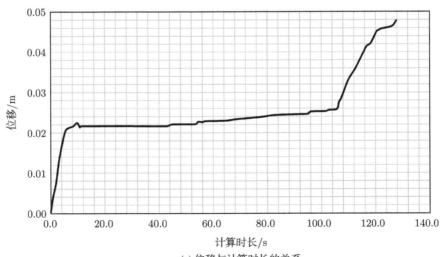

(a) 位移与计算时长的关系

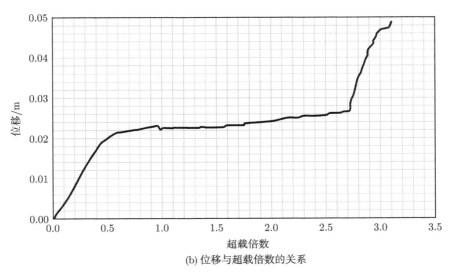

(b) 位移与超载倍数的关系

图 15-24　加固后超载计算的位移曲线 (c 值全部软化)

(a) 基础处理前正常荷载时的应力分布

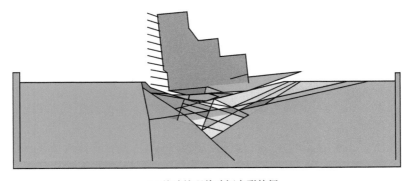

(b) 基础处理前破坏变形特征

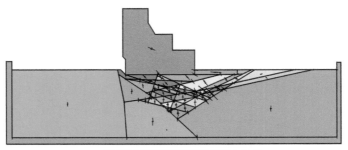

(c) 基础处理后正常荷载时的应力分布

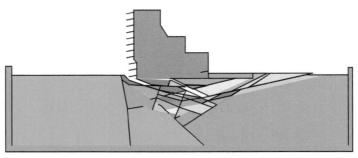

(d) 基础处理后破坏变形特征

图 15-25　基础处理前后的典型应力分布和破坏形态

表 15-28　实际构造模型计算结果

加固情况	加载方式	c 值软化	安全系数	
			滑裂面贯通	位移曲线拐点
加固前	超载	软化	1.55	1.76
		无软化	1.66	1.81
	降强	软化	1.39	1.42
		无软化	1.47	1.67
加固后	超载	软化	2.70	2.76
		无软化	4.04	4.07
	降强	软化	2.39	2.43
		无软化	3.44	3.82

15.5.5　不同方法深层抗滑稳定分析结果比较

前述各节采用 Sarma 法、有限元＋极限平衡法、不同模型的 DDA 法分析了武都深层抗滑稳定安全系数，考虑了结构面 c 值的软化与不软化，用 DDA 求解安全系数时采用了水容重超载法、抗剪强度折减（降强）法，具体取值采用了滑动面贯通法和位移曲线拐点法。下面将各种方法求得的相同条件下的安全系数结果列于表 15-29 进行比较，其中荷载工况为基本组合 1，即正常蓄水为上游 658.0m，下游 572.5m，抗剪参数基础处理前见表 15-17，基础处理后见表 15-19。由于 Sarma 法和有限元 + 极限平衡法中未考虑软化，表中 DDA 结果也只是列出了不考虑 c 值软化的结果。

由表 15-29 可以看出：① Sarma 块体和单块体两种模型的 DDA 计算结果波动较大，用位移曲线拐点法甚至得不到结果，说明当块体过少时 DDA 不适合用于抗滑稳定分析；② 超载和强度折减两种方法相比，后者的计算结果小于前者；③ 多裂隙模型的结果相对较稳定，基础处理前计算安全系数介于 Sarma 法和有限元 + 极限平衡法之间，加固后的结果与有限元 + 极限平衡法相近。由此可以认为对于多裂隙问题，DDA 是一种较为有效的稳定分析手段，不仅可以求出块体体系的应力分布，也可以求出局部及整体的安全系数，还可以得到加载全过程的变形形态。但块体过少时不适用于抗滑稳定分析。

表 15-29　不同方法抗滑稳定安全系数的比较

计算方法			基础处理前	基础处理后
Sarma			1.39	3.06
有限元 + 极限平衡			2	4.05
DDA	单块体模型	超载　裂隙面贯通	3.4	4.44
		位移曲线拐点	3.4	4.65
		降强　裂隙面贯通	1.78	4.31
		位移曲线拐点	无结果	无结果
	Sarma 模型	超载　裂隙面贯通	1.7	2.9
		位移曲线拐点	2.9	3.94
		降强　裂隙面贯通	1.39	1.85
		位移曲线拐点	无结果	无结果
	多裂隙模型	超载　裂隙面贯通	1.66	4.04
		位移曲线拐点	1.81	4.07
		降强　裂隙面贯通	1.47	3.44
		位移曲线拐点	1.67	3.82

分析 DDA 不适用于少块体问题的原因发现，二滑面的法向与上部合力交角很小，外部作用力绝大部分转化为法向应力，剪应力很小，即外荷载基本由法向力承担，由此求出的抗滑稳定安全系数偏大，降强时甚至出现完全失真结果，即角点卡阻影响了接触力分布，这种问题可用切掉尖角的方式解决。

15.6　日本长井重力坝抗滑稳定分析 ——
DDA 与有限元比较

图 15-26 为日本长井重力坝标准断面及某一段的地质构造。坝高为 104.5m，下游面坡度为 1:0.73。基础上部为弱风化花岗岩，深度 25m 以下为坚硬的花岗岩 (B)，

但是在 16m 深处有一条厚为 0.5m 的软弱夹层，坝下游存在若干条含夹层的裂隙 (1~5 倾斜段)。根据现场及室内实验结果。各种岩石、混凝土及软弱面的力学参数见表 15-30，计算条件见表 15-31。图 15-26 中五条滑裂面沿程 c、ϕ 值分别取软弱夹层和夹泥裂隙的相应参数。无软弱夹层和夹泥裂隙的接触面则取相接处两种材料的 c、φ 值的最小者。

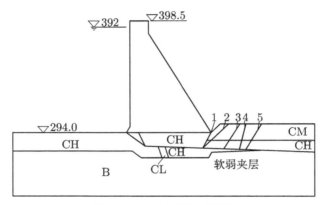

图 15-26　重力坝基础构造

表 15-30　各种岩石及混凝土的力学参数

材料类别		弹性模量/MPa	容重/(kN/m³)	泊松比	抗剪断强度	
记号	种类				凝聚力/MPa	摩擦角/(°)
B	微风化花岗岩	9000	25	0.2	3.0	55
CH	弱风化花岗岩	4500	25	0.2	2.3	48
CM	强风化岩	1900	25	0.2	1.9	43
CL	破碎带	900	25	0.2	1.1	39
	软弱夹层	300	25	0.3	0.6	30
	夹泥裂隙	—	—	—	0.6	30
	混凝土	20000	23	0.2		

表 15-31　计算条件

参数	数值
水位	392.10m
风浪高	0.95m
地震浪高	0.30m
地震系数	0.06m
泥沙高程	322.00m

　　由于基础内部有软弱夹层，且坝趾部位存在一组节理，影响基础稳定，需要校核深层抗滑稳定，为此用有限元法分析了坝体及基础内部的应力分布，其中地震力

采用拟静力法分析,地震惯性力只作用于混凝土坝体,方向指向下游。

根据有限元结果计算稳定安全系数时,按下列步骤计算:首先根据地质状况确定了五条可能滑动面(见图 15-26),各滑动面均穿过软弱夹层和夹泥裂隙。然后通过搜索各滑动面所通过的单元,按单元所在滑动面相应的法向和切向,求出沿滑动面的正压力和剪切力,再计算出各点上的扬压力分布(坝踵部位的扬压力为静水压力,距上游坝面 5.5m 帷幕处压力为静水压力的 1/5,下游出口处的扬压力为零,其他部位扬压力为线性分布)。最后根据有效应力计算出整体安全系数和局部安全系数分布。

用本书改进的 DDA 对图 15-26 所示的坝体—基础结构进行了计算,沿滑动面在有限元节点相应部位都布置了接触弹簧以计算滑动面各点应力分布及局部安全系数。计算条件及安全系数的计算方法与有限元计算相同。有限元结果与 DDA 方法计算的整体安全系数比较见表 15-32。由 DDA 计算得到的法向合力和切向合力都大于有限元计算结果,差别最大的为第 1 滑动面,法向合力相差 12140kN,切向合力相差 8800kN,其结果使 DDA 计算的安全系数小于有限元计算结果,尤其是第 1 滑动面两种方法计算的整体安全系数相差达 1.85。表 15-32 中最后四列为铅垂合力和水平合力的理论值与两种计算结果的比较,由表 15-32 可以看出,DDA 计算的铅垂合力和水平合力与理论值相差较小,有限元计算的铅垂合力误差除第 1 滑动面大于 3% 外,其他滑动面不超过 1%,误差较小,但是有限元计算的水平合力在第 1 滑动面的误差为 14%,其他滑动面的误差均在 10% 左右,误差较大。有限元计算合力的误差直接影响到安全系数的计算结果。

分析两种方法的差别在于:有限元法是以位移为未知量,如果不计方程求解误差,所求出的位移和刚度矩阵的乘积与外荷载精确平衡,但是应力却由位移的微分求得,即应力的精度比位移低一阶,尤其在应力集中或应力梯度较大的部位会带来较大的误差,该误差会影响沿滑动面的法向、切向力,进而影响安全系数。本例中第 1、第 2 滑动面穿过坝趾附近的应力集中部位,所以有较大的误差。而 DDA 法的接触力则是由弹簧的变形直接求得的,当计算收敛时,接触合力与外荷载是平衡的,改进的 DDA 在弹簧刚度设置时考虑了接触块体的弹性模量和接触面长度,由此求出的沿滑裂面的接触力分布也是精确的。

两种结果的最小安全系数都小于日本规范规定的 4.0,因此必须采取如下加固措施进行处理:将图 15-26 中阴影部分的岩体及下面的软弱夹层挖除,并回填混凝土。利用相同的网格,用 DDA 和有限元法重新计算了加固处理后沿可能滑动面的安全系数,结果见表 15-33。计算中的 C、ϕ 值和弹簧刚度则按与回填混凝土接触的材料相应的参数取值。由表 15-33 可以看出,最小安全系数都出现在第 4 滑动面上,且都大于 4.0,满足日本规范的要求。在表中有限元计算的铅垂重合力和水平合力同样存在着较大误差,水平合力的误差均大于 10%。而 DDA 计算结果的误差均小于 0.1%。

表 15-32　采用加固措施前整体抗剪断安全系数的 DDA 与有限元计算结果比较

滑动面号	方法	法向合力 /(×10kN)	切向合力 /(×10kN)	抗剪断力 合力 /(×10kN)	安全系数	水平合力/(×10kN)			铅垂合力/(×10kN)		
						理论值	计算值	误差/%	理论值	计算值	误差/%
1	DDA	13003	3041	13739	4.52	6021	6021	0.00	−11980	−11980	0.00
	FEM	11789	2161	13753	6.37		5171	14.20		−11590	3.26
2	DDA	12948	4060	11198	2.76	6021	6021	0.00	−12471	−12470	0.00
	FEM	12760	2901	11647	4.01		5491	8.82		−12416	0.44
3	DDA	14248	4938	12941	2.62	6021	6021	0.00	−13588	−13587	0.00
	FEM	13632	4753	13181	2.77		5479	9.01		−13548	0.29
4	DDA	14646	5091	13542	2.66	6021	6021	0.00	−14082	−14081	0.00
	FEM	13933	4972	13733	2.76		5451	9.47		−14041	0.29
5	DDA	15608	5221	15284	2.93	6021	6021	0.00	−15337	−15336	0.00
	FEM	14913	5174	15474	2.99		5470	9.16		−15310	0.18

表 15-33　采用加固措施后整体抗剪断安全系数的 DDA 与有限元计算结果比较

滑动面号	方法	法向合力 /(×10kN)	切向合力 /(×10kN)	抗剪断力 合力 /(×10kN)	安全系数	水平合力/(×10kN)			铅垂合力/(×10kN)		
						理论值	计算值	误差/%	理论值	计算值	误差/%
1	DDA	12702	3540	27570	7.788	6139	6139	0.00	−11810	−11980	0.00
	FEM	12196	2632	24281	9.220		5288	16.11		−11590	0.59
2	DDA	12824	4408	23125	5.247	6139	6139	0.00	−12300	−12470	0.00
	FEM	13009	3606	22542	6.250		5525	11.13		−12416	2.24
3	DDA	13971	5158	24790	4.806	6139	6139	0.00	−13417	−13587	0.00
	FEM	13819	4696	23718	5.050		5523	11.16		−13548	1.50
4	DDA	14403	5309	25483	4.800	6139	6139	0.00	−13912	−14081	0.00
	FEM	14141	4897	24271	4.960		5499	11.63		−14041	1.43
5	DDA	15410	5346	27190	5.086	6139	6139	0.00	−15167	−15336	0.00
	FEM	15156	5068	26008	5.130		5514	11.34		−15310	1.39

　　表 15-32、表 15-33 表明，第 4 滑动面的整体安全系数最小，按照日本规范要求，应复核该滑动面的局部安全系数。基础加固处理后沿第 4 滑动面的局部安全系数分布见图 15-27，图中横轴为沿滑动面展开后离坝踵的距离。除在坝踵及坝趾部位安全系数波动较大外，其他部位两种方法的结果均有较好的连续性。坝踵部位由于扬压力较大，法向合力为拉，局部安全系数为零，其他部位的局部安全系数均大于 2，满足日本规范要求。坝趾附近的倾斜段由于法向应力较大，局部安全系数较大，且有波动。

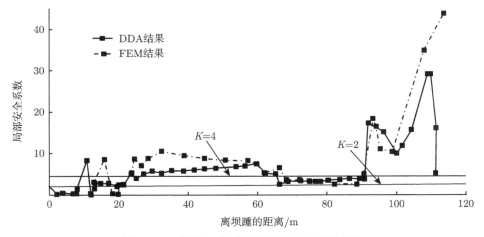

图 15-27　沿第 4 滑动面的局部安全系数分布

15.7　本 章 小 结

对于边坡、重力坝基础、拱坝坝肩等工程上关心如下几个问题：① 最小安全路径在哪儿？也就是如果出现失稳或垮塌会沿哪个路径？② 安全强度多大？即最小安全系数为多少？③ 垮塌后的形态如何？如上三个问题中，更关心前两个即最小安全路径和最小安全系数。DDA 在回答如上问题方面具有独到的优势。

本章通过几个算例展现了 DDA 在解决边坡稳定问题方面的能力，并与传统的 Sarma 法和有限元法做了比较。采用超载或降强法可以得到边坡的失稳路径，根据位移拐点可以得到失稳安全系数。不允许接触面屈服，可以得到各个路径沿程的法向接触力和切向接触力，再采用刚体极限平衡法可以得到基于 DDA 和刚体极限平衡法的稳定安全系数。

计算中发现，对于折线型滑动面，DDA 计算经常会出现卡阻现象，卡阻的结果会影响反力在多个接触面的分布，从而影响局部安全系数及整体安全系数的计算结果。如本章武都算例双滑面工况在采用降强法计算时得不到合理结果，就是因为接触卡阻使反力的绝大部分转化为下游段的法向力，从而难以整体屈服。同时，不同的弹簧刚度也会对折线滑动面各段分载有影响，从而影响到安全系数。如上问题需要进一步研究解决。

参 考 文 献

[1]　陈祖煜, 汪小刚, 杨健, 等, 岩质边坡稳定分析 —— 原理. 方法. 程序. 北京: 中国水利水电出版社, 2005.

[2] Sarma S K, Bhave M V. Critical acceleration versus static factor of safety in stability analysis of earth dams and embankments. Geotechinique, 1974, 24(4): 661-665.

[3] 布朗 E T. 工程计算岩石计算力学中的解析与数值方法. 佘诗刚, 王可均译. 北京: 科学出版社, 1991.

[4] 张国新, 刘毅. 坝基稳定分析的有限元直接反力法. 水力发电, 2006, 32(12): 33-35, 41.

[5] 张国新. Saptis: 结构多场仿真与非线性分析软件开发及应用 (之一). 水利水电技术, 2013, 44(1): 31-36.

[6] 张国新, 金峰. 重力坝抗滑稳定分析中 DDA 与有限元方法的比较. 水力发电学报, 2004, 23(1): 10-14.

第16章 水对岩质边坡变形影响的模拟

16.1 引 言

地质灾害防治是水库大坝建成后的一个重要任务。国内外不乏水库蓄水后库岸发生滑坡造成灾害的例子。如建于意大利威尼斯省的瓦依昂 (Vajont) 水库建成蓄水至正常水位 3 年后发生大滑坡,体积达 2.4 亿 m^3 的巨型滑坡体滑入水库,引起超出坝顶高程 200m 以上的巨浪,造成近 2600 人死亡的灾难[1]。美国的大古力水电站建成后的头 10 年发生了近 500 次的库岸滑坡[2]。1961 年我国湖南的拓溪水库蓄水初期近坝库区右岸塘岩光村 165 万 m^3 大滑坡,引起的涌浪翻过坝顶,造成重大损失,死亡 40 人[3]。2003 年 7 月三峡水库开始蓄水一个月后湖北秭归县沙镇溪镇千将坪村 1500 万 m^3 山体突然下滑,造成 14 人死亡、10 人失踪;2007 年水位自 156m 调节至 151m 后,重庆万州发生滑坡 6 处,2008 年 175m 蓄水试验以来,重庆段共发生滑坡 150 多处,直接经济损失超过 5 亿元[4]。

此外,有的滑坡体虽然尚未形成滑坡破坏,但在蓄水后启动滑动变形,长期处于蠕动变形状态,该变形与水位变化密切相关,存在发生大型滑坡灾害的风险。如清江隔河岩水库茅坪滑坡体,总体积 2350 万 m^3,1993 年 4 月水库蓄水后开始变形,截止到 2004 年,累计水平变形 2747.1 mm,垂直位移 548.4mm[5,6]。黄河某大型水电站蓄水后右岸边坡总体积达数千万立方米的滑坡体开始向河床蠕动变形,截至目前,累计变形已达 40 多米,实属世界罕见[7]。

国内外很多学者研究了水对岸坡稳定的作用机理[8,9],其影响主要体现在水作为浮托渗透力的作用和对岩体力学参数的影响两个方面。日本土木学会的调查结果显示,在水位上升和下降阶段,滑坡发生的比例分别为 60%和 40%[8]。在水位上升及稳定阶段,地下水对滑坡体产生浮托作用,从而减小了土体或岩体构造面的有效压应力,而在水位下降阶段,水主要以渗透力的方式增大滑坡体的下滑力。水对力学参数的影响是指,土体或岩体在水的浸泡之下发生软化,抗剪强度降低。这两种作用都会降低岸坡的稳定安全系数,诱发滑动变形,极端情况下导致滑坡破坏发生。

土质边坡稳定分析以极限分析法为主,陈祖煜院士等做了大量深入的研究工作,开发了二维、三维稳定分析程序[10]。土体的极限分析方法中,以考虑水作用之后的有效应力作为条块之间的相互作用力进行计算。然而在进行岩石的极限分析时,考虑水作用的难度较大。熊将等[11]通过在块体的底面和侧面考虑水的浮托力，对岩质边坡稳定计算的 Sarma 法进行了改进，并应用于库岸边坡的稳定计算。有限元类的数值方法可以将水的作用作为渗透力在计算中予以考虑，但对于主要受结构面影响的岩质边坡稳定计算，有限元等连续类方法难以给出理想的结果。

　　石根华提出的非连续变形分析以被天然节理裂隙切割的任意块体为基本单元，以单元的刚体位移和变形为未知量，考虑块体间的相互作用，通过最小势能原理建立方程，采用隐式解法求解。第 10 章介绍了裂隙渗流与变形的耦合分析方法，iDDA 中增加了该项功能，将裂隙作为水的流动通道计算渗流场，以界面渗透压力的方式考虑水的作用。本章首先以经典的 Hoek-Bray 倾倒模型为对象，采用扩展的 DDA 程序模拟研究水位变动对块体间有效应力、单个块体安全度及边坡整体稳定性的影响，进而揭示了考虑水作用的倾倒变形机理及失稳滑动机理，然后采用裂隙渗流与变形耦合分析的 DDA 程序，分析若干个工程的蓄水变形和失稳。

16.2　水对岩质边坡倾倒变形影响机理分析
——Hoek-Bray 模型

　　取一典型的倾倒边坡 Hoek-Bray 模型，将坡面简化为平面，如图 16-1 所示，模型长 215m，高 125m，被分割成 16 个块体，沿坡脚向上依次编为 1 至 16 号，底滑面的坡度为 30°，在坡脚和坡顶分别设置观测点 A、B。分析中采用的基本参数为：重度 2.5t/m³，泊松比 0.25，块体间接触面的粘聚力取 0，陡倾坡内的构造面摩擦角固定为 25°，设顺坡向构造面的摩擦角为 φ，首先计算分析如下几个几个问题：① 取不同 φ 角时，边坡的变形过程和失稳模式；② 使边坡整体保持稳定的临界稳定摩擦角；③ 使边坡整体不发生倾倒变形的临界摩擦角。然后针对能够稳定的摩擦角，抬高水位使下部块体泡入水中，计算分析水对边坡变形和稳定的影响。本节计算采用的参数见表 16-1。

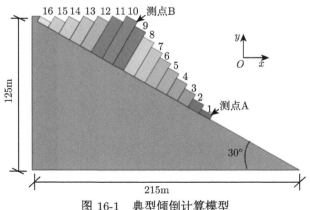

图 16-1　典型倾倒计算模型

表 16-1   DDA 模拟采用的参数

参数	数值
弹性模量 E/MPa	10000.0
泊松比	0.25
罚函数/(MPa·m)	自动选择
单位体积质量/(t/m³)	2.5
容重/(kN/m³)	25.0
最大位移比	0.005
最大时间步长/s	0.1

16.2.1   无倾倒变形时的受力分析

将顺坡构造面的摩擦角 φ 取一个较大值,即不允许块体沿坡发生滑动,计算得到的块体及各接触面的受力见图 16-2 及表 16-2。

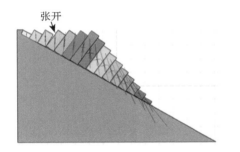 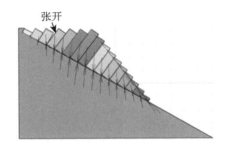

(a) 块体应力矢量　　　　　　(b) 接触应力矢量

图 16-2   不允许顺坡滑动时的应力分布

表 16-2   不允许顺坡滑动时的块体间作用力

块体号	块体底部的接触应力/MPa		块体号	块体之间挤压应力/MPa
	法向	切向		
16	−0.13	0.07	16-15	0.00
15	−0.37	0.15	15-14	0.00
14	−0.70	0.39	14-13	0.00
13	−0.85	0.34	13-12	−0.04
12	−1.07	0.52	12-11	−0.08
11	−1.33	0.69	11-10	−0.11
10	−1.56	0.82	10-9	−0.18
9	−1.45	0.86	9-8	−0.28
8	−1.33	0.83	8-7	−0.38
7	−1.15	0.75	7-6	−0.51
6	−1.00	0.61	6-5	−0.65
5	−0.82	0.54	5-4	−0.82

续表

块体号	块体底部的接触应力/MPa		块体号	块体之间挤压应力/MPa
	法向	切向		
4	−0.76	0.54	4-3	−1.00
3	−0.60	0.51	3-2	−1.25
2	−0.63	0.60	2-1	−1.42
1	−0.34	0.67		

由图 16-2 及表 16-2 可见，在自重作用下，上部块体对下部块体施加挤压作用。沿边坡从上到下，块体底部的法向应力与块高成正比，呈中部大、两端小的分布。顺坡向剪应力则呈中下部大、上部小的分布，由 16 号块底面的 0.07MPa 逐步增大到 9 号块的 0.86MPa，随后又减小至 3 号块的 0.51MPa，最后又增大至 1 号块底面的 0.67MPa。块体与块体之间通过顶、底部接触点传力，16~14 号块体之间的作用力为张拉作用，13~1 号块体之间为挤压作用。块体间的挤压应力由上向下逐步增大，由 14-13 号块体之间的 0.04MPa 增大到 2-1 号块体之间的 1.42MPa。

由图 16-2 看出，虽然各块体没有沿坡向的滑移，但 14-13 号块体之间出现了张开变形，边坡上部表现出小量的倾倒变形特征。该变形来自于 1~13 号块体之间挤压变形的累积，在底部块体不出现下滑的条件下，这种倾倒变形很小，本节算例仅为 0.8m。

取不同的顺坡向构造面摩擦角进行计算，表 16-3 为各块体底面的抗滑稳定安全系数，16~14 号块体不受倾倒变形的影响，为自平衡块体。从 13 号块体沿坡面向下，块体的安全系数逐渐降低，1 号块体的安全系数最低，仅为 2 号块的 1/2 左右，所以算例中的典型边坡的变形倾倒破坏的模式是 1 号块首先向下滑动，为上部块的下滑和倾倒变形提供空间，进而使边坡产生整体倾倒变形。

表 16-3　不同摩擦角时各块体底滑面安全系数

块体号	安全系数			
	$\varphi = 65°$	$\varphi = 55°$	$\varphi = 45°$	$\varphi = 35°$
16	4.31	2.87	2.01	1.41
15	5.29	3.52	2.47	1.73
14	3.88	2.58	1.81	1.27
13	5.40	3.60	2.52	1.76
12	4.37	2.91	2.04	1.43
11	4.15	2.76	1.93	1.35
10	4.09	2.72	1.90	1.33
9	3.62	2.41	1.69	1.18
8	3.42	2.28	1.60	1.12

续表

块体号	安全系数			
	$\varphi = 65°$	$\varphi = 55°$	$\varphi = 45°$	$\varphi = 35°$
7	3.28	2.19	1.53	1.07
6	3.50	2.33	1.63	1.14
5	3.27	2.18	1.53	1.07
4	3.03	2.02	1.41	0.99
3	2.51	1.67	1.17	0.82
2	2.25	1.50	1.05	0.73
1	1.08	0.72	0.50	0.35

16.2.2　不同摩擦角时的变形模式及稳定性

允许块体滑动, 顺坡向构造面取不同的摩擦角, 用 DDA 计算相应的倾倒变形模式及变形量。图 16-3 为不同 φ 角时的最终变形示意图, 表 16-4 给出了不同 φ 值时各块体的位移和变形模式。根据计算结果, 当 φ 小于 61° 时, 1 号块体发生滑动, 为上部各块体的变形提供空间, 边坡开始出现倾倒变形, 各块体的变形模式和变形量取决于 φ。自下往上各块体的变形模式分别为滑动、倾倒 + 滑动、倾倒、稳定。随着 φ 降低, 下部滑动块体增多, 倾倒 + 滑动的块体数增多。当 φ 大于 30° 时, 14～16 号块体始终保持稳定, 不同块体的变形值与 φ 相关 (见表 16-4), φ 越小, 变形越大。当 φ 大于 36° 时, 变形由下向上逐步变大, 即下部的滑移变形被上部块体的倾倒变形放大, 放大倍数取决于块体的高度和 φ。当 φ 在 30°～36° 时, 由于下部为滑动及倾倒 + 滑动而上部只有倾倒, 下部变形大于上部。当 φ 小于 30°, 即 φ 小于坡角时, 上下部处于同步变形状态, 呈失稳型主动下滑及倾倒变形。综上所述, 当 φ 小于坡角时, 将发生整体失稳; 当 φ 角大于坡角时, 边坡可能发生倾倒变形, 但整体最终能保持稳定, 这也是某些较大规模的倾倒变形岩质边坡虽然发生了较大的变形, 但仍能保持稳定的原因。

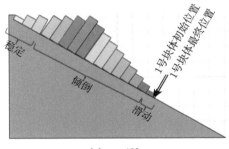

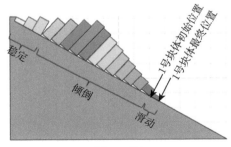

(a) $\varphi = 48°$ 　　　　　　　　　　　(b) $\varphi = 43°$

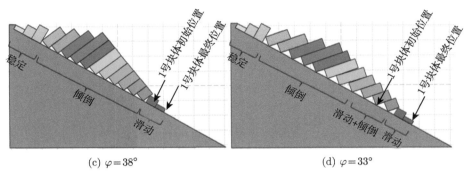

(c) $\varphi = 38°$ (d) $\varphi = 33°$

图 16-3 不同摩擦角时的倾倒模式 (无水的影响)

模拟结果表明，岩质边坡的倾倒变形来自于下部块体的滑移和块体自身变形的累积。当边坡下部构造面强度足够高时，块体不发生滑移，边坡少量的倾倒变形主要来自于各块体自身变形的累积，而较大的倾倒变形量必然伴随有下部块体的滑移。由于受到自上向下的挤压作用，边坡下部块体底面的剪应力很大，一旦超过构造面的抗剪强度，便产生向下的滑动位移，从而为上部块体的变形腾出空间，引发较大的倾倒变形。此外，边坡的整体稳定性取决于沿边坡的极限承载能力。

表 16-4 不同 φ 值时各块体的位移和变形模式

块体号	$\varphi = 48°$		$\varphi = 43°$		$\varphi = 38°$		$\varphi = 33°$	
	位移/m	变形模式	位移/m	变形模式	位移/m	变形模式	位移/m	变形模式
16	0.00	稳定	0.00	稳定	0.05	稳定	0.18	稳定
15	0.01	稳定	0.02	稳定	0.08	稳定	0.33	稳定
14	0.01	稳定	0.02	稳定	0.09	稳定	0.83	稳定
13	2.13	倾倒	5.70	倾倒	8.21	倾倒	13.49	倾倒
12	2.47	倾倒	7.39	倾倒	11.37	倾倒	19.55	倾倒
11	2.82	倾倒	9.10	倾倒	14.55	倾倒	25.62	倾倒
10	3.16	倾倒	10.80	倾倒	17.72	倾倒	32.87	倾倒
9	2.95	倾倒	10.13	倾倒	16.97	倾倒	33.14	倾倒
8	2.74	倾倒	9.46	倾倒	16.22	倾倒	33.11	倾倒
7	2.53	倾倒	8.79	倾倒	15.48	倾倒	32.99	倾倒
6	2.31	倾倒	8.12	倾倒	14.76	倾倒	32.86	倾倒
5	2.10	倾倒	7.45	倾倒	14.03	倾倒	36.73	倾倒 + 滑动
4	1.88	倾倒	6.78	倾倒	13.30	倾倒	37.22	倾倒 + 滑动
3	1.67	倾倒	6.11	倾倒	12.57	倾倒	37.68	倾倒 + 滑动
2	1.45	倾倒	5.45	倾倒	11.24	滑动	36.57	滑动
1	1.24	滑动	4.52	滑动	11.24	滑动	36.57	滑动

16.2.3 水对岩质边坡倾倒变形与稳定的影响

水位变动往往是边坡变形和失稳的诱因。水的作用表现为两个方面：① 以面力和渗流荷载的形式作用于边坡，使边坡岩体的受力条件发生变化；② 长期浸泡使岩体的力学性质发生变化。水的作用会使已经处于变形稳定状态的边坡重新启动变形，或使本已处于稳定临界状态的边坡失稳。本小节采用与 16.2.3 节相同的模型，用扩展的 DDA 程序，考虑裂隙岩体中渗流与变形的耦合作用，研究水对边坡倾倒变形和稳定的影响。

1. 水对块体抗滑稳定安全系数的影响

取足够大的顺坡向摩擦角，在自重作用下计算稳定后，抬升水位至 45.41m，使 1 号块体被水淹没，用 DDA 方法求出各块体底面的法向与切向接触力。重复以上步骤，求出不同摩擦角时各块体的安全系数 (见表 16-5)。对比表 16-3 和表 16-5 可以看出：① 水位抬升后，泡水块体底面的法向和切向应力均有所减小，但法向应力减小比例大于切向应力。② 水位抬升后，16~14 号块体底面的安全系数没有变化，13~3 号块略有变化，1~2 号块体的安全系数有所降低，1 号块安全系数降低幅度约为 6%。③ 1 号块发生滑动进而引起边坡倾倒变形的临界摩擦角由未泡水时的 61° 增大为 64.5°。

表 16-5　水位抬升至 56.41m 时的接触力及安全系数

块体号	接触应力/MPa		安全系数			
	法向应力	切向应力	$\varphi = 65°$	$\varphi = 55°$	$\varphi = 45°$	$\varphi = 35°$
16	−0.13	0.07	4.31	2.87	2.01	1.41
15	−0.37	0.15	5.29	3.52	2.47	1.73
14	−0.70	0.39	3.81	2.58	1.81	1.27
13	−0.83	0.37	4.85	3.23	2.26	1.58
12	−1.08	0.54	4.29	2.86	2.00	1.40
11	−1.32	0.69	4.09	2.73	1.91	1.34
10	−1.56	0.82	4.08	2.71	1.90	1.33
9	−1.46	0.85	3.66	2.44	1.71	1.19
8	−1.33	0.83	3.45	2.30	1.61	1.13
7	−1.17	0.75	3.38	2.25	1.57	1.10
6	−0.99	0.61	3.51	2.34	1.64	1.15
5	−0.85	0.55	3.32	2.21	1.55	1.08
4	−0.73	0.53	2.94	1.96	1.37	0.96
3	−0.57	0.50	2.45	1.63	1.14	0.80
2	−0.47	0.48	2.10	1.40	0.98	0.69
1	−0.27	0.58	1.01	0.67	0.47	0.33

2. 水对边坡变形与稳定的影响

取不同的 φ，在自重作用下，稳定后抬升水位至 56.41m，模拟各块体的变形，4 种摩擦角水位抬升前后的倾倒变形形态见图 16-4，这 4 种摩擦角抬升水位后下滑变形都有所增加，φ 越小增加量越大，φ 为 42° 时，1 号块会脱离后续块体独自滑动一段距离，但最后都能稳定。A、B 两个观测点的位移时程曲线见图 16-5。

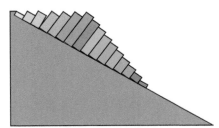

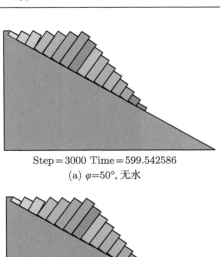

Step＝3000 Time＝599.542586
(a) $\varphi=50°$, 无水

Step＝5700 Time＝1139.542586
(b) $\varphi=50°$, 有水

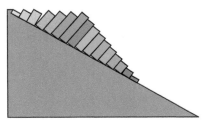

Step＝2820 Time＝559.902491
(c) $\varphi=44°$, 无水

Step＝5280 Time＝1046.599717
(d) $\varphi=44°$, 有水

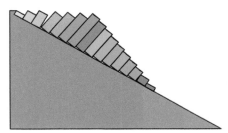

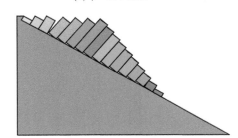

Step＝ 3000 Time ＝ 591.108824
(e) 43°, 无水

Step＝5820 Time＝1154.651410
(f) 43°, 有水

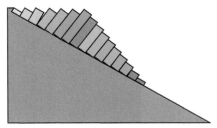

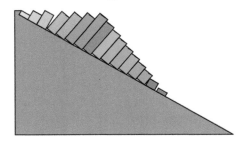

Step＝2700 Time＝536.753329
(g) 42°, 无水

Step＝5520 Time＝1098.268991
(h) 42°, 有水

图 16-4   不同摩擦角水位抬升前后倾倒变形形态

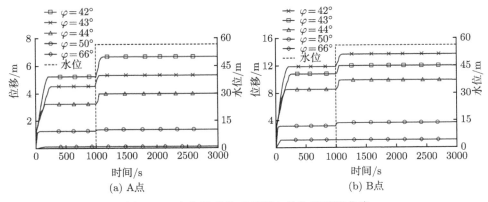

图 16-5　水位抬升前后观测点的位移时程曲线

对于 1 号滑块，当底滑面的内摩擦角 φ 大于 65° 时，水位抬升不会引起新的变形，当 φ 小于 64° 时，水位抬升后会出现少许下滑变形，滑移量随 φ 的减小而增大。当 φ 等于 50° 时滑移量为 1.34m，φ 等于 42° 时可达 6.63m。坡顶处 B 点的变形规律与 A 类似，变形量随 φ 的减小而增大。当边坡下部滑移较小时，B 点处变形大于 A 点，即边坡上部对下部变形有放大作用。例如，φ 为 50°、44° 时，B、A 点处变形量的比值分别为 2.91、2.55。

3. 水位变动对边坡变形与稳定的影响

同上文，取不同的 φ，在自重作用下，变形稳定后分级抬升水位至 56.41m、59.41m、62.41m，观测点 A、B 的位移时程曲线如图 16-6 所示。

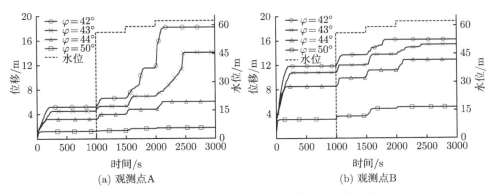

图 16-6　分极抬升水位时观测点的位移时程曲线

由图 16-6 可知，每次抬升水位都会触发新的变形，使下部块发生滑移，上部块发生倾倒。每次提高水位的基本变形规律与第一次相同，当 φ 较大时上部变形大于下部，而 φ 角较小时下部变形大于上部。

需要说明的是，如上计算都是自动选取接触刚度，跟踪计算过程可以发现，自动选取接触刚度一般偏小，如本例中计算过程中的最小刚度为单位接触面积 $4778t/m^2$。给定较大的接触刚度计算，倾倒变形量会相应地变小，但水的作用基本规律不变。

16.2.4　水对倾倒变形影响的机理分析

天然边坡经受长年累月的自然作用，经历了充分的变形和调整，在历史上各种极端条件的作用下，目前大多处于临界稳定状态，通常状况下有一定的稳定安全度。当这些边坡遭遇工程措施，如开挖、水位变动等扰动时，可能会打破原有的稳定状态，导致变形再次启动，甚至发生失稳。

水库建成蓄水后，库区中原本位于水面以上的部分库岸将被库水淹没，削落带范围内的库岸则需经受水位的周期性变化。岩质边坡常含有大量的节理裂隙等构造，透水性较好，因此水下的岩体要受到水的浮力作用。前述计算模型中的 1 号块体淹没前后受力如图 16-7 所示，图中 G 为重力，N、T 分别为遇水前沿滑裂面的法向、切向力，P 为 2 号块体对 1 号块体的作用力，N'、T'、P' 分别为考虑水作用后的法向、切向力及 2 号块体对 1 号块体的作用力。渗流产生的浮托力会减小滑面上的法向力和切向力，对于倾角 α 小于 $45°$ 的顺坡构造，水的浮托力引起的法向应力减小量大于剪应力减小量。此外，1 号块体所受剪力主要来自上部岩块的挤压作用，因此浮托力引起的 1 号块体底滑面法向力减小比例远大于切向力，从而降低了水下滑块的安全系数，引起下部块体滑移，为上部块体的倾倒变形提供空间，最终引发边坡的整体倾倒变形，甚至失稳破坏。

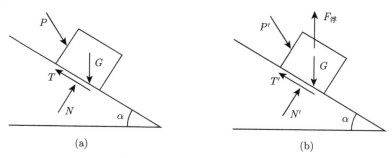

图 16-7　1 号块体的受力分析

16.2.5　小结

利用 Hoek-Bray 的经典倾倒变形分析模型，考虑裂隙岩体的渗流–变形耦合作用，以数值模拟的方式研究了岩质边坡倾倒变形的机理、启动条件和整体稳定条件。在此基础上，进一步研究了水位变动对岩质边坡倾倒变形的触发作用。通过以上模拟分析, 得出了几点结论: ① 在发生倾倒变形的岩质边坡中, 上部块体的倾倒变形来自于下部块体的挤压或滑动变形, 下部块体的变形或滑动为上部块体的变形提供了空间, 是上部块体发生倾倒变形的必要条件之一。② 倾倒变形带来的自上而下的挤压作用使下部块体的抗滑稳定安全系数远小于上部, 因此下部块体发生滑动并带动上部块体发生倾倒变形的临界摩擦角远大于滑面的倾角。③ 当岩体顺坡向构造面的摩擦角大于滑面倾角时, 即使边坡发生倾倒变形, 在下部块体变形一定距离后, 上部块体向下挤作用逐步释放减小, 边坡最终仍能保持稳定。一般情况下, 倾倒变形量自下而上逐渐放大, 至边坡坡度变化的顶部达到最大, 变形放大的倍数取决于块体高度和构造面的摩擦角。④ 对于发生倾倒变形并达到稳定状态的岩质边坡, 坡脚受到扰动往往会诱发倾倒变形重新启动, 这些扰动包括开挖及蓄水引起的水位抬升等。⑤ 当水淹没坡脚时, 下部块体浸入水中, 水的浮力作用会减小块体与滑动面之间的法向力和剪切力, 但对法向力的减小比例要远大于剪切力, 因此会降低下部块体的抗滑稳定安全系数, 使原处于变形临界状态的边坡开始倾倒变形。⑥分期蓄水时, 每次抬升水位都会触发新的倾倒变形, 但只要边坡能满足整体极限平衡条件, 变形最终都能收敛。

需要说明的是, 取不同的弹性模量和接触刚度, 计算结果会略有差别, 但不会改变总体规律和本节的结论。

本节的研究中, 水位抬升与倾倒变形总是瞬间对应, 即水位抬升的瞬间位移即完成, 而实际上变形总是长时间滞后于水位的变化, 即变形呈时效特性, 主要是山体的蠕变所致。

16.3　意大利瓦依昂特高拱坝近坝库岸大滑坡的 DDA 模拟

16.3.1　情况简介及基本资料

瓦依昂拱坝位于意大利 Piave 河的支流瓦依昂河上, 坝高 262m, 是当时全世界最高的拱坝 (见图 16-8)。坝顶高程 725.5m, 设计蓄水位 722.5m, 水库总库容 1.7 亿 m³。

工程于 1956 年 10 月开工建设, 1960 年 9 月全面完工, 1960 年 2 月即开始蓄水。在水库蓄水之前, 曾对水库库岸做过一些包括航测在内的勘测工作, 发现在左库岸有一些小的古滑坡, 分散在高程 700m 附近, 位于坝上游 500~1400m 一带。为了观测蓄水后边坡动态, 决定将库水位蓄至 650m, 进行 1:1 比例尺滑坡体现场实验, 为了这一实验做了现场勘测, 设置了位移、地下水位等项目监测。此后分阶段进行了蓄水, 见图 16-9。

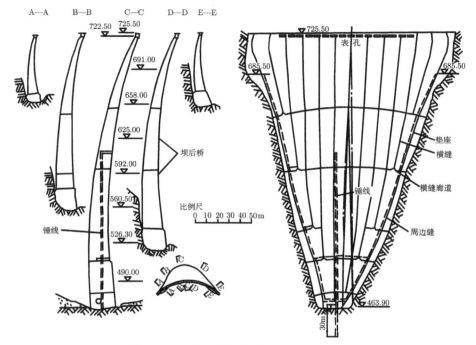

图 16-8　瓦依昂大坝上游展示图和剖面图

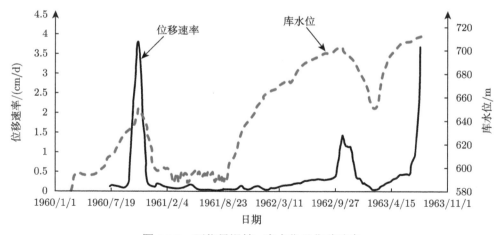

图 16-9　瓦依昂滑坡、库水位及位移速率

　　1963 年 10 月 9 日夜，瓦依昂水库水位达到 700m 高程，大坝上游近坝库左岸约 2.5 亿 m³ 巨大岩体突然发生高速滑坡，以 25m/s 的速度冲进水库，使 5500 万 m³ 的库水产生巨大涌浪，约有 3000 万 m³ 的水翻越坝顶泄入底宽 20m 的狭窄河谷，翻坝水流超出坝顶高程达 220m。水流以巨大的速度流向下游，席卷了下游

的一个小镇及几个村庄，造成约 2500 人死亡和巨大的财产损失，成为人类筑坝史上最大的一次灾难 [14]。

瓦依昂库区右岸边坡从开始变形一直到滑坡，随水位的变化经历过 3 次水位升高、2 次水位下降及 1 次水位保持，共分为六个阶段：

(1) 水位自 580m 至 650m 水位上升阶段。

水库自 1960 年 3 月开始蓄水 (起始水位 580m)，1960 年 7 月起库水位以每天约 0.3m 上升，至同年 11 月 9 日，水位达 650m。11 月 4 日，库左岸坝头处发生 70 万 m³ 堆石滑坡，滑坡体在 10min 内滑入水库。同时在左岸 1000~1300m 高程处出现 M 形裂缝。滑坡体位移监测表明，最大位移速率已达 36mm/d。

(2) 水位自 650m 至 600m 下降阶段。

鉴于水位 650m 时观测到巨大的下滑变形及上部开裂，为安全起见决定降低库水位，将水位在 50 天内由 650m 降至 600m，随水位的下降，变形速度不断减小，到 600m 水位，变形速率已接近零。

(3) 水位保持阶段。

1961 年 1 月 6 日 ~10 月 17 日，水位一直在 600m 以下，波动小于 15m，变形几乎停止，变形速率小于 1.5mm/d。

(4) 第二次水位抬升阶段。

1961 年 10 月 18 日开始再次抬升水位，水位抬升至第一次最高水位 650m 之前，变形速率变化不大，小于 1.5mm/d，当水位超过 650m 时，变形速率逐步增大，到水位高于 690m 时变形加速，当水位到 700m 时变形速率为 11mm/d。

(5) 第二次降低水位。

为保证安全，自 1962 年 12 月开始降低水位，随水位的降低变形速率减小，到 1963 年 4 月水位降至前次最高水位 650m，变形速率也逐步减小到 2mm/d 以下。

(6) 第三次抬高水位。

水库初次升、降水位使第二次同水位时位移速率大为减小。由此推论第二次升、降库水位对第三次升水位也应该有同样效应。基于这种认识，决定于 1963 年 4 月初第三次升高库水位。1963 年 9 月 26 日，库水位达到 710m 时，地表位移速率猛增至 30mm/d，于是决定紧急降低库水位，但位移速率非但不减小，反而继续增加。至 1963 年 10 月 9 日，突发的灾难性的大滑坡发生了，滑坡速度达 20~30m/s。

实测坡面累计位移与库水位的关系见图 16-10。第一次水位抬升、下降后累计位移已达 1.5m，低水位运行及第二次水位抬升至 650m 之前，总位移增量较小，第二次水位抬升、下降过程使总体位移量增加至 3.2m，第三次水位抬升、下降过程中实测位移达到 4.0m 以上，随后发生了大滑坡。

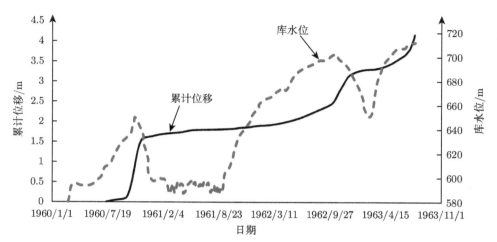

图 16-10　坡面累计位移与库水位关系 [1](原图中累计位移有错, 根据图 16-9 中的位移速率
进行了重新计算)

　　滑坡发生在坝前 50~1800m, 总方量约 2.5 亿 m³。约 250m 厚的山体以 20~
30m/s 的高速, 水平整体滑动了 300~400m, 它不仅填满了水库, 而且飞过了 300 多
米深的峡谷, 冲到右岸 (即北岸), 并推动了右岸一个古滑体, 使其上冲 100~150m,
然后又回滑了 30~40m。

　　在滑坡体上埋设的渗压实测结果表明, 滑坡体地下水位与库水位变化同步, 且
与库水位基本相等, 说明滑坡体有良好的透水性。

　　滑坡发生后, 巨大体积的滑坡体充填了河道, 阻塞了水流。F. D. Patton 等给
出了两个断面滑坡前后的地质剖面图, 见图 16-11 和图 16-12。

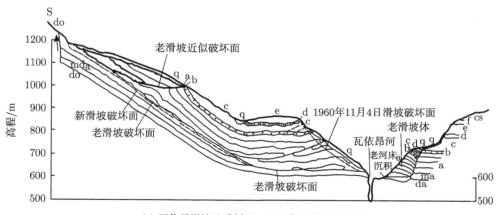

(a) 瓦依昂滑坡地质剖面1 (1963年10月9日滑坡前)

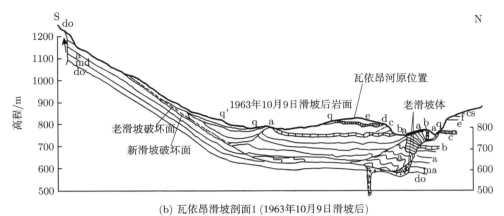

(b) 瓦依昂滑坡剖面1 (1963年10月9日滑坡后)

图 16-11 滑坡前后地质剖面图 (一)[15,18]

图中英文字母为岩层代号

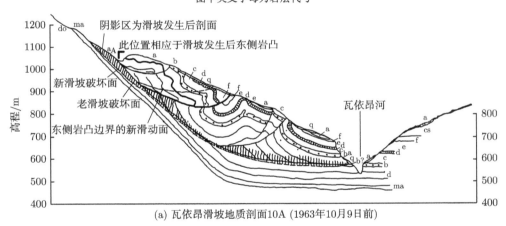

(a) 瓦依昂滑坡地质剖面10A (1963年10月9日前)

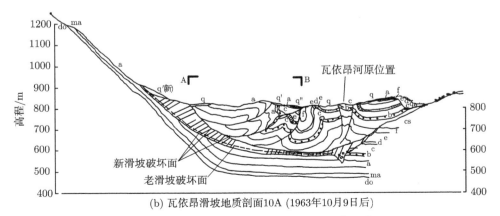

(b) 瓦依昂滑坡地质剖面10A (1963年10月9日后)

图 16-12 滑坡前后地质剖面图 (二)[15,18]

　　瓦依昂滑坡有众多学者进行过研究分析，坝工、岩石力学专家及工程地质专家从不同的角度对这一灾难进行过全面的调查研究，编写过大量的研究报告。在滑坡原因分析方面主要有特殊地质条件、蓄水后孔隙水压力变化、降水引起的地下水位下降等观点 [1,18]。

16.3.2　基本资料

1. 地质地层

　　瓦依昂坝址位于一斜向地区，河流由东向西，与向斜轴一致。峡谷大约是在 2 万年前末冰期结束后，受侵蚀形成的一深切峡谷，切割年代很新。坝址处露出的岩层为白垩系和侏罗系地层，大坝建基于侏罗系的道格统和白垩系的麻姆统地层上，坝肩主要承力部位为后者，地层分层情况见图 16-13。白垩系麻姆统的分层情况如下：

　　(1) c_8—— 粉红色泥灰质石灰岩、粉砂岩 (斯卡利亚组)，层厚 50cm，总厚 300m。

　　(2) c_7—— 红色石灰岩 (斯卡利亚组)。

　　(3) c_6—— 浅灰至淡红色硅质石灰岩结核层，层厚 5~200cm。灰绿色泥灰质岩或泥质石灰岩夹层，地质年代为土仑及下森诺曼统，总厚度 80m。

　　(4) c_5—— 粉红色泥质石灰岩，年代为森诺曼统，总厚度 1.5m。

　　(5) c_4—— 有绿色黏土夹层的石灰岩，森诺曼统，总厚度 3~4m。

　　(6) c_3—— 粉红色泥灰岩及泥灰质石灰岩，森诺曼统，总厚度 3~4m(弱层)。

　　(7) c_2—— 角砾状石灰岩及泥灰岩，厚度 10~100cm，塌落结构，地质年代为阿尔必，总厚度 10~20m。沉积间断 (无沉积岩形成或沉积岩剥蚀)。

　　(8) c_1—— 粉红色和绿色泥灰质石灰岩，层厚 5~30cm，黑色燧石结核，顶部为碎屑石灰岩。若干绿色的黏土或泥灰质石灰岩层，地质年代为阿尔必，总厚度 45~90m。

　　上中侏罗系道格统的分层情况如下：

　　(1) g_4—— 浅灰色到淡红色的致密石灰岩，有时夹燧石结核，层厚 30~40cm(在下部 20m 段，单层厚度 1m)，总厚度 40~45m，上侏罗纪 — 下白垩纪。

　　(2) g_3—— 黑灰色硅质石灰岩，层厚 5~20cm，带红色的燧石结核，麻姆统，总厚度 25~35m。

　　(3) g_2—— 鲕状石灰岩、白云质石灰岩，由于溶解作用，局部为多孔的白云岩，上部层厚 0.5~1m，其余层厚 1m，道格统，总厚度 350m。

　　(4) g_1—— 灰色至浅蓝色的石灰岩，层理清晰，单层厚 5~15cm，沥青泥灰岩夹层，地质年代为里阿斯统，总厚 80~100m。

坝址区没有大的断层通过，但次级结构面甚为发育，除层面外，主要还有两组
陡倾角构造，其中一组为顺河向。

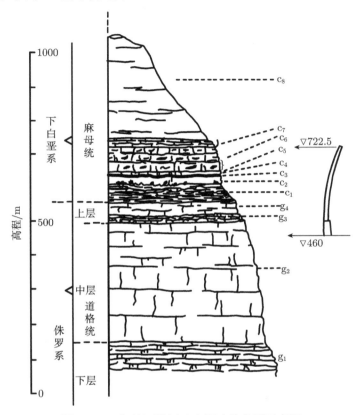

图 16-13   坝址区地层及大坝建基范围示意图

滑坡地区的地层由上侏罗纪、下白垩纪与上白垩纪时期的系列厚石灰岩和泥
灰岩层组成，角砾状石灰岩常常伴有燧石结核并较少量的白云岩，一些石灰岩和
白云岩层由于具有溶解特性而局部多孔。在麻姆统地层内，偶见黏土互层，但在
下白垩纪地层中却极其普遍，A. J. Hendren[15] 描述了滑坡地区岩层，简化的地层
柱状图见图 16-13。瓦依昂滑坡的滑动底面是在下白垩系地层中 (c_1 层)，还可能
是覆在道格统大块鲕状灰岩地层上面的麻姆统上部地层中。滑坡底面滑床的厚度
为 5～10cm，但厚度变化从 1～20cm 不等；道格统灰岩 (见图 16-13) 在破坏面之下
呈 "块状"，且其层厚常超过 0.5～1.0m。黏土夹层在有的地区呈连续分布，在卡索
村等地与滑坡面岩序完全一致的岩层内有 5 层，分布在 20～30m 厚岩层内，厚度
0.7～17.5cm 不等。干燥黏土碎片在淡水中很快崩解。图 16-14 表示白垩系地层内
剖面的典型调查结果。

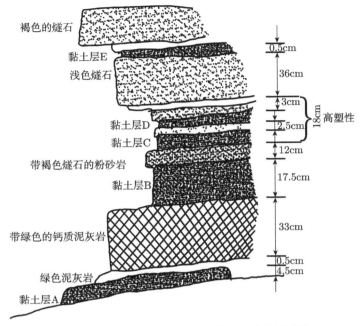

图 16-14   卡索西南下白垩系岩石露头草图 [15]

2. 抗剪强度指标

调查研究表明，瓦依昂滑坡底面在下白垩系的 c_1 层中存在某些连续分布的黏土夹层。为了研究滑动底面的抗剪强度指标，有三家单位曾做过实验研究工作，即加拿大特伯咨询公司、美国伊利诺伊大学和美国水道试验站 (WES)，三家单位的实验结果有一定的差别，但有一个共同的特点，即摩擦角小，离散性较大。三家单位所做的扰动黏土直剪实验结果见表 16-6~表 16-8。综合三家实验结果，黏土夹层的摩擦角最大值为 16.4°，最小值为 5.9°，均值为 9.33°，见表 16-6。下面的 DDA 模拟中，将采用这组统计的强度结果。

16.3.3   参数反演

根据目前收集的资料，参与研究的三家单位重点研究了滑坡体内黏土夹层的力学参数，摩擦角的均值小于 10°，未见其岩体的抗剪强度参数。分析图 16-11 所示的滑坡剖面的底滑面可见，左侧斜坡段倾斜角度在 35° 左右，右下部接近水平，如果直接采用三家单位研究结果的统计结果 (见表 16-9) 对边坡进行分析，正常状态下即难以保持稳定。因此，需要首先考虑参照实验资料对边坡抗剪强度参数进行反演。采用两种方法进行反演——Sarma 法和大块体 DDA 法。

表 16-6　瓦依昂扰动黏土直剪实验结果(加拿大埃蒙特顿特伯咨询公司)[15]

试样	试样编号	试样收到时的含水率/%	阿太保限度			剪切实验及试样详细说明				剪切后含水率		有效残余强度参数		
			流限/%	塑限/%	塑性指数/%	实验进行条件	实验类型	扰动后含水率/%	正应力 δ_n	剪切面/%	剪切面以外/%	残余剪切强度 τ_{res}/MPa	$\tan\varphi'_r$ $\frac{\tau_{res}}{\sigma_n}$	φ'_r
瓦伊昂试样	522-5A	26.2	66.2	22.5	43.7	去掉余留在 10 号筛上的岩石和粗砂, 其重量占试样总重的 13%~17%	沿预剪面多级直剪实验	27.0	6.205 1.724 0.3447	25.9	25.3	0.81 0.2516 0.0552	0.131 0.146 0.16	7.44° 8.3° 9.1°
重组瓦伊昂试样	522-5A	26.2	81.0	23.8	57.2	重组的试样: 加回 4 号与 10 号筛间的粗砂部分于上述试样中, 但不加入岩片		30.0	6.205 0.1034			1.047 0.0303	0.169 0.293	9.6° 16.4°

注: 原始试样粒径分布为砾石 6%、砂 7%、粉砂 36%、黏土 51%

表 16-7　瓦依昂扰动黏土直剪实验结果(伊利诺伊大学地质系)[15]

实验号	实验类型	变形率/(cm/min)	初始正常压力/MPa	最大剪切强度/MPa	最小剪切强度时的变位/cm	最小剪切强度时的正常压力/MPa	最小剪切强度/MPa	tanφ	φ	说明
1W	3	0.00635	0.5763	0.1606	2.89	0.7115	0.1441	0.203	11.4	只加足够的水，使试样能进入 0.1588cm 的夹层中
2W	3	0.00635	0.5763	0.1434	2.34	0.6804	0.1262	0.185	10.5	再加水，使试样可浸湿 2d
		0.00635			3.48	0.7466	0.1344	0.181	10.2	为测试水 m 变形速率的影响，试样实验进行约 0.1h，变形速率减小 1/10，φ 降低 2%
3W	3	0.00635	0.4205	0.0938	1.55	0.4674	0.0703	0.150	8.57	
4W	3	0.00635	0.5763	0.1468	1.98	0.6646	0.1144	0.172	9.8	
					2.41	0.6848	0.1213	0.177	10.0	
5W	3	0.00635	0.5763	0.1537	2.34	0.6777	0.1138	0.167	9.5	
6W	3	0.00635	0.5763	0.1496	2.97	0.7128	0.1220	0.171	9.7	
7W	3	0.00635	0.2882	0.0896	2.54	0.3461	0.0676	0.195	11.0	试样在达到残余值后卸荷，薄试样 N=1.223kN
		0.00635			5.41	0.2461	0.0476	0.193	10.9	
8W	3	0.00635	0.2882	0.0931	5.21	0.4378	0.0827	0.189	10.7	
9W	3	0.00635	0.1572	0.0531	5.33	0.242	0.538	0.223	12.5	
1F	4	0.00635	0.5763	0.131	2.95	0.7128	0.0956	0.139	7.8	
2F	4	0.00635	0.2882	0.071	2.67	0.3495	0.0476	0.135	7.7	
3F	4	0.00635	0.5777	0.1524	3.18	0.7294	0.1096	0.150	8.5	试样在达到残余值卸荷
		0.00635			3.68	0.3805	0.0558	0.146	8.3	N=2.237kN
		0.00635			4.42	0.243	0.03309	0.149	8.5	N=1.214kN
		0.00635			5.51	0.5715	0.0841	0.147	8.4	N=2.842kN

表 16-8 瓦依昂扰动黏土直剪实验结果(水道试验站)[15]

| 试件号 | 阿太保限度 | | 初始含水量/% | 干容重/(kg/m³) | 初始孔隙比 | 饱和度/% | 最终含水率/% | 估算的比重 | 实验类型 | 正应力/MPa | 残余剪应力/MPa | 变形速率/(cm/s) | 估算的剪切位移/cm | tanφ | φ_r |
	流限/%	塑限/%	塑性指数/%												
1	76	26	50	35.4	1372	0.998	97.5	30.2	2.75	沿预剪面的剪切实验	0.1919	0.0257	0.00889	9.525	0.134	7.6°
											0.3859	0.0425		19.05	0.110	6.27°
											0.7708	0.0971		24.1	0.126	7.18°
2	67	30	37	30.3	1415	0.944	88.3	27.7	2.75		0.5789	0.0602	0.00889	4.572	0.104	5.9°
											1.1567	0.1955		16.26	0.169	9.6°

表 16-9 三家单位抗剪强度实验结果统计

试件数	均值 $\mu/(°)$	最大值 $\varphi_{max}/(°)$	最小值 $\varphi_{min}/(°)$	标准差 $\sigma/(°)$	离差系数 cv
28	9.33	16.4	5.9	2.04	0.22

1. Sarma 法反演

Sarma 在 1974 年提出了任意条块分割的边坡刚体极限平衡稳定分析方法,后被称为 Sarma 法。在 16.1.1 节中,已对 Sarma 法的基本原理和解题步骤进行了详细阐述。此处应用中国水利水电科学研究院自主编写的基于 Sarma 法的边坡稳定分析程序 Sarma-K 对瓦依昂边坡进行稳定分析,对其抗剪强度参数进行反演分析。分析采用的计算模型如图 16-15 所示,采用的计算参数如表 16-10 所示。

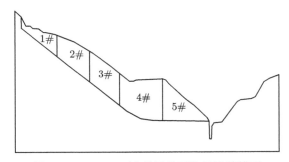

图 16-15 Sarma 法采用的瓦依昂计算模型

表 16-10 Sarma 法采用的瓦依昂计算参数

条块号	参数名		参数名	参数值
1#	底滑面角度	39°	条分角度	0°
	条块自重	396824395MN		
	底边长度	265.39m	接触面长度	126.28m
	底面强度 φ	22°	底面强度 c	200000Pa
	接触面强度 φ	0°	接触面强度 c	0 Pa
2#	底滑面角度	39°	条分角度	0°
	条块自重	754855007.5MN		
	底边长度	241.56 m	接触面长度	185.52m
	底面强度 φ	22°	底面强度 c	200000 Pa
	接触面强度 φ	0°	接触面强度 c	0
3#	底滑面角度	39°	条分角度	0°
	条块自重	835753050 MN		
	底边长度	223.52 m	接触面长度	194.39 m
	底面强度 φ	22°	底面强度 c	200000 Pa
	接触面强度 φ	0°	接触面强度 c	0 Pa

续表

条块号	参数名		参数值	
4#	底滑面角度	19°	条分角度	0°
	条块自重	1320871813 MN		
	底边长度	258.98 m	接触面长度	248.24 m
	底面强度 φ	22°	底面强度 c	200000 Pa
	接触面强度 φ	0°	接触面强度 c	0 Pa
5#	底滑面角度	1°	条分角度	0°
	条块自重	863935615M N		
	底边长度	267.75 m	接触面长度	0 m
	底面强度 φ	22°	底面强度 c	200000 Pa
	接触面强度 φ	0°	接触面强度 c	0 Pa

根据表 16-10 给出的参数，经过多次试算得，当 φ 值取 22°，c 值取 0.2MPa 时，边坡的整体安全系数为 1.02，接近临界值 1。

2. 强度参数的 DDA 反演

此处采用两种模型对瓦依昂边坡的强度参数进行反演，第一种与 Sarma 法计算相同，见图 16-16(a)，第二种在 Sarma 模型上细化得到，见图 16-16(b)。

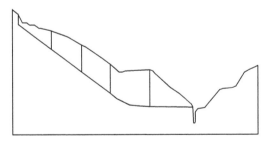

(a) Sarma等价模型

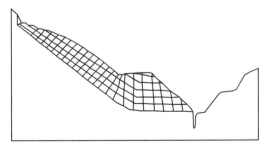

(b) 加密模型

图 16-16　参数反演的 DDA 模型

反演计算采用的参数见表 16-11。反演计算时计算模式取两种，即分别计算静力和动力。时间过程上，首先将节理裂隙等构造面锁定 (即给定较大的摩擦角初值，此处取 $\varphi_0=35°$，所有构造面均取相同的摩擦角)，施加自重，等自重应力和变形稳定后开始降强计算，直至边坡垮塌。动力计算时先按静力加自重的方式算出自重作用下的初始状态，然后再加动力，进行降强计算，计算过程描述见图 16-17，即先取 5 倍强度，将所有接触面锁定计算 20s，待计算稳定开始按 0.05/s 的速率折减强度系数，计算至 100s，将强度系数折减至正常强度系数 1.0。保持强度不变计算至400s，然后开始以 0.0015/s 的速率进行强度折减计算，即自 400s 开始到 800s 时强度系数折减至 0.4。按照如上过程进行 DDA 计算，得到代表块体的位移时间曲线，曲线出现拐点 (斜率发生突变) 的时刻即可认为是安全系数为 1.0 的时刻，临界摩擦角可按下式计算：

$$\text{强度系数：} S = S_1 + (S_2 - S_1)(t - t_1)/(t_2 - t_1)$$
$$\text{摩擦角：} \varphi = \arctan(S \tan \varphi_0) \tag{16-1}$$

式中，S 为计算的强度折减系数；S_1、S_2 分别为折减起始和终了的强度系数，对应图 16-17 中的 1.0 和 0.4；t_1、t_2 为对应于 S_1、S_2 的时刻，即图 16-17 中的 400s 和800s；φ_0 为 DDA 计算时设定的初始摩擦角。

表 16-11　DDA 参数反演计算参数

参数名称	取值	参数名称	取值
罚函数 (MN/m)	1000	弹性模量/GPa	5.0
最大位移比	0.002	泊松比	0.25
最大时间步长/s	0.1	重度/(kN/m³)	24.5
初始摩擦角/(°)	35	密度/(t/m³)	2.45

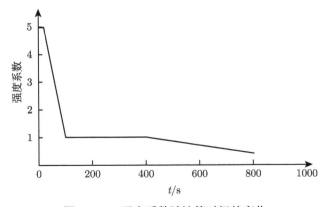

图 16-17　强度系数随计算时间的变化

　　针对每一个模型均计算了静力和动力两种工况，对于动力工况，均是先按静力计算，在 $t=300\mathrm{s}$ 时启动动力模式。

1) 模型 1 的反演结果

　　利用模型 1 得到的边坡变形结果见图 16-18。当计算至 7000 步，$t = 700\mathrm{s}$ 时，全部节理面贯穿，边坡整体开始向下变形。图 16-19 为上部 1# 块和下部 4# 块两种计算模式下的变形时间曲线。由图及对应的数据，可以得到各工况上部、下部块体的变形出现拐点的时间，从而根据式 (16-1) 求出临界稳定摩擦角，见表 16-12。

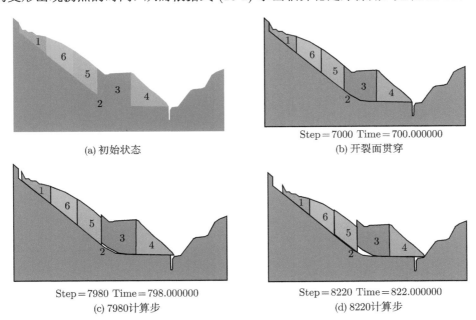

(a) 初始状态

Step＝7000 Time＝700.000000

(b) 开裂面贯穿

Step＝7980 Time＝798.000000

(c) 7980计算步

Step＝8220 Time＝822.000000

(d) 8220计算步

图 16-18　由模型 1 得到的边坡变形结果

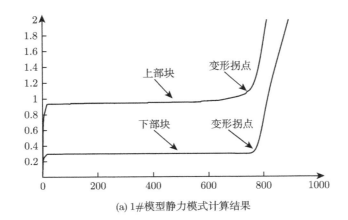

(a) 1#模型静力模式计算结果

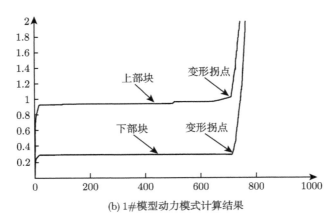

(b) 1#模型动力模式计算结果

图 16-19　模型 1 静、动力两种模式的变形时间曲线

表 16-12　静动力两种模式求得的临界稳定摩擦角

分析模式	位置	计算时刻/s	折减系数	临界摩擦角/(°)
静力	上部 (变形启动)	655.0	0.62	23.5
	上部 (变形拐点)	730.0	0.51	19.7
	下部 (变形拐点)	731.0	0.50	19.3
动力	上部 (变形启动)	649.0	0.63	23.7
	上部 (变形拐点)	708.0	0.54	20.6
	下部 (变形拐点)	709.0	0.54	20.6

分析图 16-19,自重变形会在计算至 20s 时完成,上部位移远大于下部。自重变形完成后,变形基本稳定,上、下部块体的变形曲线几乎为一条水平线。计算模式在 $t = 300s$ 时进行了静动力模式转换,变形曲线上也并未见波动或跳跃。从400s 开始降低强度,下部块体至降强拐点处突然变大,而上部块体自 $t=500s$ 开始变形逐步增大,在静力 655s、动力 649s 时变形速率明显加大,在静力 $t=730s$、动力 $t=708s$ 时出现拐点。由 DDA 结果,以上部块体位移速率明显变大时的摩擦角作为临界摩擦角,则 $\varphi=23.5°$,如以出现拐点时的摩擦角作为临界值,则 $\varphi=19° \sim 20°$。对比前面的 Sarma 法结果 $\varphi=22°$,可见相同块体切割条件下两种方法的临界稳定摩擦角相近。

2) 模型 2 的反演结果

采用与模型 1 相同的参数、相同的强度系数变化过程,对模型 2 进行 DDA 模拟。典型时刻的模拟结果见图 16-20。对比图 16-19,采用较细块体切割模型时,构造面贯穿的计算时间由 700s 提前到 613.5s,意味着多块体更容易破坏。

(a) 初始状态

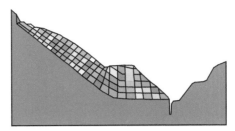

Step=6160 Time=613.542327

(b) 滑裂面贯穿

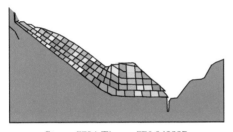

Step=7794 Time=776.942327

(c) 第7794步计算结果

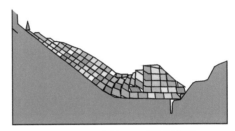

Step=8824 Time=862.061529

(d) 最终状态

图 16-20　由模型 2 得到的边坡变形过程

图 16-21 为静、动力两种模式下模型 2 上、下部块体的位移过程曲线,对比模型 1 的结果可见,静力加载稳定时间及自重作用下的变形量相近,但拐点出现的时间提前,即保持临界稳定所需的摩擦角更大。表 16-13 为模型 2 计算得到的临界摩擦角。下部点自重变形完成后位移保持稳定,上部块体则以一个较小的速率不断增长,当强度折减至 0.82 后变形速率加大。由小块体模型得到的临界摩擦角大于 25°。

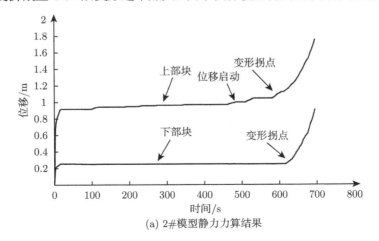

(a) 2#模型静力力算结果

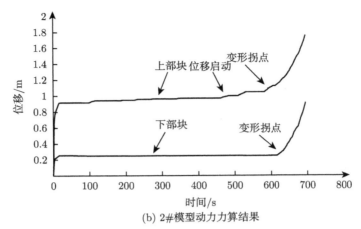

(b) 2#模型动力力算结果

图 16-21　模型 2 模拟位移过程曲线

表 16-13　模型 2 两种模式下的临界摩擦角

分析模式	位置	计算时刻/s	折减系数	临界摩擦角/(°)
	上部 (变形启动)	515	0.83	30.1
静力	上部 (变形拐点)	578	0.73	27.2
	下部 (变形拐点)	619	0.67	25.2
	上部 (变形启动)	515	0.83	30.1
动力	上部 (变形拐点)	613	0.68	25.5
	下部 (变形拐点)	617	0.67	25.3

3) 考虑水的作用后的参数反演

本部分的参数反演是为了模拟蓄水过程中边坡的变形及由此导致的失稳。实际情况是,自然状态下边坡是稳定的,说明实际摩擦角大于临界值。水位抬高后水渗入节理、裂隙等构造面,使接触面的法向应力减小,从而减小了抗滑力,当总抗滑力小于下滑力时,边坡稳定被打破,导致失稳。本部分用 DDA 的渗流与变形耦合计算功能,模拟水位变动条件下的边坡变形。具体计算过程为:① 取初始水位为 600m,按静力模式计算自重变形;② 自重变形稳定后将水位抬升至 650m,模拟水位抬升过程中边坡的变形;③ 降低水位到 600m;④ 再次抬升水位至 700m。水位变化过程参考图 16-10,做了适当简化。模拟水位变化过程见图 16-22 中的库水位曲线。

经过试算得知,如果直接采用前述方法得到的临界摩擦角,水位抬升至 650m 时即失稳,而取 $\varphi=28°$ 时即可得到水位抬升变形,水位降低后稳定的计算结果,因此此处计算中取 $\varphi=28°$。静动力转换时刻为 $t = 100s$。

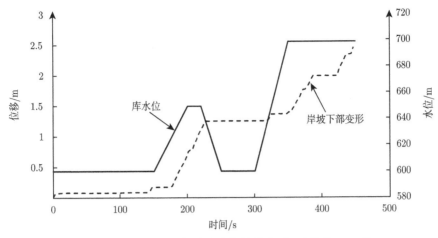

图 16-22 考虑水位变动影响的计算变形 (摩擦角 =28°)

考虑水的作用后的模拟结果见图 16-22。自重施加结束后变形稳定,其后随水位的抬高开始向下变形,当水位下降后变形停止,进一步抬高水位后变形又启动,当水位稳定在 $H = 700\text{m}$ 时变形速率逐步增大。这些变形随水位变化而变化的规律与观测结果吻合,但是,这种吻合仅限于定性,计算变形的大小与实测结果难以一致。

16.3.4 蓄水触发瓦依昂滑坡的 DDA 模拟

前述计算分析是用小模型研究瓦依昂边坡的破坏模拟机理,利用 DDA 反演边坡的力学参数,可以看出,两种模型的结果还是有不小的差距,块体切割粗大的模型 1 反演的参数要低于网格较密的模型 2。在对滑坡进行模拟时,进一步细化块体切割,以图 16-11 所示的断面 1 作为分析断面,计算模型见图 16-23。该网格取自剖面 1,见图 16-11。

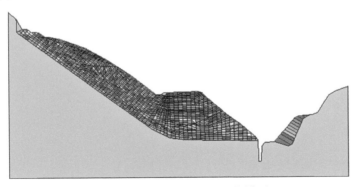

图 16-23 瓦依昂边坡密网格模型

计算中采用的控制参数见表 16-14，参照前文所述岩体力学性质及前述两种模型和 Sarma 法的反演结果，采用图 16-23 所示的密网格进行试算。试算结果表明，如果要得到图 16-11 所示的滑坡后结果，即滑坡体沿老滑面滑动，而不是沿其下部构造面滑动，则图 16-23 所示网格的最下部构造面的摩擦角应大于斜坡的坡角，图中斜坡坡角为 40° 左右，因此取其摩擦角为 45°。根据 Sarma 法的结果，老滑坡面的摩擦角取 22°，上部其余部位取为 28°。根据前述的三个实验室的研究成果，下部堆石体中含有黏土，扰动后的黏土的摩擦角很小，均值仅为 9.33°，最大值为 16.4°，计算中先取 18° ~ 20°。各部位节理的强度参数见表 16-15。

表 16-14   瓦依昂边坡稳定计算参数

参数	取值
动力系数 gg	0.995
接触刚度 g_0/(GPa·m)	1.0
最大位移比	0.001
最大时间步长/s	0.2
岩石容重/(kN/m^3)	24.5
泊松比	0.25
弹性模量 (下部)/GPa	15.0
弹性模量 (上部)/GPa	5.0

表 16-15   瓦依昂边坡各部位节理计算参数

序号	摩擦角φ/(°)	粘聚力/(0.01MPa)	位置说明
1	22.0	6.0	老滑坡面，上部
2	12.0	6.0	右岸
3	28.0	6.0	古滑坡面之上，上部，7 号之间穿插
4	35.0	6.0	5 号之上，顺坡
5	45.0	6.0	破碎区与岩石基础，上部
6	28.0	6.0	上半部，逆坡
7	28.0	6.0	古滑面 (1) 之上，顺坡，上部
8	20.0	6.0	老滑坡面，下部
9	18.0	6.0	下部堆石体，顺坡
10	20.0	6.0	
11	45.0	6.0	破碎区与岩石基础，下部
12	25.0	6.0	下部堆石体，竖向
13	20.0	6.0	下部斜坡堆石体，＋ 顺坡

参照图 16-10 中所示的水位变化过程，设置水位变化过程，如图 16-24 所示。水压荷载的考虑有两种方式：① 裂隙渗流方式，给定迎水面边界条件，允许水沿裂隙以渗流的方式流动，通过渗流–变形耦合的方式 [19] 计算岩体内作用于岩块表

面的水压, 进而按水压力的方式计算水对变形的作用; ② 不计算渗流, 简化认为
岩体内的水与给定的边界水位同步变化, 计算每个块体的边与水位的关系, 位于水
下的即受到水的作用, 水压作用于块体的表面, 位于水上时不受水的影响。具体计
算流程如下: ① 按静力模式计算自重作用下边坡的应力和变形; ② 在 $t = 50\text{s}$ 时
转为动力模式, 动力系数 gg=0.995, 取 gg 小于 1 为带一定阻尼的动力计算; ③ 按
照图 16-24 的水位过程模拟水位变化。

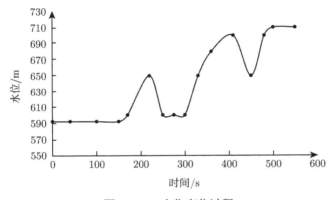

图 16-24   水位变化过程

下部堆石体中某点的位移全过程线见图 16-25。全过程包含了自重施加过程带
来的位移, 图中同时画出了水位变化线。在自重施加之初计算位移即随时间不断
增大, 到 50s 开始计入动力时, 总变形量已超过 0.5m, 计入动力项后变形速率增
大, 从 70s 开始变形速率减小直至为 0, 此时的累计变形为 1.16m, 这个变形可以
认为是自重作用下已经稳定的变形。自 150s 开始抬高水位, 随着水位的抬高变形
重新起动, 到水位 650m 时累计变形为 1.34m, 随着水位降低变形速率减小, 到水
位 600m 时变形速率减小到 0, 变形曲线成为水平线。在 $t = 300\text{s}$ 时又开始抬高水
位, 随即变形开始。

在水位达到前期高点 650m 之前变形速率很小, 达到前期水位高点后变形速
率增大, 到 700m 的水位时总变形量为 1.54m。随后开始降低水位, 在 $t=450\text{s}$ 时水
位降至 650m, 在水位降低过程中变形略为增大, 由水位 700m 时的 1.54m 增大到
650m 时的 1.55m, 增大 1cm。在水位进一步提升过程中变形增量有限, 当水位到
达前一次高水位之前, 无新变形产生, 超过前次水位高点后变形增大到 710m 水位
时最大变形为 1.558m, 仅增加了 0.008m。随后在水位不变时位移不再发展, 这一
点显然与实际情况不符, 实际情况是水位抬升至 710m 后变形速率陡然增大, 并发
生了大滑坡。

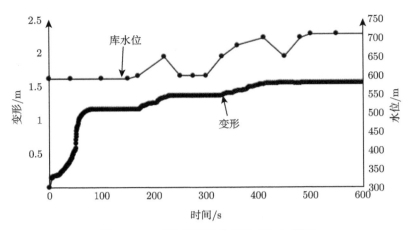

图 16-25　瓦依昂边坡位移的 DDA 模拟

　　扣除自重施加过程线见图 16-26。对比图 16-26 和图 16-10 可见，DDA 的模拟结果反映了边坡随水位变化规律，即水位抬升变形速率增大，水位下降变形速率减小，水位在低位及前期高位之前变形速率基本为 0，超过前期高水位后变形速率增大。但是有两点与实际观测结果不符；① 计算变形小于实测变形。虽然图 16-25所示的变形总量与实测变形位于相同量级，但扣除自重变形后，水位抬高引起的变形量计算值仅为观测值的 1/10 左右。② 计算水位到 710m 以后变形稳定，保持在40cm，而实际情况是变形逐渐增大，直至失稳。第二个差别表明水位抬高后的强度参数的计算取值高于实际情况。

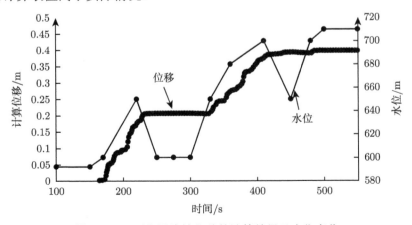

图 16-26　瓦依昂边坡位移的计算结果及水位变化

　　DDA 法模拟水的作用仅考虑了水的荷载作用，即水作用于块体表面，减小了块体间的有效作用应力，从而导致了块体间的错动变形。而现实中水对边坡的作用要复杂得多，除了力的作用外还有化学作用、温度作用等，其中与变形关系密切的一个作用即是对岩体力学参数的影响，不管是水作用本身，还是变形后导致岩体构造面强度参数的降低，都会导致边坡变形加大甚至失稳。如前所述，瓦依昂边坡垮塌后在岩体中发现了黏土夹层，黏土夹层受扰动的摩擦角均值不足 10°，黏土在遇水后的抗剪强度同样会较大幅度地降低，因此可以认为水位抬高位于水下以后，岩体强度的下降是导致边坡垮塌的原因之一。

　　水对岩体强度参数的影响可用 "强度折减" 法，即 "降强" 来模拟，具体模拟时给定一个强度系数，随着计算逐步减小该系数，直至垮塌失稳，即可求出失稳对应的强度折减系数。设定强度从 $t=1400\mathrm{s}$ 开始折减，即 $t=1400\mathrm{s}$ 时强度系数为 1.0，到 1500s 时折减为 0.2，随强度折减计算位移的变化见图 16-27，图中的计算时间可以转化为强度折减系数。该曲线中的拐点即可作为边坡失稳时的强度折减系数，为 0.84~0.90。

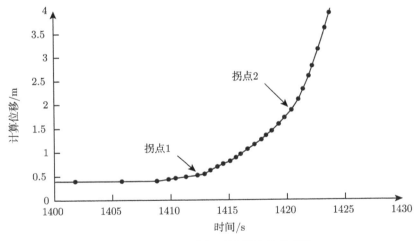

图 16-27　随强度折减计算位移的变化

　　但是将表 16-15 的节理强度参数乘以 0.84~0.9 的折减系数，再用 DDA 模拟该边坡的变形过程，则得不到稳定的计算结果，在第一次抬高水位时即触发不收敛的持续变形，由此也可以从另一方面证明，水位抬高对边坡变形和稳定的影响，不仅是力的作用，还存在刚度软化、强度软化等对材料的作用。

　　不同时刻 (水位) 对边坡的变形形态见图 16-28。计算中为了让块体的界面在初始状态下处于粘接状态，给定了一个较小的抗拉强度和粘聚力。图 16-28 中的实线表示界面已屈服，抗拉强度和粘聚力消失，界面处于接触或张开状态。

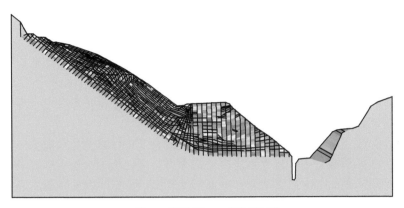

Step＝2160 Time＝104.448468

(a) 自重完成水位抬高前，初始状态

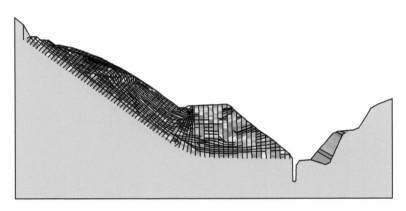

Step＝3120 Time＝225.822716

(b) 第一个水位峰值(650m)过后的变形形态

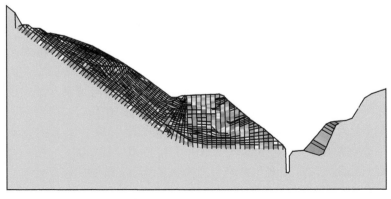

Step＝4380 Time＝412.503807

(c) 第二个水位峰值(700m)过后的变形形态

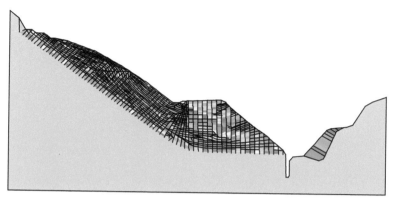

Step=5140 Time=553.849655

(d) 第三个水位峰值(710m)过后的变形形态

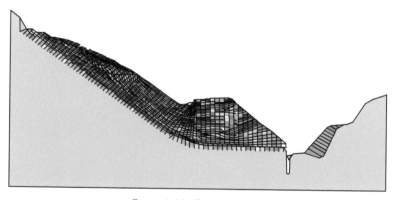

Step=11060 Time=1442.552418

(e) 降强后的变形形态

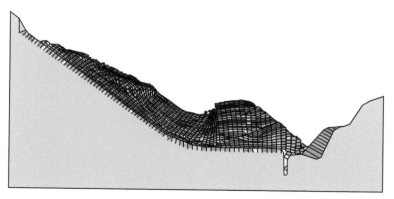

Step=13860 Time=1483.458605

(f) 降强后的变形形态

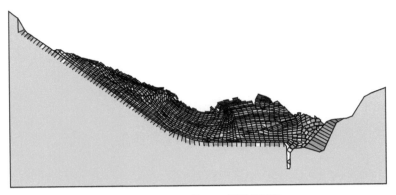

Step＝15660 Time＝1507.462925

(g) 降强后的变形形态

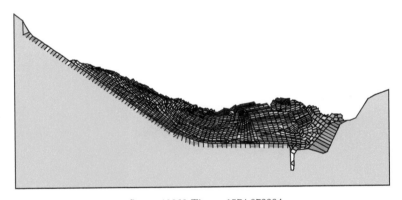

Step＝19860 Time＝1574.872204

(h) 边坡垮塌后的最终形态

图 16-28 瓦依昂边坡变形与垮塌过程 DDA 模拟结果

　　由图 16-28，在边坡初始状态，水位抬升前已存在贯通的滑裂面，即存在失去粘聚力，仅靠摩擦维持平衡的滑动面。在水位抬升时边坡开始变形，但由于变形相对于边坡的几何尺寸太小，在变形形态图上难以明显分辨边坡形态变化。在水位第二次升至 700m 并继续抬升至 710m 时，变形仅略有增大，其后便稳定下来。在变形形态图上反表现为多了几条屈服的节理。当到 $t=1400$s 开始降低强度时，变形又开始增大，随着强度系数逐渐减小，变形速率不断增大，在强度系数为 0.84 时边坡开始失稳，加速滑动，从图 16-28(e) 已明显看到滑动形态，其后逐步滑动、垮塌，最终形态见图 16-28(h)。

　　对比图 16-11(b) 和图 16-28(h) 可以看出，滑坡后两者的地形形态接近，除此之外模拟结果与观测结果还有一些相近之处，如观测表明，通常只有当新岩层初次浸没时位移速率才明显增加，而该岩层第二次浸没时，该测值比较小，计算结果得

到的规律一致 (见图 16-26)。

另一个可比较的指标是滑坡速度。意大利的专家根据滑坡当时涌浪高达 220m，岩石冲出对岩高达 150m 的事实，推断最大涌速可达 25m/s，也有的学者认为是 10~20m/s。根据本节的模拟结果，除边坡前部表面个别块体的速度可达 15m/s 以上之外，前部岩体的滑速小于 10m/s，水平段与斜坡段交界处的中部滑速小于 3.0m/s。如上结果是动力系数 gg=0.995 时的结果，即相当于人为给定了一个阻尼，当取 gg=1.0 计算时，速度可提高 50%，则计算速度与意大利专家的估计值接近。但 DDA 计算得到这样的滑速需降强到 0.45 倍左右，下部顺坡向节理的最小摩擦系数降到 8°~9°。文献 [15] 中认为要达到 25m/s 的滑坡速度，下部摩擦角要在 10° 左右，与 DDA 降强结果相近。如何才能使摩擦角降至 10°，Hendron 和 Patton[15]、Voight 和 Faust[17] 认为，滑坡时由于摩擦产生的热量使水变成水蒸气，从而在滑面上产生蒸汽膜，而使摩擦角大大降低。

16.3.5 小结

瓦依昂大滑坡是人类工程史上最大的灾难之一。对于滑坡的机理和原因，世界上有众多的专家进行过研究，但基本上是从定性的角度。DDA 是模拟该类滑坡的优秀工具。本文首先采用 Sarma 法，概化粗块体切割的 DDA 法反演了瓦依昂边坡不同尺寸模型时的临界稳定强度参数，在此基础上采用密网格对滑坡过程进行了模拟，得到如下几点认识：

(1) Sarma 法得到的综合临界稳定摩擦角是 $\varphi = 22°$，DDA 粗网格得到的临界摩擦角是 19°~23.5°，与 Sarma 法接近，这个角度是假定所有节理面的摩擦角均相同得到的，因此称之为综合临界稳定摩擦角。

(2) 加密网格反演得到的临界摩擦角有所提高，如将边坡由 5 块增加到 101 块，反演的摩擦角由 23.5° 提高到 25°。

(3) 参照 Sarma 法和粗网格反演结果，并考虑边坡的实际地质条件，拟定边坡力学参数，采用密网格对边坡的变形和稳定进行模拟，可得到与实测相近的变形过程和实际接近的垮塌形态。计算变形速率的规律与实测相近，即 "新岩石初次浸没时的位移速率明显增大，而岩层第二次以后的浸没测值较小"。也就是只有水位超过以往高点时位移速率增大，水位下降及超过以往高点之前位移速率较小。

(4) 能够保证与测值相近的 "位移规律和位移值" 且保持力学参数不变时，DDA 结果并不会出现失稳垮塌，即水位达到 710m 之后边坡仍能保持稳定，只有启动 "强度折减" 后变形才能逐渐增大，直至失稳。说明现实中的边坡，水的作用不仅体现在 "水压力" 的作用，还有水的浸泡和变形后力学参数，即材料特性的弱化。目前 DDA 是采用强度降低模拟。

(5) 观测和 DDA 模拟结果都表现出边坡随水位的变形的不可能恢复性，即水位抬高变形增大，水位降低变形并未恢复，说明即使在垮塌之前，边坡的变形也是非线性塑性变形，且与边坡的不连续性密切相关，DDA 这种不连续方法能很好地模拟这种现象。

(6) 模拟得到的垮塌形态与实际观测接近，说明 DDA 适用于模拟边坡的垮塌。

(7) 模拟得到与实际相近的垮塌形态，需要有足够的滑动速度，DDA 得到的滑坡速度与有的学者的估计结果相近，但要得到这样滑坡速度，需要小于 10° 的摩擦角，实际情况可能是滑面上水的汽化所致，也可能是滑坡体中的黏夹层受到扰动所致，而 DDA 模拟需要降强法得到。

16.4　日本北海道丰滨隧道垮塌的模拟

日本丰滨隧道位于北海道。1996 年 2 月 1 日上午 8:10 左右，隧道出口部位发生滑坡，体积约 11000m³ 的岩石塌落并砸穿隧道，造成 20 人死亡，成为当时震惊日本列岛的巨大事故。崩塌的边坡高约 70m，宽约 50m，厚约 13m(见图 16-29)。事先及事后的调查表明，这次事故的直接原因是连续降雪和表面结冰使岩体中地下水位上升，由于作用在裂隙表面上的水压力的增加致使隧道之上垂直裂隙的张开和扩展，并最终导致整个岩坡的崩塌。

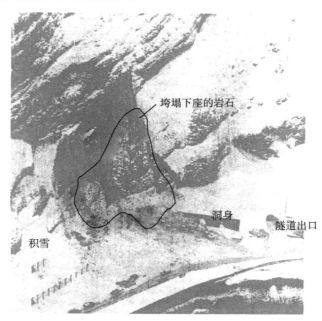

图 16-29　日本北海道丰滨隧道垮塌后的照片

　　大西有三和陈光齐[13]用 DDA 将该隧道边坡的垮塌进行了数值模拟。将垮塌前的边坡概画成图 16-30 所示的二维模型，概化后的模型高 70m，宽 50m。其中块体的划分参照了崩塌后的调查结果，粗实线为已有实际裂隙，细线为虚拟裂隙，即潜在破坏面。

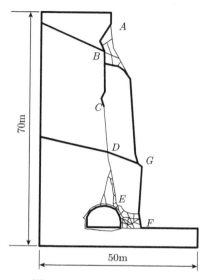

图 16-30　某隧道计算模型

　　本节采用相同的模型，用扩展后的 DDA 计算了考虑和不考虑裂隙水流时该隧道上部岩石的稳定安全系数，并对破坏过程进行了数值模拟。渗流计算时，将已有破坏面和潜在破坏面构成的网络作为渗流路径。稳定计算时将未破坏面的强度取为完整岩体的强度。根据调查与实验结果，计算中所采用的材料常数见表 16-16。

表 16-16　丰滨隧道破坏模拟计算中采用的材料常数

材料	弹性模量/MPa	泊松比	抗拉强度/MPa	凝聚力/MPa	摩擦角/(°)	比重/(kN/m³)
岩石	5000.00	0.25	1.00	1.50	45.00	24.00
衬砌混凝土	20000.00	0.20	1.50	2.00	45.00	24.00
已张开裂隙	—	—	0.00	0.00	30.00	—

　　根据实际破坏形式，取 $ABCDEF$(图 16-30) 为可能滑动面，计算了如下三种工况时沿该滑动面的局部安全系数分布：① 不考虑地下水影响，即只有自重作用；② 考虑地下水的影响，地下水最高水位在 A 点，同时考虑 G、F 两点的排水，即地下水可以从该两处逸出；③ 最高地下水位同工况 (1)，考虑坡面结冰、地下水出口堵死，即地下水不能逸出时的情况。

　　图 16-31 给出了不同排水模式时渗透压力示意图，图中线的粗细表示渗透压力

的大小。(a) 为坡面排水正常, 即 G、F 点为排水点, 水能够正常从此两处排出; (b)
为 G 点排水正常, F 点排水被堵死; (c) 为工况 3 坡面结冰, 排水口都被堵死。
图 16-32 给出了 G、F 点可以排水时的渗流矢量示意图。可以看出, 地下水总是从
势能高处流向势能低处, 且从坡面逸出点逸出。说明本节计算是合理的。

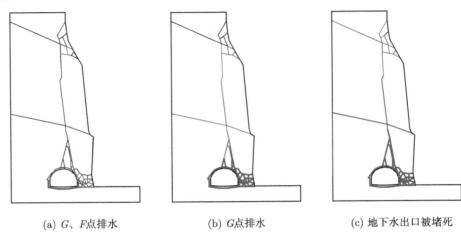

(a) G、F点排水　　　　　　(b) G点排水　　　　　　(c) 地下水出口被堵死

图 16-31　不同排水模式时渗透压力示意图 (蓝线的粗细表示压力的大小)

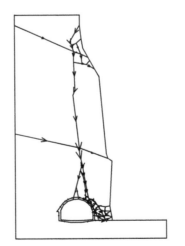

图 16-32　考虑坡面排水时的水流矢量

　　当边坡坡面排水通畅时, 隧道周边的水压力很小, 一般小于 2m 水头。而当下
排水被堵, 排水不畅时, 隧道周边压力增大, 考虑 G 点排水时下部最大压力可达
30m 水头, 当 G 点也被堵死时, 下部压力可上升至 50~60m 水头。
　　图 16-33 给出了三种工况下沿可能滑动面的局部安全系数分布, 其中底部对

应图 16-30 中的 F 点，顶部对应 C 点。局部安全系数用式 (9-4) 和式 (9-5) 计算，取两式结果中的小者。由上两式可以看出，每个局部安全系数代表着一段滑动面 (1/2) 上的稳定情况。当不考虑裂隙水影响时，除高程 26m 附近的安全系数为 3.98 之外，其他部位均大于 4.0，表明不考虑地下水时该边坡是稳定的。

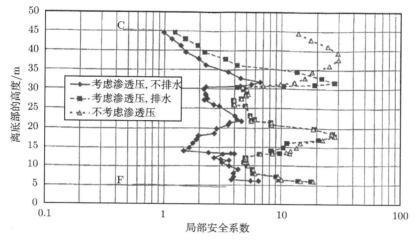

图 16-33　三种工况下的局部安全系数分布

当考虑 G、F 排水时，局部安全系数的分布在高度 30m 以下与不计水的作用相同，30m 以上下雨不计水压工况，在旧裂隙的端部的 C 点，安全系数最小为 1.26，检查计算结果发现，虽然 G 点有排水，但 BCD 段仍有水压作用，致使隙端 C 点存在 0.8MPa 的拉应力，使 CD 段的安全系数减小。

当考虑地下水压力且无法排水时，地下水不能在裂隙内流动，各处的水压力即为最高水位与各点高程之差，此时越靠近底部，水头压力越大，使沿整个滑动面的安全系数降低，最小安全系数仍出现在张开裂隙的端部 C 点，为 0.98，小于 1，裂隙 BC 将向下扩展。D 点以下的局部安全系数大都介于 2.0~4.0 之间。

强度折减法可以用来求边坡的整体安全系数。计算中按比例不断降低强度系数，跟踪一个变形较大的块体，输出位移随强度折减的变化过程，在折减系数–位移曲线上出现拐点的部位即可认为是总体安全系数。图 16-34 为三种工况洞顶块体的位移随折减系数的变化，由此可以求出不排水，G 排水和 G、F 同时排水的总体安全系数分别为 1.5、2.24 和 3.24。

由图 16-33，当 G、F 均不能排水时，C 点的局部安全系数可能小于 1，从而导致 BCD 段向下开裂，一旦裂隙向下扩展就将导致整个边坡的失稳。图 16-35 为模拟的破坏过程。当 BC 开始扩展后，迅速穿透整个滑动面，并导致其他潜在裂隙的破坏。当滑动面之外的岩体向下滑动时，隧洞之上 (三角形部分) 的岩体下落，全部重量压到隧道之上，随后将隧道压垮，最后呈现出图 16-35 所示的破坏形式。

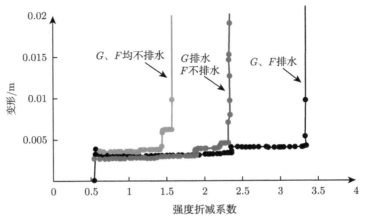

图 16-34　强度折减系数求解不同工况的安全系数

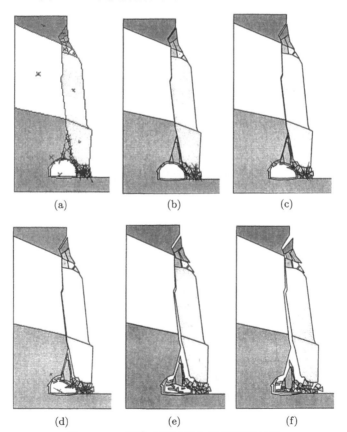

图 16-35　隧道破坏过程的数值模拟结果

分析结果表明,地下水位的上升、裂隙水压的增大是造成隧道事故的直接原因,此分析结果与隧道塌方后事故调查委员会的分析结果一致[9,13]。数值模拟不仅再现了隧道塌方后的结果,而且也显示了塌方过程中不同阶段岩体破坏的情况,表明扩展后的 DDA 法不仅可以很好地模拟裂隙渗流–岩体变形的耦合作用,而且可以模拟块体结构的破坏过程。

16.5 本章小结

在进行岩石边坡稳定分析时,如果岩石裂隙中有地下水存在,则在裂隙网络中流动的地下水不仅会减小裂隙面法向的有效应力,而且会降低缝面的摩擦系数,因此考虑裂隙网络中水的运动对分析岩石边坡的稳定十分重要。考虑裂隙渗流与变形耦合作用的 DDA 方法,可以充分反映裂隙水对岩石边坡稳定的影响。

利用前述裂隙渗流与变形的耦合分析方法和扩展后的 DDA 程序,本章模拟了蓄水触发岩质边坡倾倒变形机理,研究分析了意大利瓦依昂大坝进坝库岸大滑坡过程,介绍了日本丰滨隧道的垮塌原因的 DDA 模拟结果。这两个算例很好地解释了水在边坡垮塌过程中的作用,展现了 DDA 对这类问题的精细化模拟能力。

参 考 文 献

[1] 张有天. 岩石水力学与工程. 北京: 中国水利水电出版社, 2005.

[2] 蔡耀军, 崔政权, Cojean R. 水库诱发岸坡变形失稳的机理// 第六次全国岩石力学与工程学会大会论文集. 北京: 中国科学技术出版社, 2000.

[3] 肖诗荣, 刘德富, 胡志宇. 世界三大典型水库型顺层岩质滑坡工程地质比较研究. 工程地质学报, 2010, 18(1): 52-59.

[4] 乔建平. 长江三峡库区蓄水后滑坡危险性预测研究. 北京: 科学出版社, 2012.

[5] 严福章, 王思敬, 徐瑞春. 清江隔河岩水库蓄水后茅坪滑坡的变形机理及其发展趋势研究. 工程地质学报, 2003, 11(1): 15-24.

[6] 李守定, 李晓, 刘艳辉. 清江茅坪滑坡形成演化研究. 岩石力学与工程学报, 2006, 25(2): 377-384.

[7] 张海平. 黄河拉西瓦水电站果卜岸坡稳定性预测及失稳预报研究. 成都: 成都理工大学, 2011.

[8] 黄润秋. 20 世纪以来中国的大型滑坡及其发生机制. 岩石力学与工程学报, 2007, 26(3): 433-454.

[9] 日経コンストクション: 地下水などで亀裂が進展して崩落丰滨事故调查委员会が最终报告. 1996.10.25.

[10] 陈祖煜. 土质边坡稳定分析——原理·方法·程序. 北京: 中国水利水电出版社, 2003.

[11] 熊将, 王涛, 盛谦. 库区边坡稳定性计算的改进 Sarma 法. 岩土力学, 2006, 27(2): 323-326.

[12] 张国新, 雷峥琦, 程恒. 水对岩质边坡倾倒变形影响的 DDA 模拟. 中国水利水电科学研究院学报, 2016, 14(3): 161-170.

[13] 大西有三, 陳光斉. 不連続変形法 DDA によるえん岩盤は崩落のミジユシーション. J. Soc. Mat. Sci. Japan, 1999, 48. (4): 329-333.

[14] Muller L. The rock slide in the Vajont valley. Rock Mech. Eng. Ged., 1964, (2): 148-212.

[15] Hendron A J, Patton F D. The Vajont slide—A geotechnical analysis based on new geologic observations of failure surface. Engineering Geology, 1987, 24(1): 475-491.

[16] Hendron A J, Patton F D. The Vajont slide. US Corps of Engineering Report GL85-8, 1995.

[17] Voight B, Faust C. Frictional heat and strength loss in some rapid landslides. Geotechnique, 1982, (32): 43-54.

[18] 李瓒, 陈飞, 郑建波, 等. 特高拱坝枢纽分析与重点问题研究. 北京: 中国电力出版社, 2003.

[19] 张国新, 武晓峰. 裂隙渗流对岩石边坡稳定的影响——渗流、变形耦合作用的 DDA 法. 岩石力学与工程学报, 2003, 22(8): 1269.